国防科技图书出版基金

放电引发非链式脉冲
氟化氘激光器

Electric Discharge Non – chain Pulsed DF Laser

郭　劲　谢冀江　阮　鹏　等著

国防工业出版社

·北京·

图书在版编目（CIP）数据

放电引发非链式脉冲氟化氘激光器/郭劲等著.
—北京:国防工业出版社,2017.7
ISBN 978 - 7 - 118 - 11253 - 5

Ⅰ.①放…　Ⅱ.①郭…　Ⅲ.①脉冲激光器
Ⅳ.①TN248

中国版本图书馆 CIP 数据核字(2017)第 140925 号

※

*国防工业出版社*出版发行

（北京市海淀区紫竹院南路 23 号　邮政编码 100048）
北京嘉恒彩色印刷有限责任公司
新华书店经售

*

开本 710×1000　1/16　印张 15¼　字数 270 千字
2017 年 7 月第 1 版第 1 次印刷　印数 1—2000 册　定价 79.00 元

（本书如有印装错误,我社负责调换）

国防书店：(010)88540777　　发行邮购：(010)88540776
发行传真：(010)88540755　　发行业务：(010)88540717

致 读 者

本书由中央军委装备发展部**国防科技图书出版基金**资助出版。

为了促进国防科技和武器装备发展,加强社会主义物质文明和精神文明建设,培养优秀科技人才,确保国防科技优秀图书的出版,原国防科工委于1988年初决定每年拨出专款,设立国防科技图书出版基金,成立评审委员会,扶持、审定出版国防科技优秀图书。这是一项具有深远意义的创举。

国防科技图书出版基金资助的对象是:

1. 在国防科学技术领域中,学术水平高,内容有创见,在学科上居领先地位的基础科学理论图书;在工程技术理论方面有突破的应用科学专著。

2. 学术思想新颖,内容具体、实用,对国防科技和武器装备发展具有较大推动作用的专著;密切结合国防现代化和武器装备现代化需要的高新技术内容的专著。

3. 有重要发展前景和有重大开拓使用价值,密切结合国防现代化和武器装备现代化需要的新工艺、新材料内容的专著。

4. 填补目前我国科技领域空白并具有军事应用前景的薄弱学科和边缘学科的科技图书。

国防科技图书出版基金评审委员会在中央军委装备发展部的领导下开展工作,负责掌握出版基金的使用方向,评审受理的图书选题,决定资助的图书选题和资助金额,以及决定中断或取消资助等。经评审给予资助的图书,由中央军委装备发展部国防工业出版社出版发行。

国防科技和武器装备发展已经取得了举世瞩目的成就,国防科技图书承担着记载和弘扬这些成就,积累和传播科技知识的使命。开展好评审工作,使有限的基金发挥出巨大的效能,需要不断地摸索、认真地总结和及时地改进,更需要国防科技和武器装备建设战线广大科技工作者、专家、教授,以及社会各界朋友的热情支持。

让我们携起手来,为祖国昌盛、科技腾飞、出版繁荣而共同奋斗!

国防科技图书出版基金
评审委员会

前　言

化学激光器是激光器家族中发展较早的一类可实现高功率输出的激光器件,基于链式化学反应的连续波氟化氘(DF)激光器也是较早为人们所关注和研究的重要化学激光器之一。而基于放电引发技术的非链式脉冲 DF 化学激光器则是近年来,特别是进入 21 世纪以来由于自引发放电等新技术的采用才得以迅速发展的一种具有高功率输出潜质的中红外脉冲激光器件。因为其兼顾了传统的放电激励气体激光器和基于气体反应的化学激光器的特点,具有高峰值功率的脉冲输出特性,以及化学反应可控、无污染和爆炸危险、光束质量好等优点,同时又具备与传统连续波 DF 激光器相同的处于大气窗口的输出波长($3.5 \sim 4.2\mu m$),因此在包括光谱学、激光雷达、环境监测、医学检查及军事科学等领域均具有十分广阔的应用前景和重要的实用价值。

本书分为 4 个部分,分别介绍了放电引发非链式脉冲 DF 激光器的基本理论、关键单元技术、主机结构设计及激光参量的测试方法,内容在总体上反映了目前该激光器的技术现状和发展趋势。书中所述内容,如"放电引发非链式脉冲 DF 激光器的反应动力学模型""放电引发非链式脉冲 DF 激光器主机结构设计""放电引发非链式脉冲 DF 激光器电激励技术""放电引发非链式脉冲 DF 激光器放电生成物处理技术"等均为作者团队的原创技术。本书详细介绍了作者团队近年来取得的多项具有国际先进水平的相关研究成果。希望本书对推动我国该类激光器相关技术的发展能有所帮助。

本书作者团队均来自中国科学院长春光学精密机械与物理研究所激光与物质相互作用国家重点实验室的科研人员。其中,第 1 章由郭劲研究员执笔,第 2 章由谢冀江研究员执笔,第 3 章、第 4 章由吉林师范大学阮鹏博士执笔,第 5 章由邵春雷研究员和邵明振博士执笔,第 6 章、第 7 章由潘其坤博士执笔,第 8 章由王春锐博士执笔,第 9 章由张来明副研究员执笔,谢冀江负责全书文字的初校和图片的初步处理,全书由郭劲研究员统稿。在编写的过程中谭改娟硕士、王旭硕士和吉林大学孙福兴博士提供了部分技术资料,出版过程中陈飞副研究员给予了大力支持和帮助,在此一并表示诚挚的谢意。由于作者水平所限,书中难免存在错漏之处,望读者批评指正。

著者

2017 年 4 月

目　　录

Contents

第1章 绪 论

随着20世纪60年代初世界上第一台激光器——红宝石激光器——的诞生,激光技术得到迅速发展,固体激光器、气体激光器、化学激光器、液体激光器、自由电子激光器等相继问世。近年来光纤激光器、半导体激光器、全固态激光器等新型激光器件的出现又将激光技术推向了一个新的高度,各种应用也层出不穷,极大地推动了包括国防科技在内的众多领域的技术进步。在已有的激光器件中,以氟化氢/氟化氘(HF/DF)激光器和化学氧碘激光器(COIL)为代表的化学激光器仍是迄今为止输出功率最高的一类激光器(连续输出功率达兆瓦级)。作为在激光武器与防御技术中具有重要应用价值的化学激光器也因此一直受到各国政府和军方的广泛关注。1984年,美国TRW公司研制的2.2MW DF激光器与1.8m口径的"海石"(SeaLite)光束定向器在白沙靶场实现对接,并于1985—1989年之间利用该系统先后摧毁了1km远的"大力神"洲际弹道导弹助推器和"火烽"靶机,以及以 Ma 为2.2的速度低空横向飞行的"汪达尔人"导弹[1]。美国1994年开始的机载激光武器系统(Air Basic Laser, ABL)计划即是利用装载到波音747飞机上的高功率COIL系统来击落可能携带核弹头的洲际弹道导弹(ICBM)[2]。本书将在介绍DF激光器工作原理的基础上,重点阐述近年来发展迅速并具有广阔应用前景的一种化学DF激光器——放电引发非链式脉冲DF激光器——的基本理论、关键技术、器件的设计,以及激光参量测量等相关内容。

1.1 DF激光器的工作原理及分类

1.1.1 DF激光器工作原理

DF激光器属于化学激光器,其工作原理与其他类型的激光器不同,它是通过向工作介质中注入电能或光能等外部能量,从而引发工作介质的化学反应,反应所释放的能量实现激活介质粒子数反转而获得激光辐射的。从上述定义和激光原理的基本知识可以看出,形成DF化学激光器的激光辐射需具备的条件是:①具有用于引发化学反应的外部能源(电源或光源等);②工作介质的化学反应必须是放热型反应;③反应过程所释放的能量在激活介质上的分布状态必须具有选择性,以实现粒子数的反转;④激活介质生成速率必须大于其通过弛豫过程而消失的速率,以保证激活介质上下能级间具有足够的反转粒子数;⑤激发态粒子的受激辐射跃迁概率足够大,以保证反应生成物分子中的过剩能量被以辐射跃迁的形式释放出来,从而实现激光输出。因此,研究 DF 激光器的工作原理应以化学反应动力学为基础,也就是首先要确定放热化学反应过程,再研究其反应所释放的能量在反应生成物中的分配情况,以及激发态粒子的受激发射截面、各种生成物分子的生成速率和弛豫消激发速率等。

对于 DF 激光器而言,一般选用含氟化合物与氘气(或碳氘化合物)之间的反应作为释能化学反应,这一反应所释放的能量作为泵浦源以实现激活介质(DF 分子)在各个振动能级上的非平衡分布,即粒子数反转。随之反应生成物分子所含的剩余能量将通过受激辐射与碰撞弛豫的过程被释放出来,当受激辐射的速率大于碰撞弛豫和自发辐射过程的速率时便可形成激光输出。

下面以 $F + D_2 \rightarrow DF + D$ 反应过程为例来说明 DF 激光的产生机理。为了直观定性地加以说明,图 1.1 和图 1.2 分别给出了该反应的化学泵浦过程和弛豫过程的示意图。

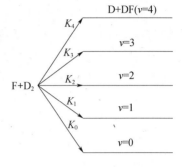

图 1.1　$F + D_2 \rightarrow DF + D$
化学反应泵浦过程

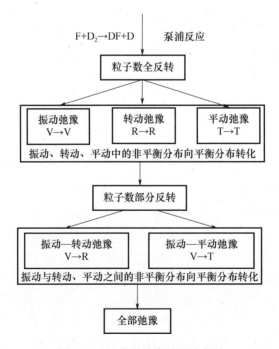

图 1.2　DF 分子弛豫过程示意图

由光引发、电子束引发、放电引发等方式导致 F + D_2→DF + D 反应,并生成振动激发态的 DF 分子,反应过程所释放的能量有选择性地分布于 DF 分子较高的振动能级上。k_v 为各振动能级上 DF 分子的生成速率系数,而且较高振动能级上 DF 分子的生成速率系数也较大。反应完成时刻不同能级上的 DF 分子分布情况为 $N_1:N_2:N_3:N_4 = 0.07:0.23:0.43:0.26$[3],化学反应所释放的能量大部分被直接转变为 DF 分子的振动激发能,因此,在反应刚刚完成的时刻,体系内即建立起全反转的粒子数分布状态。

处于振动激发态 DF 分子的储存能量极为有限,化学反应完成时刻建立起来的粒子数全反转分布状态将通过振动、转动和平动的各个自由度内部弛豫过程迅速衰变为部分反转,此时在振动与转动和平动之间仍然存在非平衡分布。然而,振动能向转动能和平动能转换的过程会逐步打破这样的部分反转分布状态。同一自由度内的能量转换过程及转动与平动之间的能量交换过程进行得非常之快,与化学泵浦反应速率在同一数量级上,而振动能向转动能与平动能的转变速度则相对较慢。虽然在全反转和部分反转的状态下均有可能产生激光辐射,但由于在全反转的情况下,激发态粒子生成速率和弛豫消激发速率的差值较小,且受激发射速率可能不足以与同一自由度内的弛豫速率形成竞争,无法有效地实现激光输出,因此实际上 DF 激光辐射通常是发生在振动—转动跃迁的过程中。

1.1.2　DF 激光器的分类

按照化学反应的类型,DF 激光器可分为链式 DF 激光器和非链式 DF 激光器;按照运转方式的类型,DF 激光器还可分为脉冲 DF 激光器和连续波 DF 激光器。对于脉冲 DF 激光器而言,又可根据化学反应的引发方式不同分为光引发 DF 激光器、电子束引发 DF 激光器和放电引发 DF 激光器。

1. 链式与非链式 DF 激光器

自 20 世纪 60 年代第一台化学激光器(HCl 激光器)问世以来,基于链式反应产生工作介质粒子数反转的多种卤化氢类激光器即得到了广泛的研究,特别是基于氟化物与氢(氘)链式反应的激光器受到业内的广泛关注和深入研究[4-18]。基于链式反应的 DF 激光器通常情况下是在 D_2 - F_2 混合物中通过采用闪光光解引发或放电引发的方式实现混合气体的链式反应,其泵浦反应过程如下:

$$F + D_2 \rightarrow DF(v \leqslant 4) + D \qquad \Delta H = -30.63 \text{kcal/mol} (1\text{kcal} = 4.186\text{kJ})$$

$$D + F_2 \rightarrow DF(v \leqslant 10) + F \qquad \Delta H = -99.33 \text{kcal/mol}$$

其中,前者反应释放出的热量较小,因此被称为"冷反应",后者反应释放出的热量较大,则被称为"热反应"。基于链式反应的 DF 激光器理论上可实现

v 为 1→10 各振动能级上的跃迁辐射,但已知的光谱数据表明基于 $D_2 - F_2$ 链式反应的 DF 激光介质只能在 v 为 1→9 各个能级中实现振动跃迁辐射,且辐射能量均集中在 v 为 1→4 几个较低的振动能级上。分析认为这是链分支反应造成的结果:

$$DF(v>4) + F_2 \rightarrow DF(v=0) + 2F$$

较高振动能级上的 DF 分子与 F_2 发生链分支反应,使得高能级 DF 分子储存的能量减小,导致高振动能级辐射能减少,甚至不足以形成粒子数的反转。

链式 DF 激光器的运转是建立在工作介质的链式化学反应上的,其激光输出能量并不直接受到注入能量的限制,因此可实现高能量和高效率的激光输出。但链式 DF 激光器由于存在不可控的支链反应,具有爆炸的危险,因此在进行激光工作介质的组分配置及存储时应充分考虑安全的问题。

非链式 DF 激光器通常采用含氟化合物与 D_2 或碳氘化合物的混合物在放电引发或光触发的条件下引发非链式化学反应:

$$F + D_2 \rightarrow DF(v \leq 4) + D \qquad \Delta H = -30.63 \text{kcal/mol}$$

外部注入的光能或电能主要用于解离含氟化合物,使其能生成足够数量的 F 原子与 D_2 发生非链式化学反应。反应所释放的能量不大,属于"冷反应"。化学泵浦反应可产生 v 为 1→4 各振动能级上粒子数的反转分布。常用的非链式 DF 激光器化学反应体系主要有如下几种[19-27]:

(1) $UF_6 + D_2/C_nD_{2n+2}$,光引发;

(2) $N_2F_4 + C_nD_{2n+2}$,光引发、放电引发;

(3) $NF_3 + D_2/C_nD_{2n+2}$,光引发、放电引发;

(4) $SF_6 + D_2/C_nD_{2n+2}$,放电引发。

研究发现,对于非链式 DF 激光器来说,六氟化硫(SF_6)是众多 F 原子供主中的最佳选择,它可使激光器实现最大的脉冲能量输出和最高的电光转换效率。

与链式反应 DF 激光器相比,非链式 DF 激光器的激光介质无毒、无腐蚀性且不存在支链反应,因而具有反应可控不易爆炸、操作简单、结构紧凑、光束质量好等优点。但由于形成激发态 DF 分子所必须的 F 原子是来源于外界引发条件下对含氟化合物的解离作用,因此非链式 DF 激光器的化学效率和电光转换效率均较低。

2. 脉冲 DF 激光器

光引发、放电引发和电子束引发三种引发方式均可实现 DF 激光器的脉冲运转。

1) 光引发 DF 激光器

光引发技术是化学激光器研制初期所采用的一种重要的引发方法,被广泛用于链式反应和非链式反应 DF 激光器中。光引发 DF 激光器的工作原理如图 1.3 所示,高压脉冲氙灯发出的黑体辐射照射到激光管中的介质(反应物),

引起含氟化合物的解离,从而产生化学泵浦反应所需的 F 原子。

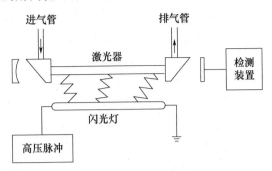

图 1.3　光引发 DF 激光器工作原理示意图

由于闪光灯的光谱范围较宽,只有其中的一部分与含氟化合物的吸收谱线重叠,且处于含氟化合物吸收谱内的闪光灯能量又仅有一小部分能被含氟化合物吸收,因此造成激光器总的效率很低。对于脉冲 DF 激光器来说,由于激光脉冲比闪光灯的脉冲短得多,这也将造成闪光灯能量的浪费,降低引发效率。此外,这种光引发的技术只适用于小直径和光学薄的 DF 激光器,而对于高气压或增益介质长度较大的激光器,则无法保证在整个激光池内使用闪光灯均匀地引发化学泵浦反应。因此,基于光引发 DF 激光器主要用于反转机理、化学反应速率常数、解离度、引发水平和稀释剂作用等方面的探索性研究[28-35]。

2) 放电引发 DF 激光器

在一些化学激光器中放电引发技术的应用比光引发技术要晚,但在脉冲 DF 激光器上的应用基本是同步的。因为光引发技术只适用于光学薄的激光介质且激光器效率很低,所以很快让位于更先进的放电引发技术。放电引发是利用 F_2(或含氟化合物)在放电条件下快速电离或解离产生化学泵浦反应所需的 F 原子。放电引发技术的装置有多种形式,按照放电方向可分为横向放电引发和纵向放电引发,前者放电方向与光学谐振腔光轴方向垂直,后者放电方向则与光学谐振腔光轴方向一致。横向放电方式由于能实现更高效率的激光输出,应用更加广泛。按电极结构形式又可分为螺旋管排列尖针电极和单排或多排尖针列阵电极,以及实心、网状或带均匀粗糙突点面型的电极。

由于放电脉宽变化范围较大,从几纳秒到数毫秒,这使得放电电路及相应的电子学元件需要在一个较大的范围内变化,通常可以通过对电路元件进行合理的设计使电路与激光介质达到最佳耦合,从而保证激光器最大的能量沉积和较高电光转换效率。

但在非链式脉冲 DF 激光器中应用放电引发的方法仍存在其固有的问题:在大体积激光介质中难以实现均匀稳定的辉光放电,这也是高功率气体激光器普遍存在的问题。当放电电极的间隙增大或气体的压强升高时,由于激光介质的密度与电子的密度起伏也随之变大,会出现弧光放电、条纹放电等不均匀放电现象。此时,注入的电能大部分被转变为热能而导致腔温升高,进而导致耦合到激光介质中的能量降低和激光器电效率的下降。此外,由于 SF_6 分子的电负性较强,对电子具有很强的吸附作用,易形成 SF_6^-,造成 F 原子的产出效率下降并引发弧光放电。因而对于放电引发的脉冲 DF 激光器而言,如何在大体积、高气压激光介质中获得均匀、稳定的辉光放电变得至关重要。目前最常采用的是预电离的方法来保证放电的均匀性及稳定性。在最近的十多年来出现了一种新型的放电引发技术,即自引发放电技术。该技术可以在没有预电离的情况下获得均匀、稳定的放电,并能实现高能量 DF 激光输出。目前使用该技术获得的最高 DF 激光脉冲能量达到 325J[36],理论上预测该技术可实现千焦耳量级的单脉冲 DF 激光输出。

3)电子束引发 DF 激光器

电子束引发是继闪光光解引发、放电引发之后出现的另一种有效的引发方法,对非链式脉冲 DF 激光器的发展起到了积极的促进作用。其基本原理是利用高能量的电子束轰击放电腔中的工作气体,使含氟化合物解离并生成数量足够的 F 原子。此方法的引发速度快、电子能量可调、对激光介质气压没有要求、能量沉积效率高,可实现短脉冲、高功率、高能量激光输出。

但是由于电子束引发装置结构与工艺比较复杂,激光器的体积庞大,操作烦琐,因而主要用于大型 DF 激光器的引发。目前使用该方法获得的激光输出能量还低于放电引发方式,因此放电引发的脉冲 DF 激光器仍是目前最有前途的技术方法[37]。

3. 连续波 DF 激光器

连续波 DF 激光器与相应的脉冲激光器相比出现得较晚,最初连续波 DF 激光器是靠激波管来驱动的,但激光输出持续的时间较短,只有几十微秒至几十毫秒,类似于所谓的长脉冲激光器,所以并不能称为真正意义上的连续波 DF 激光器。之后出现的电弧驱动方法才使该激光器的持续运转时间足够长,建立了真正意义上的连续波 DF 激光器[38,39]。电弧驱动的连续波 DF 激光器结构上通常由四部分组成:电弧加热室和混合室、真空泵系统、超声速喷管、光学谐振腔。其工作原理为:经电弧加热的 N_2 通入到混合室并与混合室中过量的含氟化合物混合,以离解含氟化合物而产生泵浦反应所需的 F 原子,然后混合物气流经喷管膨胀为超声速流。该超声速流在喷管出口处与输入的 D_2 混合并发生泵浦反应形成激光辐射。

电弧驱动的连续波 DF 激光器由于加热气体的过程中消耗的电能较大,而输出功率水平较低,只能达到几瓦的水平,因此总的效率并不高。之后科学家们又设计出用燃烧室代替电弧加热室来实现真正纯化学驱动和纯化学泵浦的高能 DF 激光器[40,41]。燃烧驱动连续波 DF 激光器的基本结构除燃烧室外其他与电弧驱动装置一样，都包括超声速喷管、真空泵系统和光学谐振腔。图 1.4 为燃烧驱动 DF 激光器原理及装置示意图。

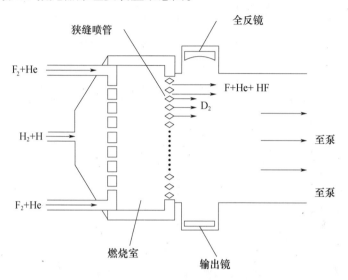

图 1.4　燃烧驱动 DF 激光器原理及装置示意图

通常进入燃烧室的气体有三种，分别是氧化剂 F_2（或含氟化合物）、燃料气 H_2 及稀释剂 He，所有的气体在燃烧室中混合并发生化学反应：

$$F_2 + H_2 \rightarrow 2HF$$

气体在燃烧室中进行化学反应和燃烧产生的热量使 F_2 解离为 F 原子，而注入的稀释剂 He 可以起到调节燃烧室温度的作用，以控制 F_2 的解离度并确保解离出的 F 原子不过分脱活。混合气体经燃烧室燃烧后进入阵列排布的狭缝喷管后被膨胀为超声速气流，并与喷管口处注入的 D_2 混合发生化学泵浦反应。由于燃烧驱动的 DF 激光器 F 原子产出效率高，且燃烧所产生的基态 HF 分子对光学谐振腔中激发态 DF 分子的消激发作用比泵浦反应产生的基态 DF 分子弱得多，因此易于实现高效率、高功率的激光输出。目前以气体燃烧驱动的 DF 激光器已具备数兆瓦量级的激光输出能力，具有重要的军事应用前景。

1.2　非链式脉冲 DF 激光器的特点及应用

1.2.1　非链式脉冲 DF 激光器的特点

非链式脉冲 DF 激光器以无毒、无腐蚀性的 SF_6 气体和 D_2 或者碳氘化合物作为工作物质，以外界注入的能源引发工作气体的非链式化学反应并实现 DF

分子粒子数反转,实现激光输出。非链式脉冲 DF 激光器属于化学激光器,因而它也具有化学激光器的所有特点:

(1)无须作为泵浦源的外界能源,而是以化学反应所释放的能量作为泵浦源来产生粒子数反转,从而形成激光辐射。脉冲氙灯、电子束发射源、高压放电电源等外界能源的作用仅仅是引发非链式化学反应,而不是直接作为激光器的泵浦源。因此,化学激光器更适合在缺少能源供给的高山、野外等某些特殊条件下使用。

(2)输出激光波长丰富。从理论上讲,化学激光器从紫外波段到红外波段,一直进入到微米波段均有通过受激辐射实现激光输出的可能,这是由于化学激光器中产生激光的工作粒子是化学反应产物中的分子或原子,以及活泼的自由原子、离子或不稳定的多原子自由基等,也可能是来自于参加化学反应的物质成分,而参与化学反应能实现激光输出的化学物质是十分丰富的。

(3)可实现高功率、高能量输出。化学激光器中的工作物质通过化学反应所释放的能量巨大,如对于基于"冷反应"的非链式脉冲 DF 激光器,每摩尔 DF 分子生成时即可释放出 1.28×10^5 J 的能量,因此,DF 化学激光器也成为最有希望获得中红外波段大功率输出的激光光源之一。

此外,非链式脉冲 DF 激光器还具有几个重要的特点。①化学泵浦反应不存在支链反应,因此其反应过程可控,没有爆炸的安全隐患;②采用 SF_6 气体作为 F 原子供主,工作介质无毒、无腐蚀性;③以放电方式引发的非链式脉冲 DF 激光器可实现高功率、高能量、高光束质量 DF 激光输出,装置简单,使用方便;④可实现多条激光谱线的同时输出,这一特点将在本书的第 9 章中做详细介绍。

1.2.2　非链式脉冲 DF 激光器的应用

DF 激光器的输出波段($3.5 \sim 4.2\,\mu m$)处于大气传输窗口(见图 1.5),并覆盖了众多原子及分子的吸收峰,可利用其进行多种气体污染物(如 CO、NO、硫化物等)的探测,因此 DF 激光器在光谱学和大气监测领域均具有十分广阔的应用前景。同时,基于该激光器输出波段的特殊性和重要性,在光电对抗等军事技术领域 DF 激光器也具有非常重要的应用价值和前景[42-47]。此外,近年来的研究还发现,可利用 DF 激光器作为泵浦源泵浦其他的激活物质(如 ZnSe:Fe^{2+} 晶体和 HBr 气体),以获得其他波段的激光输出。

在激光雷达和探测方面,2003 年 Yuri N. Frolov 等研究了利用 DF 激光系统探测地下矿道中甲烷浓度的方法,制作出了激光雷达系统模型和地下环境模拟实验模型,并在湿度大于 90%、粉尘浓度 $10mg/m^3$ 条件下,检测了甲烷浓度 0.1% ~3% 区域内 DF 激光各分支激光能量的吸收系数,实验证明甲烷浓度为 0 ~0.75% 时吸收系数最大的是 $P_1(9)$ 支,浓度为 0.75% ~2.75% 时吸收系

数最大的是 $P_2(5)$ 支。

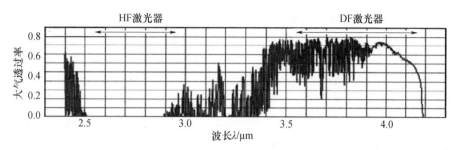

图 1.5 HF/DF 激光输出光谱大气透过率

2005 年 Agroskin 等利用基于 DF 激光器的雷达系统进行了检测气溶胶颗粒背向散射光谱的实验,实验检测得到了煤油、蒸馏水、工业用油(石油产品)和二丁胺(DBA)的相对后向散射系数。实验证明 DF 激光雷达系统可以精确地鉴别出这几类物质。

在激光泵浦方面,2004 年俄罗斯的 Burtsev 等[48,49]利用 DF 激光器的 $P_2$9 线泵浦 HBr 气体,得到了转换效率 2%、辐射波长 4μm 的 HBr 激光输出。

2014 年俄罗斯的 Firsov 等[50,51]利用 DF(HF)激光器在室温下泵浦 ZnSe:Fe^{2+} 晶体,得到了中心波长 4.5μm,转换效率 40% 的 ZnSe:Fe^{2+} 激光,其实验光路示意图如图 1.6 所示,其中 F 为滤波器,L 为透镜,W 为 BaF_2 光楔,M_1、M_2 为激光腔镜,C_1、C_2、C_3 为能量计。

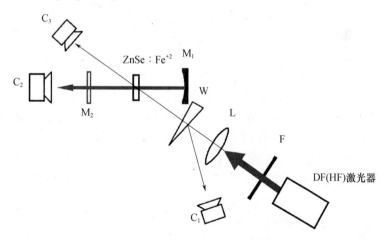

图 1.6 ZnSe:Fe^{2+} 激光生成示意图

基于 DF 激光辐射波段的特点,随着技术的进一步发展,更高功率和稳定性更好的小型化非链式脉冲 DF 激光器还有望在包括军事装备、激光生物医学、工业加工等领域得到广泛的应用。

1.3 非链式脉冲 DF 激光器的发展动态

脉冲 DF 激光器诞生的初期,研究工作主要是围绕包括激光化学与反应动力学在内的 DF 激光器基本原理和激光光谱学展开的,这些工作为随后的脉冲 DF 激光泵浦反应引发技术的发展奠定了理论基础。

随后,研究的重点向如何提高 DF 激光器脉冲输出能量和效率的方向转移,针对这一问题的工作主要从两个方面展开。一方面是从反应物着手,寻求使 F 原子产出效率达到最大的 F 原子供主。研究发现,SF_6 是目前能使非链式 DF 激光器获得最大脉冲能量和电效率的 F 原子供主[52]。另一方面从 F 原子的引发方式着手,相继出现了光引发、放电引发和电子束引发技术。其中放电引发技术由于能实现高功率、高能量 DF 激光输出,装置简单且使用方便而备受青睐,一直延用至今。但由于 SF_6 为强电负性气体,对电子具有较强的吸附作用,单纯使用放电引发方式很难获得均匀稳定的辉光放电,因而与大多的气体激光器一样需要采取预电离措施。下面从放电方式发展的角度对非链式脉冲 DF 激光器几十年来的研究进展做简要的介绍。

DF 激光器诞生于 20 世纪 60 年代末,70 年代随着以 CO_2 激光器为代表的气体激光技术的发展,各种气体放电的引发技术相继出现(如紫外预电离[53-56]、电子束预电离[57-59]和 X 射线预电离[60-65]等)并在非链式脉冲 DF 激光器中得到应用,从一定程度上促进了 DF 激光器脉冲能量和效率的提高。激光器的输出能量也从最初的毫焦量级提高到 10J 量级,激光器电效率也有了大幅度的提升。

但在 20 世纪 80 年代同样受到引发技术的限制,非链式脉冲 DF 激光器的发展出现了瓶颈,在传统引发技术下的激光器能量和效率并没有继续获得显著提高。因此,非链式脉冲 DF 激光器的研制很快让位于连续波 DF 激光器,而后者发展十分迅速,输出功率很快达到了兆瓦量级。

20 世纪 90 年代初由于新的放电引发方式的出现,非链式脉冲 DF 激光器才又重新获得关注,并得到迅猛发展。1990—1995 年法国 Brunet 研究小组率先发展了一种光触发放电技术,并采用这种方法研究了不同的 D 原子供主对非链式脉冲 DF 激光器输出性能的影响,通过比较得出 C_6D_{12} 作为 D 原子供主所获得的激光能量最大,当充电电压为 40 kV 时得到能量为 8J 的单脉冲 DF 激光输出。20 世纪 90 年代末,俄罗斯科学院普通物理所的 Firsov 研究团队采用自己发明的新型引发技术——自引发放电技术,获得的非链式 DF 激光单脉冲能量高达 325J,电光转换效率达到 3.4%,这也是目前见诸报道的最高能量水平[66]。这种新型引发放电技术的特点是不需要预电离即能获得均匀、稳定的体放电,而且对电极面型没有特殊要求而采用最简单的平面结构。2003 年以来俄罗斯科学院强流所的 Tarasenko 等对非链式脉冲 DF 激光器的电光转换效率进行了大量实验研究,通过改变储能放电电路参数,将 DF 激光器的电光转换效率提高到了 6%,这也是目前放电引发非链式脉冲 DF 激光器所能达到的最高电光转换效率[67]。

国内对非链式脉冲 DF 激光器的研究开展得较晚,目前也只有中国科学院电子学研究所、西北核技术研究所、中国科学院长春光学精密机械与物理研究所等少数单位进行了相关研究。其中中国科学院电子学研究所的柯常军等通过采用紫外预电离放电引发方式获得了 1.2J 单脉冲 DF 激光输出[68]。西北核技术研究所的易爱平等采用电子束和放电两种激励方式进行非链式 HF 激光研究,实现了单脉冲能量 0.6J 的 HF 激光输出[69,70],并利用该装置进行了 DF 激光实验研究。中国科学院长春光学精密机械与物理研究所采用紫外预电离引发方式在改造的 CO_2 激光器装置上实现了最大能量为 4.95J 的单脉冲 DF 激光输出[71],随后又利用自引发放电技术实现了单脉冲 3.46J,平均功率 150W 的 50Hz 重频输出[72],本书的第 6 章将对这部分内容做详细介绍。

在很多重要的应用中需要 DF 激光器进行重频运转,但是,实际上由于激光泵浦反应的过程中反应物会不断地消耗,并且反应生成物中的基态 DF 分子对激发态 DF 分子的消激发作用会导致脉冲能量随脉冲输出个数逐渐下降,同时使放电的稳定性变差。因而对于重频运转的 DF 激光器来说,需要对反应物进行实时的补充,并需要对形成的基态 DF 分子等消激发粒子及反应过程中产生的废热进行有效的处理,从而保证高重频、高平均功率脉冲 DF 激光输出。目前,对于重频运转非链式脉冲 DF 激光器,比较著名的国外研究机构和取得的主要成果如下。

法国的 Brunet 研究小组于 1992 年研制成功封闭循环的 HF 激光器,通过使用分子筛来处理反应中生成的基态 HF 分子,实现了重复频率 110Hz 时单脉冲能量 5J、平均功率 500W 的非链式 HF 激光输出[73];1997 年该研究小组又利用该装置进行了 D 原子供主选择的实验,并使 DF 激光器的单脉冲输出能量达到了 8J,在重频 65Hz 时平均功率达到 450W。2000 年,法国的 Lacour 采用放电引发方式在重频 12Hz 时获得了单脉冲能量 21J、平均功率 250W 的 HF 激光输出,按照相同条件下 DF 激光器的输出能量为 HF 激光器的 80% 来估算,则 DF 激光器的输出能量约为 17J[74]。2001 年,俄联邦激光实验研究中心的 Bulaev 等采用的是电晕预电离放电引发方式,他们在重频 110Hz 时实现了单脉冲能量 13J、平均功率 1300W 的非链式 DF 激光输出[75]。同年,俄联邦核研究中心的 Aksenov 等通过输出镜反射率和工作气体总气压对重频 DF 激光器输出性能的影响实验研究,在输出镜反射率为 16%、总气压为 0.1kPa、重频为 10Hz 的条件下获得了平均功率 400W 的 DF 激光输出[76]。2010 年,俄联邦激光研究中心 Bulaev 又与俄罗斯科学院普通物理所 Firsov 团队合作,采用自引发放电技术在重频 20Hz 的情况下获得了单脉冲能量 54J、平均功率 1070 W 的 DF 激光输出[77],首次使该激光器的输出功率水平达到了千瓦级。

参考文献

[1] 姬寒珊,秦致远,赵东新. 国外激光武器发展的经验与前景[J]. 激光与光电子学进展,2006,43(5): 14 – 19.

[2] Alastair D M. 军用激光防御技术[M]. 叶锡生,陶蒙蒙,何中敏,译. 北京:国防工业出版社,2013.

[3] Deutsch T F. Laser emission from HF rotational transitions [J]. Appl Phys Lett,1967,11(1):18 – 20.

[4] Perry D S,Polanyi J C. Energy distribution among reaction products. VI. F + H_2,D_2[J]. J Chem Phys,1976, 57(4):1574 – 1586.

[5] Basov N G,Kulokov L V,Markin E P,et al. Emission spectrum of a chemical laser using an H_2 + F_2 mixture [J]. JEPT Lett,1969,9:375 – 378.

[6] Hess L D. Chain reaction chemical laser using H_2 – F_2 – He mixtures [J]. Appl Phys Lett,1971,19(1):1 – 3.

[7] Suchard S N,Gross R W F,Whittier J S. Time – resolved spectroscopy of a flash – initiated H_2 – F_2 laser [J]. Appl Phys Lett,1971,19(10):411 – 413.

[8] Chester A N,Hess L D. Study of the HF chemical laser by pulse – delay measurements [J]. IEEE J Quant Electron,1972,QE – 8(1):1 – 13.

[9] Pearson R K,Cowles J O,Hermann G L,et al. Pressure dependency of the NF_3 – H_2 transverse pulse – initiated HF chemica llaser [J]. IEEE J Quant Electron,1973,QE – 9(1):202.

[10] Aprahamian R,Wang J H S,Betts J A,et al. Pulsed electron – beam – initiated chemical laser operating on the H_2/F_2 chain reaction [J]. Appl Phys Lett,1974,24(5):239 – 242.

[11] Igoshin V I. Numerical analysis of an HF – HCl chemical laser utilizing the CIF + H_2 chain reaction [J]. Sov J Quantum Electron,1979,9(3):315 – 320.

[12] Stepanov A A,Shikanov V L,Shcheglov V A. Numerical analysis of a chain – excited self – contained CW HF – HCl chemical laser utilizing an F – H_2 – ClF – He mixture [J]. Sov J Quantum Electron,1981, 11(4):462 – 466.

[13] Bashkin A S,Gorshunov N M,Neshchimenko Y P,et al. Feasibility of construction of a chemical H_2 – CI_2 laser with a chain reaction mechanism [J]. Sov J Quantum Electron,1981,11(1):103 – 105.

[14] Bashkin A S,Oraevskif A N,Tomashov V N,et al. Investigation into the possibility of obtaining high specific lasing parameters from an HF laser utilizing a chain reaction [J]. Sov J Quantum Electron,1982, 12(3):387 – 389.

[15] Lvov V I,Stepanov A A,Shcheglov V A. Hydrogen fluoride chain laser with an initiating reagent at a standing detonation wave [J]. Sov J Quantum Electron,1985,15(5):679 – 682.

[16] Azarov M A,Aleksandrov B S,Drozdov V A,et al. Influence of the cavity losses on the energy and spectral characteristics of a pulsed chemical chain – reaction HF (DF) laser [J]. Quantum Electronics,2000, 30(1):30 – 36.

[17] Azarov M A,Klimuk E A,Kutumov K A,et al. Pulsed chemical HF laser with a large discharge gap [J]. Quantum Electronics,2004,34(11):1023 – 1026.

［18］Klimuk E A,Kutumov K A,Troshchinenko G A. Electric - discharge pulsed $F_2 + H_2(D_2)$ chain reaction HF/DF laser with a 4. 2L active volume ［J］. Quantum Electronics,2010,40(2):103 - 107.

［19］Kompa K L,Parker J H,Pimentel G C. $UF_6 - H_2$ hydrogen fluoride chemical laser:operation and chemistry ［J］. J Chem Phys,1968,49(10):4257 - 4264.

［20］Suchard S N,Pimentel G C. Deuterium fluorium vibrational overtone chemical laser ［J］. Appl Phys Lett,1971,18(12):530 - 531.

［21］Belotserkovets A V,Kirillov G A,Kormer S B,et al. Chemical lasers utilizing $N_2F_4 + H_2$ and $N_2F_4 + D_2$ mixtures initiated by CO_2 laser radiation ［J］. Sov J Quantum Electron,1976,5(11):1313 - 1315.

［22］Wood O R,Chang T Y. Transverse - discharge hydrogen halide lasers ［J］. Appl Phys Lett,1972,20(2):77 - 79.

［23］Anderson N,Bearpark T,Scott S J. An X - ray preionised self sustained discharge HF/DF laser ［J］. Appl Phys B,1996,63(6):565 - 573.

［24］Brunet H. Improved DF performance of a repetitively pulsed HF/DF laser using a deuterated compound ［C］. Washington:SPIE,1997.

［25］Apollonov V V,Kazantsev S Y,Oreshkin V F,et al. Feasibility of increasing the output energy of a non - chain HF(DF) laser ［J］. Quantum Electronics,1997,27(3):207 - 209.

［26］Fridman A. Plasma Chemistry ［M］. New York:Cambridge University Press,2008:811.

［27］Podminogin A A . Hydrogen fluoride (deuterium fluoride) pulsed laser ［J］. Sov J Quantum Electron,1973,3(3):229 - 231.

［28］Jensen R J,Rice W W. Thermally initiated HF chemical laser ［J］. Chem Phys Lett,1971,8(2):214 - 216.

［29］Kompa K L,Wanner J. Study of some fluorine atom reactions using a chemical laser method ［J］. Chem Phys Lett,1972,12(4):560 - 563.

［30］Parker J H,Pimentel G C. Hydrogen fluoride chemical laser emission through hydrogen - atom abstraction from hydrocarbons ［J］. J Chem Phys,1968,48(11):5273 - 5174.

［31］Padrick T D,Pimentel G C. Hydrogen fluoride elimination chemical laser from N,N - difluoromethylamine ［J］. J Chem Phys,1971,54(2):720 - 723.

［32］Parker J H,Pimentel G C. Vibrational energy distribution through chemical laser studies. I. Fluorine atoms plus hydrogen or methane ［J］. J Chem Phys,1969,51(1):91 - 96.

［33］Parker J H,Pimentel G C. Vibrational energy distribution through chemical laser studies. Ⅱ. Fluorine atoms plus chloroform ［J］. J Chem Phys,1971,55(2):857 - 861.

［34］Parker J H,Pimentel G C. Some new $UF_6 - RH$ hydrogen fluoride chemical lasers and a preliminary analysis of the chloroform system ［J］. IEEE J Quant Electron,1970,QE - 6(3):175.

［35］Apollonov V V,Firsov K N,Kazantsev S Y,et al. Scaling up of non - chain HF (DF) laser initiated by self - sustained volume discharge ［C］. Washington:SPIE,2000,3886:370 - 381.

［36］阮鹏,放电引发非链式脉冲 DF 激光机理研究［D］. 长春:中科院长春光机所,2014.

［37］Spencer D J,Mirels H,Jacobs T A. Initial performance of a CW chemical laser ［J］. Opto - Electronics,1970,2(3):155 - 160.

［38］Spencer D J,Jacobs T A,Mirels H,et al. Preliminary performance of a CW chemical laser ［J］. Appl Phys Lett,1970,16(6):235 - 237.

［39］Meinzer R A,Hall R H,Bogaerde J V,et al. CW combustion - mixing chemical laser ［C］. Kyoto,Japan. The 6th International Quantum Electrodynamics Conference,1970.

［40］Blaszuk P,Burwell W,Davis J,et al. Laser source development ［R］. East Hartford:UARL M911239 - 22 -

3,1973.

[41] Sengupta U K,Das P K,Rao K N. Infrared laser spectra of HF and DF [J]. J Molec Spectrosc,1979,74: 322 –326.

[42] Clayton H B,Frank A. Analysis of differential absorption lidar technique for measurements of anhydrous hydrogen chloride from solid rocket motors using a deuterium fluorine laser [R]. Washington:NASA – TN – D – 8390,1977.

[43] Serafetinides A A,Richwood K R,Papadopoulous A D. Performance studies of novel design atmospheric pressure pulsed HF/ DF laser [J]. Appl Phys B,1991,52(1):46 –54.

[44] Moore H. Laser technology update: pulsed impulsive kill laser [C]. NDIA,2000: 18 –25.

[45] Velikanov S D,Elutin A S,Kudryashov E A,et al. Use of a DF laser in the analysis of atmospheric hydrocarbons [J]. Quantum Electronics,1997,27(3):273 –276.

[46] Velikanov S D,Danilov V P,Zakharov N G,et al. Fe^{2+}: ZnSe laser pumped by a nonchain electric – discharge HF laser at room temperature [J]. Quantum Electronics,2014,44(2):141 –144.

[47] Agroskin V Y,Bravy B G,Chernyshev Y A,et al. Aerosol sounding with a lidar system based on a DF laser [J]. Applied Physics B,2005,81: 1149 –1154.

[48] Burtsev A P,Burtseva I G,Mashendzhinov V I,et al. New HBr – laser with resonant optical pumping by DF – laser radiation [J]. SPIE,2004,5479: 174 –176.

[49] Burtsev A P,Burtseva I G,Mashendzhinov V I,et al. Lasing of molecular HBr in the four micron region pumped by a DF – laser [J]. SPIE,2005,5777: 528 –530.

[50] Firsov K N,Gavrishchuk E M,Kazantsev S Y,et al. Spectral and temporal charateristics of a ZnSe : Fe^{2+} laser pumped by a non – chain HF(DF) laser at room temperature [J]. Laser Phys. Lett,2014,11, 125004: 1 –9.

[51] Gavrishchuk E M,Kazantsev S Y,Kononov I G,et al. Room – temperature high – energy Fe$_2^+$: ZnSe laser [J]. Quantum Electronics,2014,44(6): 505 –506.

[52] Richeboeuf L,Pasquiers S,Legentil M,et al. The influence of H$_2$ and C$_2$H$_6$ molecules on discharge equilibrium and F – atom production in a phototriggered HF laser using SF$_6$[J]. J Phys D: Appl Phys,1998,31: 373 –389.

[53] Marchetti R,Penco E,Salvetti G. Relative influence of hydrogen/deuterium donors and driving circuit parameters on the performance of a uv preionized pulsed HF/DF laser [J]. J Appl Phys,1981,52(12):7047 –7051.

[54] Brunet H,Mabru M,Serra J R,et al. Pulsed HF chemical laser using a VUV photo – triggered discharge [C]. Washington:SPIE,1990,1397: 273 –276.

[55] Panchenko A N,Orlovskii V M,Larasenko V F,et al. Efficient oscillation regimes of an HF laser pumped by a nonchain chemical reaction initiated by a self – sustained discharge [J]. Quantum Electronics,2003, 33(5):401 –407.

[56] Tarasenko V F,Odovskii V M,Panchenko A N. Energy parameters and stability of the discharge in a nonchain self – sustained – discharge – pumped HF laser [J]. Quantum Electronics,2001,31(12):1035 –1037.

[57] Orlowskii V M,Poteryaev A G,Tarasenko V F. CO$_2$ – lasers pumped by E – beam controlled discharge and E – beam ignited discharge [C]. McLean,USA:International Conference on Lasers,1997: 754 –760.

[58] Kovalchuk B M,Mesyats G A,Orlovskii V M,et al. Wide – aperture CO$_2$ lasers pumped by electron – beam – controlled discharge [J]. Laser Physics,2006,16(1):13 –22.

[59] Inagaki H,Kannari F,Suda A,et al. High efficiency multikilojoule deuterium fluoride (DF) chemical lasers initiated by intense electron beams [J]. J Appl Phys,1986,59(2):324 –326.

14

［60］ Letardi T,Lazzaro P D,Giordano G,et al. Large area X – Ray preionizer for electric discharge lasers ［J］. Appl Phys B,1989,48(1):55 – 58.

［61］ Arai T,Obara M,Fujioka T. A cw X – ray preionizer for high – repetition – rate gas lasers ［J］. Appl Phys Lett,1980,36(4):235 – 237.

［62］ Scott S J. Experimental investigations on an X – ray preionizer test bed ［J］. J Appl Phys,1988,64(2):537 – 543.

［63］ Lacour B,Pasquiers S,Postel C,et al. Importance of pre – ionisation for the non – chain discharge – pumped HF laser ［J］. Appl Phys B,2001,72(3):289 – 299.

［64］ Puech V,Prigent P,Brunet H. High – efficiency,high – energy performance of a pulsed HF laser pumped by phototriggered discharge ［J］. Appl Phys B,1992,55(2):183 – 185.

［65］ Jayarama K,Alcock A J. X – ray preionization of seif – sustained,transverse excitation CO_2 laser discharges ［J］. J Appl Phys,1985,58(5):1719 – 1726.

［66］ Apollonov V V,Belevtsev A A,Firsov K N,et al. Advanced studies on powerful wide – aperture non – chain HF (DF) lasers with a self – sustained volume discharge to initiate chemical reaction ［C］. Washington: SPIE,2003,5120: 529 – 541.

［67］ Tarasenko V F,Panchenko A N. Efficient discharge – pumped non – chain HF and DF lasers ［C］. Washington:SPIE,2006,6101: 61011P1 – 61011P9.

［68］ 柯常军,张阔海,孙科,等. 重复频率放电引发的脉冲 HF(DF)激光器 ［J］. 红外与激光工程,2007,36:36 – 38.

［69］ 易爱平,刘晶儒,唐影,等. 电激励重复频率非链式 HF 激光器 ［J］. 光学精密工程,2011,19(2): 360 – 366.

［70］ 黄珂,唐影,易爱平,等. 非链式电激励脉冲 HF 激光器 ［J］. 红外与激光工程,2010,39(6):1026 – 1029.

［71］ 阮鹏,谢冀江,潘其坤,等. 非链式脉冲 DF 化学激光器反应动力学模型 ［J］. 物理学报,2013,62(9):094208 – 1 – 094208 – 8.

［72］ 潘其坤,谢冀江,邵春雷,等. 高功率放电引发非链式脉冲 DF 激光器［J］. 中国激光,2015,42(7): 0702001 – 1 – 6.

［73］ Brunet H,Mabru M,Vannier C. Repetitively – pulsed HF chemical laser with high average power ［C］. Washington:SPIE,1992,1810: 273 – 276.

［74］ Lacour B. High average power HF(DF) lasers ［C］. Washington:SPIE,2000,4071: 9 – 15.

［75］ Bulaev V D,Kulikov V V,Petin V N,et al. Experiment study of a nonchain HF laser on heavy hydrocarbons ［J］. Quantum Electronics,2001,31(3):218 – 220.

［76］ Aksenov Y N,Borisov V P,Burtsev B B,et al. A 400W repetitively pulsed DF laser ［J］. Quantum Electronics,2001,31(4):290 – 292.

［77］ Bulaev V D,Gusev V S,Kazantsev S Y,et al. High power repetitively pulsed electric – discharge HF laser ［J］. Quantum Electronics,2010,40(7):615 – 618.

第2章 非链式脉冲 DF 激光器 自持体放电的基本原理

2.1 自持体放电基本原理

对于以气体为工作介质的激光器来说,当电极两端加上高压时,从阴极释放的自由电子将在电场的作用下加速运动,并碰撞中性气体分子使气体电离从而产生放电电流,当除去外置电场的作用时气体放电现象即消失,这一过程称为非自持放电过程。如果外界电场强度在非自持过程下继续增加,气体中的放电过程将发生转变,放电电流会随之以超指数函数的形式增长,电极间隙的电压则会突然下降,气体发生击穿,此时即使没有外在电离源的作用,放电仍能独自进行,这个过程称为自持放电。放电从非自持放电转变为自持放电的过程称为气体击穿。

图 2.1 为气体放电的伏 – 安特性曲线,气体放电从非自持放电到自持放电过程可分为 OA、AB、BS 三个阶段。

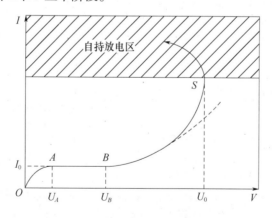

图 2.1 气体放电伏 – 安特性曲线

OA 段:当电极间的电压从零开始逐渐增加到 U_A,电极间的带电质点在电场作用下加速运动且带电粒子复合速率减小,放电电流呈增加的趋势。此时作用在电极两端的电压仍很低,通过气体的电流也很小。

AB 段:随着电压接近 U_A,电流趋向于饱和值。原因是这时外界电离因子所产生的带电粒子已几乎全部到达电极,所以电流值仅取决于外界电离因子的强度而与所加电压无关,电压从 U_A 向 U_B 继续增加的过程中放电电流将保持不变。在这一过程中外界电离因子产生的带电粒子浓度较低,所以饱和电流值也较小。

BS 段:在 U_B 基础上继续提高电压,阴极发射的电子在电场的作用下获得更多能量,当能量达到气体分子电离能时即会引起气体分子的电离,从而导致电极间带电粒子的增加,放电电流也随之上升。随着电压的不断提高,中性气体电离所产生的正离子在较强电场作用下获得足够多的能量,气体分子则在高能量正离子的碰撞作用下产生更多的带电粒子,从而使放电电流继续增加。

当电极间的电压大于某一临界值 U_0 时,放电电流急剧上升,此时即使除去外界电离源放电依然也会维持,气体发生击穿,放电转变为自持放电。这一临界电压值 U_0 称为气体击穿电压,也是自持放电的起始电压。

气体的压力不同,所表现的气体自持放电情况也不同。通常将 $Pd \leqslant 26.6\text{kPa} \cdot \text{cm}$ 的范围称为低气压区(其中 P 为气压,d 为电极间距),该范围内的气体击穿现象被称为汤森击穿,放电形式为辉光放电。$Pd > 26.6\text{kPa} \cdot \text{cm}$ 的范围称为高气压区,该范围内的气体击穿现象被称为流注击穿,放电形式为火花放电。

对高气压、大体积的气体介质进行放电时,通常先采用预电离的方式在放电区形成大量初始电子,然后进行主放电。当加在电极间的电压达到击穿电压时,整个电极间隙内将出现均匀的辉光放电现象,且在此放电状态下无火花放电或者弧光放电现象,这种只有均匀辉光占据整个激活体积的放电现象称为自持体放电。虽然自持体放电也是辉光放电,但它与经典辉光放电(低气压下的汤森放电)不同,而属于高气压下的放电,它需要借助于预电离放电的过程以产生大量的初始电子。这些电子在主放电过程中会形成相互重叠的电子崩,从而在整个放电区内形成均匀的辉光放电,而不是形成单个通道的流注火花放电。自持体放电是实现高功率气体激光器正常运转的必要条件,因此不形成自持体放电则不能实现激光器的输出,并且自持体放电的均匀性和稳定性也会直接影响到激光输出的性能。

电能在自持体放电建立的过程中被注入到激光介质,然而随着注入过程的进行,由于体放电存在的不稳定性,会使自持体放电发生收缩,导致放电收缩后只有一小部分能量被注入激光介质中。因此,为提高激光器效率和输出性能,应注意减少放电的不稳定性以提高激光器注入能量。

2.2　非链式 DF 激光工作气体放电的基本物理过程

对于非链式脉冲 DF 激光,化学泵浦反应一般选择的是放热的三原子交换反应,首先要设法解离出足够多的 F 原子与 D_2 反应。如何解离出足够的 F 原子,成为能否产生 DF 激光和实现高性能激光输出的关键。最早采用的是闪光光解引发技术,但这种方法有其局限性。正如第 1 章中所述,由于物质对光的吸收作用,光引发技术只适用于引发深度浅、气压低的激活体,即光学薄的器件[1]。此外,还因为光引发损耗大,光解效率低,因此很快被放电引发技术所取代。放电引发技术是利用 F_2、SF_6 等强电负性气体在放电条件下迅速电离或解离出中性的 F 原子,从而引发泵浦反应。而研究放电引发技术时,首先必须了解激光工作气体放电的基本物理过程。

1. 电离过程

气体原子或分子在紫外光照射、电子碰撞等外界条件的作用下获取能量,当获取的外界能量足够大时,原子或分子的外层电子将克服原子核场的作用力而脱离原子变为自由电子,该原子或分子则因缺少了电子而成为正离子,这一过程称为电离过程。自由电子和正离子可以通过光电离、碰撞电离及热电离的过程而直接形成,也可以逐级地形成,即原子的外层电子先获得小于直接电离所需的能量,从低能级跃迁到高能级而处于不稳定的亚稳态(寿命约为 10^{-7}s),随后这一外层电子若继续从外界获得能量使其具有足够的能量来克服原子核场的作用时即会发生电离。电离的过程将产生大量的带电粒子,从而对放电的发展起到促进作用。

2. 复合过程

对于 F_2、SF_6 等强电负性气体,电子极易附着其上而形成负离子。带电粒子(电子、正离子、负离子)除在电场中运动形成电流以及部分向四周扩散损失外,大部分的电子、负离子与正离子相遇时,将发生电荷传递和中和过程,从而还原成原子或分子,这一过程称为复合过程。负离子的运动速度相比于电子慢得多,很容易与正离子发生复合作用。带电质点复合时会将之前电离过程中获得的能量以光辐射的形式释放出来,这种光辐射能量在一定条件下能导致放电间隙中其他中性原子或分子的电离。因此,在电场作用下,激光工作气体中的带电粒子一直处于不断产生和不断消失的过程中。

也正是由于 SF_6 是一种强电负性气体,对电子具有较强的吸附作用,因此在电场中,电子一方面会与 SF_6 发生碰撞解离和电离,生成 F 原子、低氟化硫和低氟化硫正离子,另一方面电子也会与 SF_6 发生碰撞吸附作用,形成负离子 SF_6^- 和 F^-,这些负离子再与正离子反应生成 F 原子和低氟化硫,且 F^- 与较低能级的电子碰撞也会还原为 F 原子。其主要反应过程如下:

$$SF_6 + e \rightarrow SF_5 + F + e$$

$$SF_6 + e \rightarrow SF_5^+ + F + 2e$$

$$SF_6 + e \rightarrow SF_6^-$$

$$SF_6 + e \rightarrow SF_5 + F^-$$

$$SF_5^+ + SF_6 \rightarrow SF_5 + SF_6$$

$$SF_5^+ + F^- \rightarrow SF_5 + F$$

$$SF_5^+ + e \rightarrow SF_4 + F$$

$$F^- + e \rightarrow F + 2e$$

气体放电的过程是随机的,且电场中的电子能量变化范围较广,电子携带的能量不同,则在与 SF_6 分子碰撞时发生的作用也不相同。而碰撞时实际会发生哪种相互作用取决于 SF_6 分子的解离能、电离能、电子亲和能大小,这部分内容将在第 3 章中详细讨论。当放电区中的 F 原子浓度达到一定值后就能支持 DF 激光化学泵浦反应。

$$F + D_2 \rightarrow DF^*(v = n) + D$$

$$DF^*(v = n) \rightarrow DF(v = n - 1) + h\nu$$

从理论上讲,被解离出的 F 原子越多激光器的输出能量和电光转换效率就越高。但由于电场中带电粒子的能量差别很大,且分布不均,随着相互碰撞、传能等复杂过程的进行,放电解离出的 F 原子分布也变得不均匀,这将不利于 DF 激光电光转换效率的提高。此外,在高气压、大体积以及电负性气体含量较高的放电场中,极易出现弧光放电等不稳定、不均匀放电现象,这会使得 F 原子的分布不均匀性变得更为严重,而严重的不稳定放电甚至会导致激光器无法工作。采用预电离放电引发技术,可有效地减少大体积、高气压放电不均匀性问题。

2.3　自持体放电形式与预电离技术

2.3.1　自持体放电形式

气体击穿后的放电形式与电极面型、电极间距、气体压强及电路参数特性等有关。如对于平板电极,当电极间的电压达到击穿电压时,气体将被击穿并形成辉光放电,而进一步增加电压时会使放电逐步过渡到弧光放电;而对于如曲率半径很小的电极产生非均匀电场的情况,气体被击穿后将引起电晕放电。

1. 辉光放电

通常状态下,由于宇宙射线或阳光中的紫外线等外致电离因子的作用,介质中会产生少许带电粒子(电子、离子)。这些带电粒子在外场作用下会沿着电场的方向做迁移运动,并在迁移过程中与介质气体发生碰撞产生新的电子或离子,所有的粒子又在碰撞的过程中不断复合。而这一过程中所产生的电流比较稳定,称为辉光放电,从放电的伏 - 安特性来看,其具有高电压、低电流密度的特征,属于气体激光器中的正常放电过程。

2. 火花放电

当加在电极间的电压过高时,由于极间电压与阻抗不匹配,会导致电流急剧增加,此时放电区的介质气体将完全失去绝缘作用,而产生明亮、曲折、狭窄且有分叉的电火花,并伴有爆裂声、发热等现象,这一现象称为火花放电。火花放电一般发生在高气压(10^5Pa 以上),且放电电源功率又不够大的情况下。碰撞电离并不是发生在电极间的整个区域内,而只是沿着狭窄曲折的发光通道进行,气体击穿后不能维持稳定的放电,只能从非自持体放电发展为火花放电。火花放电是一种断续的放电现象,在整个放电间隙截面上,也不能形成均匀的分布状态。

火花放电有许多优异的应用,如用于塑料和金属等材料的表面处理等,但是在放电引发的非链式脉冲 DF 激光器中则应避免火花放电的发生,通常可采用调整电压、电极间距或工作气体气压等办法来解决这一问题。

3. 弧光放电

弧光放电最显著的外观特征是明亮的弧光柱和电极斑点,是一种电流密度大、阴极位降低、发光亮度强和温度高的气体放电现象。与辉光放电的特性正好相反,它具有负的伏 - 安特性。在辉光放电基础上保持总气压不变进一步提高电压,或者保持电压不变进一步降低气压,便可改变辉光放电的条件,使放电从辉光过渡到弧光状态。

弧光放电的应用十分广泛,如在光谱分析中用作激发元素光谱的光源,在工业上用于冶炼、焊接、喷涂及高熔点金属的切割,在医学上用作杀菌的紫外线源。弧光放电属于不稳定自持体放电,对于非链式脉冲 DF 激光器来说,它的出现会严重降低脉冲激光器的输出性能,并明显减少激光气体的使用寿命,同时还会造成对放电电极的严重烧蚀。因此在非链式脉冲 DF 激光器中应尽量避免这种放电形式的出现,一旦出现弧光放电现象则应及时对放电电压和工作气体的压强进行调整。

4. 电晕放电

当在表面曲率半径很小的电极两端加上较高的电压但尚未达到击穿时,放电空间的电场极不均匀,此时电极表面附近电场较强,会出现电极附近的气体被局部击穿而产生发光的现象,由于电极附近有一个发光的电晕层,所以称为电晕放电。气体击穿后的电流很微弱,会产生持续、不稳定的短脉冲电流,当外加电压远高于电晕击穿电压临界值时,电晕放电则会转变为火花放电,也就是发生火花击穿。电晕放电是一种非均匀电场下的局部自持体放电,主要用于高速打印机、漂白装置、静电除尘、空气净化等方面。

5. 局部放电和沿面放电

电极的不平整性也会导致电场的不均匀,而在这样的不均匀电场中,介质气体在发生火花放电之前,往往首先在电极曲率半径较大或在表面凸起的部位产生局部放电,此时电极间隙中的气体会出现刷形放电的形式。如果电极表面的不平整性是不均匀的,所发生的局部放电就不会均匀,放电场中总的放电也不会均匀,因此应避免这种放电现象的产生。

6. 介质阻挡放电

当在形成气体放电的电极间插入绝缘介质或者将该绝缘介质覆盖在电极表面时,如在电极两端加上足够高的交流电压,极间电场将会使放电间隙中的气体分子电离从而产生放电电流,形成所谓的介质阻挡放电。而当极间电场反向时,同样会发生这种现象。这种放电表现为均匀、稳定的状态,貌似低气压下的辉光放电,但实际上它是由大量细微的快脉冲放电通道所构成,可以在一个相当大的气压和频率范围内工作。它是一种放电的暂态过程,只有当电极上施加交流电压时,放电才能延续。在低频工作时,介质阻挡放电特性呈现一系列的电脉冲。高气压放电时,其形态由许多随机分布的微放电构成。介质阻挡放电主要用于臭氧发生器、等离子体显示、紫外与真空紫外光源、环保以及气体激光器激励等方面。

对比上述放电形式可以看出:辉光放电是唯一能实现稳定、均匀自持体放电的放电形式。当气体压强较低时,由于电子密度在有限范围内增长,很易于实现均匀、稳定的辉光放电,然而在高气压、大体积情况下,由于激光介质密度和电子密度起伏很大,只靠主放电往往难以实现稳定、均匀的辉光放电,所以在早期的高气压、大体积非链式脉冲 DF 激光器中多采取预电离措施以保证气体放电的稳定性。

2.3.2　实现非链式脉冲 DF 激光输出的预电离技术

对于高气压、大体积脉冲气体激光器来说,获得自持体放电的前提是在放电区具有一定浓度的均匀初始电子分布,而预电离是获得均匀初始电子分布的有效措施。在实际中气体激光器常用的预电离方式主要有:紫外预电离、电子束预电离和 X 射线预电离等。下面对这几种预电离方式进行详细介绍,并对其特点做比较。

1. 紫外预电离

紫外预电离是指在工作气体发生主放电之前,与主电极相连的预电离电极间先发生气体击穿以产生紫外光,而处于主放电区内的气体在紫外光的照射下产生光电离,即气体体积光电离,从而在放电区产生一定数量的预电离电子。产生光电离的条件是:辐射光子的能量大于气体分子或原子的电离能[2]。

$$hv \geqslant \varepsilon_i = eU_i \qquad (2-1)$$

式中：v 为光子频率；h 为普朗克常数；U_i 为电离电位。对于任意一种气体，产生光电离的阈值波长为 λ_0：

$$\lambda_0 = \frac{1233.6}{U_i}(\text{nm}) \qquad (2-2)$$

铯原子的电离电位 $U_i = 3.88\text{eV}$ 是所有分子和原子中最低的，所对应的阈值波长为 $\lambda_0 = 317.9\text{nm}$，也是所有分子和原子中最大的，即最大阈值波长处于可见光波长范围之外。由此可见，对于任何一种气体粒子来说，在可见光的作用下难以产生单级光电离过程，而需要波长更短的紫外线甚至是 X 射线辐射光源来产生有效的预电离。

光电离的过程与电子碰撞引起分子或原子电离的过程不同。当光子的能量超过分子或原子电离能 $0.1 \sim 1\text{eV}$ 时，分子或原子的电离概率最大，而相同能量的电子与分子或原子发生碰撞时引起分子或原子电离概率则几乎为零；当电子的能量大于分子或原子电离能的 $6 \sim 10$ 倍时，分子或原子的电离概率达到最大。从引起分子或原子电离所需的能量分析，光电离更容易实现气体电离。

预电离产生的电子浓度及电子分布的均匀性是衡量预电离效果的重要指标，也是主放电能否顺利进行的关键所在。实验研究发现，对于紫外光预电离放电引发的大体积气体激光器，预电离电子产生时间很短，且预电离电子浓度与紫外光到放电区距离的平方成反比[3]。

紫外预电离控制放电有很好的再现性和重复性，即相邻两个脉冲之间的预电离电子浓度和分布波动很小，这使得随后的主放电也具有很好的再现性。此外紫外预电离装置的使用寿命较长，并能在较高重频下使用，同时装置的造价相对较低。因此紫外预电离仍是目前高气压、大体积气体激光器中最常采用的预电离形式。

2. 电子束预电离

电子束预电离的基本原理是通过向放电区注入一定能量的电子束来实现预电离电子在整个放电体积内的均匀分布，预电离注入的电子在放电区对气体分子进行碰撞电离，引起电子增益并起导电作用[4]。高能电子束可以通过热阴极电子枪和冷阴极电子枪两种装置产生。前者是将数十万伏的高电压作用于直热式灯丝或旁热式阴极，使其发射出电子并在电场中加速获得足够的能量；后者则是在一定气压条件下的等离子体阴极发射或强电场电子发射[5]。

图 2.2 是热阴极电子枪电子束预电离装置的结构。其工作原理为：热阴极电子枪产生的电子束在数十万伏高压作用下加速运动，穿过厚度很薄（10^{-7}m 量级）的真空铝箔窗注入主放电区，供给激光器维持均匀稳定主放电所需的初始电子浓度。电子束在进入主放电区前经高压作用，电子平均能量大大增强，高能电子引起放电区内激光工作气体的电离，因而有效降低了主放电电压，同

时也优化了气体的 E/N 值,有助于提高注入功率和激光器电光转换效率,因此该方法也成为获得高脉冲能量输出的主要方法之一。

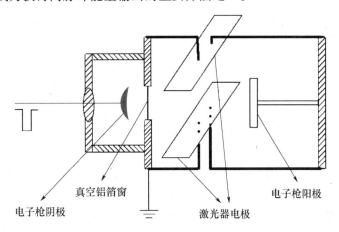

图 2.2　电子束预电离结构示意图

应该注意的是,虽然电子束预电离可以提高激光器的能量转换效率,但当激光器在高重频下工作时通常却不采用该方法。这是因为电子枪发射电子束的重复性和再现性较差,加上电子束每次穿过铝箔窗的情况也不尽相同,所以相邻脉冲之间注入到主放电区的电子束波动较大,使得主放电电场中的能量产生较大的起伏。此外,铝箔窗口的寿命短,电子束预电离装置运行成本高、体积庞大、技术相对复杂,这些因素也严重限制了该方法的使用。

3. X 射线预电离

X 射线预电离是利用照射放电区的 X 射线使气体电离从而形成稳定的主放电。X 射线具有比紫外光更强的穿透能力,同时对工作气体具有较强的电离能力。例如作为预电离手段可以使放电间距为数十厘米、气压高达 10atm 的 CO_2 激光器正常工作,因而 X 射线预电离方式在高气压大体积脉冲气体激光器中具有很大的应用潜力。X 射线预电离按照 X 射线的产生方法可分为三种,即电子束驱动 X 射线预电离、连续波 X 射线预电离和闪光 X 射线预电离。

图 2.3 给出的是电子束驱动 X 射线预电离结构示意图,它采用高能电子束轰击适当厚度的高原子序数金属材料(如铝箔、钛箔等),电子束的大部分能量用于金属材料的电离,产生密度很高的金属等离子体,形成大量 X 射线,X 射线经过铝窗口进入激光器放电区使气体电离,从而产生足够浓度的预电离电子。电子束驱动 X 射线预电离属于脉冲 X 射线预电离,在实际的激光器工作时需要对脉冲预电离器与主放电之间的时延进行适当的调整。此外,由于产生的 X 射线发散性较大,为了不影响预电离效果,应尽量缩短金属材料与激光器主放电区域的距离。

相比于电子束驱动的 X 射线预电离,连续波 X 射线预电离则不需要对预电离和主放电之间的时延进行调整,且连续式预电离装置的工作寿命长,因此在高重频、高气压气体激光器中具有广泛应用。

闪光 X 射线预电离的工作原理是基于 X 射线管中阳极(钼针)和带有触发极的封闭环阴极间的真空击穿形成 X 射线,由于钼针阳极容易被高密度的电流汽化而损坏,因而装置的工作寿命较短。

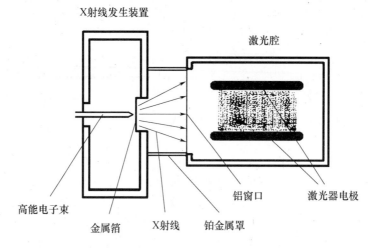

图 2.3　电子束驱动 X 射线预电离结构示意图

2.4　紫外预电离技术

根据紫外光的产生方法可将紫外光预电离技术分为三类:火花针预电离[6-10]、电晕预电离[11-14]和半导体预电离[15-18]。下面分别对这几种紫外预电离技术进行详细介绍。

2.4.1　火花针预电离

火花针预电离结构一般为设置在激光器主电极的两侧、单侧或某个主电极下面均匀排列的火花针阵列,并通过耦合电容将火花针阵列与主电极连接。当在主电极两端加上高压时,则通过耦合电容首先在上下对应的火花针之间形成火花放电并产生紫外光辐射,此后主电极间的工作气体在紫外光照射下发生电离产生预电离电子,当预电离电子达到一定浓度后,主电极间便开始形成均匀稳定的辉光放电。预电离火花针通常由钨、镍等耐腐蚀性较强的金属材料制成。火花针阵列间距、相对的火花针针尖间距以及火花针阵列与主电极之间的距离都会对预电离的效果产生影响,因此在电极制作和安装时有必要对这些间距进行合理的设置以使预电离的效果达到最佳。通过适当增加火花针阵列中预电离针的数目,可以提高预电离的强度和预电离电子沿主电极长度方向的均匀性。

图 2.4 是火花针预电离装置的结构示意图。这种预电离装置结构简单、制作方便,且具有预电离强度大、均匀性可调的优点。通过使用火花针预电离技术可有效提高激光器的单脉冲输出能量和激光器运转的频率。

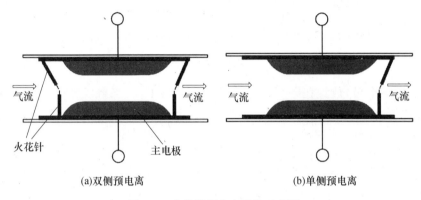

(a)双侧预电离   (b)单侧预电离

图 2.4 火花针预电离结构示意图

2.4.2 电晕预电离

电晕预电离装置的结构通常是在主电极间靠近一侧主电极位置放置一个绝缘介质层,当在主电极间加上高压时,快速上升的电场引起介质层的极化,促使介质层表面发射电子。这些电子在电场的作用下被拉出主电极,当气体中电子浓度达到一定值时将发生雪崩现象,两电极间产生电晕电流,形成电晕放电,电晕放电所产生的紫外辐射引起主电极间的工作气体电离,进而引发主放电。电晕电流在介质表面分布均匀,使得随后的主放电也很均匀。电晕电流的强度正比于电极与介质管的分布电容,以及所加的电压梯度。

图 2.5 给出了两种典型的电晕预电离结构,即触发丝电晕预电离[19,20]和介质表面的电晕预电离[21]。

触发丝电晕预电离结构:在一个主电极附近放置一个陶瓷或玻璃材料的电介质管,管中放置一个作为电晕电极的金属棒,与距离电介质管较近的主电极共同构成电晕电极对,金属棒从电介质管两端引出并与另一个主电极相连。当在主电极两端加上高压脉冲时,由于电晕电极对间距很小,所以首先通过电介质管在电晕电极对之间产生电晕放电并产生强烈的紫外光,引起主放电区气体光电离,从而引发主放电。介质表面电晕预电离结构:将镀电介质薄层的附加

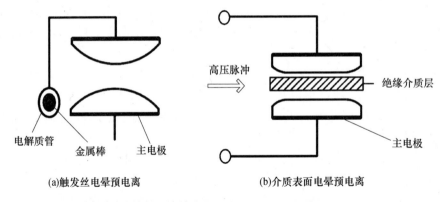

(a)触发丝电晕预电离　　　　　　　　(b)介质表面电晕预电离

图 2.5　电晕预电离装置结构示意图

电极(触发电极)放置在一个主电极(网状电极)下面,当触发电极和网状电极间的电压高出某一值时,即在电介质表面和电极空间形成电晕放电,产生电晕电流,之后逐渐引发主放电。

电晕预电离结构的优点是电晕放电均匀性好,工作电压范围较广,放电不会有杂质生成,因而不会对主电极造成溅射污染或腐蚀,可适应激光器在高重复频率下工作。其缺点是预电离强度比火花预电离弱,效率相对较低,因而通常只在小型激光器中使用。

2.4.3　半导体预电离

半导体预电离一般是通过在主放电电极的两侧安装两条半导体板作为分布式电阻耦合器来产生均匀的预电离,常用的半导体材料主要有硅、锗或碳化硅。图 2.6 给出了半导体预电离装置的结构示意图。当主电极间加上高压脉冲时,由于半导体板的阻抗低于主电极间气体阻抗,首先在半导体板与主电极间以及半导体板之间形成大量丝状放电,放电产生的紫外光辐射引起主电极间气体的光电离。当气体中电子浓度足够高以致气体阻抗小于预电离电路的阻

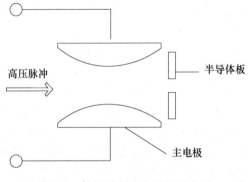

图 2.6　半导体预电离结构示意图

抗时,主电极即开始产生均匀的辉光放电。半导体预电离的效果主要受到半导体板间的距离、半导体板与主电极间的距离以及半导体板的厚度及宽度的影响,因此在应用时需要对这些参数进行合理的设置。

　　由于半导体板是一种均匀的分布式电阻,其所产生的预电离电流具有均匀分布的特点,从而使得预电离电子在沿着整个主电极长度方向上呈均匀分布的状态,因此半导体预电离的一个重要优点是放电的均匀性好。但这种预电离结构的造价昂贵,半导体电阻率及电阻率的均匀性难以控制,因此一般也很少在工程中使用。

参考文献

[1] 桑凤亭,周大正,金玉奇,等. 化学激光 [M]. 北京:化学工业出版社,2000:17.

[2] 程亮,万重怡,周锦文,等. 印刷板预电离小型 TEA CO_2 激光器 [J]. 中国激光,2002,A29(1):7 - 9.

[3] Judd O P,Wada J Y. Investigations of a UV preionized electrical discharge and CO_2 laser [J]. IEEE J Quant Electron,1974,QE - 10(1):12 - 20.

[4] 周大正. 高气压 CO_2 激光器的技术分析与研究进展 [J]. 激光杂志,1986,7(6):321 - 327.

[5] 陈冰. TEA - CO_2 激光器的几种典型的预电离技术 [J]. 激光杂志,2003,24(5):33 - 35.

[6] Norris B,Smith A L S. Compact sealed photo - preionized TEA CO_2 laser without heterogeneous catalysis or gas recycling [J]. Appl Phys Lett,1979,34(6):385 - 386.

[7] Chis A C I,Draganescu V,Dragulinescu D,et al. Design and performance of a high repetition rate TEA CO_2 laser [J]. J Phys E:Sci Instrum,1988,21:393 - 396.

[8] Seguin H,Tulip J. Photoinitiated and Photosustained Laser [J]. Appl Phys Lett,1972,21(2):415 - 416.

[9] Burnett N H,Offenburger A A. Simple electrode configuration for UV initiated high - power TEA laser discharges [J]. J Appl Phys,1973,44(8):3617 - 3618.

[10] Judd O P. An efficient electrical CO_2 laser [J]. Appl Phys Lett,1973,22(3):95 - 96.

[11] Dumehin R,Michon M,Farcy J C,et al. Extension of TEA CO_2 laser capabilities [J]. IEEE J Quant Electron,1972,QE - 8(2):163 - 165.

[12] Hasson V,Vonbergman H M. Simple and compact photo - preionization stabilized excimer lasers [J]. Rev Sci histrum,1979,50(2):1542 - 1544.

[13] Qu Y C,Liu F M,Hu X Y,et al. Miniature high - repetition - rate transversely excited atmospheric - pressure CO_2 laser with surface - wire - corona preionization [J]. Infrared Physics & Technology,2000,41(3):139 - 142.

[14] 胡孝勇,曲彦臣,任德明,等. 表面电晕预电离与火花预电离之比较 [J]. 真空科学与技术,2002,22(5):382 - 384.

[15] Rickwood K R. A semiconductive preionizer for transversely exeited atmospheric CO_2 lasers [J]. J Appl Phys,1982,53(4):2840 - 2842.

[16] Gridland J B. Effect of pressure on a semiconductor - preionised pulsed CO_2 laser [J]. J Phys E:Sci Instrum,1985,18:328 - 330.

[17] Rodin P,Ebert U,Hundsdorfer W,et al. Superfast fronts of impact ionization in initially unbiased layered semiconductor structures [J]. J Appl Phys 2002,92(4):1971 - 1980.

[18] Serafetinidest A A,Rickwood K R. Improved performance of small and compact TEA pulsed HF lasers employing semiconductor preionisers [J]. J Phys E:Sci Instrum,1989,22(2):103 – 107.

[19] Lamberton H M,Pearson P R. Improved excitation techniques for atmospheric pressure CO_2 lasers [J]. Electron Lett,1971,7(5,6):141 –142.

[20] 梁蔚鹏. TEA CO_2激光器高气压大体积放电的实验研究 [D]. 武汉:华中科技大学,2007.

[21] Ernst G R,Boer A G. Construction and performance characteristics of A rapid discharge TEA CO_2 laser [J]. Opt Commun,1978,27:106 –110.

第3章　F原子产生过程和SF₆气体击穿机理

放电引发的非链式脉冲DF激光器目前采用的F原子来源主要为SF₆气体,在放电过程中,SF₆气体通过与电子发生多重作用以生成F原子。电子碰撞SF₆气体的主要过程包括:碰撞解离、碰撞电离和电子吸附,这些过程所需的电子能量分别对应SF₆气体的解离能、电离能和电子亲和能。这三种过程对F原子的产生贡献各不相同,其中SF₆解离和电离过程有利于F原子的产生,而电子吸附过程对F原子生成则相反地起到抑制作用。此外,要获得大量的F原子除需要大量的F原子供主,即SF₆气体之外,同时还需要能使SF₆气体发生解离和电离的大量高能电子,因此需要对工作气体进行放电击穿。上述三种过程以及这些过程所产生的粒子之间的复合过程均会影响对气体的击穿,对其进行分析可更好地掌握SF₆气体的击穿机理和F原子的生成过程。本章首先对SF₆气体的基本性能进行简要介绍,进而通过对SF₆气体与电子碰撞的各种过程进行详细分析,从中找出SF₆气体的击穿机理以及其对非链式脉冲DF激光器放电击穿的影响。

3.1　SF₆气体的基本性能

SF₆气体为一种人造气体,由于其具有优良的理化特性、绝缘和灭弧能力,自20世纪50年代起就被广泛应用于工业领域和科研中,例如在高压电子学领域用作为高压开关或断路器的绝缘和灭弧介质,在输变电领域用于变压器、互感器、电容器、熔断器、充气电缆等输配电设备。此外,SF₆气体还经常用作铸造技术中的保护气体,以及用作HF/DF化学激光器中F原子供主。

3.1.1　SF₆气体的理化特性

SF₆分子结构为完全对称的正八面体,其中S原子位居八面体的中心,F原子则位于六个棱角上(图3.1),S和F通过共价键紧密连接,S–F共价键距离为1.58×10^{-10}m,SF₆分子直径为4.77×10^{-10}m。

表3.1给出了SF₆气体的主要理化特性。在常温常压下,纯净的SF₆气体是无色、无毒、无味、不溶于水和变压器油、不燃且不助燃的惰性气体。其化学性质非常稳定,热分解温度高于600 ℃,在干燥的环境下不腐蚀与其接触的物质。

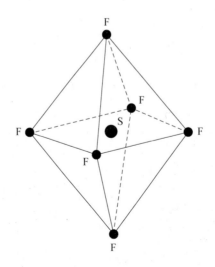

图 3.1 SF_6 分子结构示意图

SF_6 气体的分子量为 146.05,约为空气的 5 倍,是已知最重的工业气体之一,因此在其与分子量较小的气体没有充分混合时,易于自然下沉。故在其作为激光工作气体的应用时也应注意与其他气体的充分混合。

表 3.1   常温常压下($25\ ℃$、$10^5 Pa$)SF_6 气体的主要理化特性

性能	数值
分子量	$146.05 g/mol$
分子直径	$4.77 \times 10^{-10} m$
密度	$6.14 kg/m^3$
比重	5.1 倍空气
热导率	$0.013 W/m \cdot K$
熔点(1.24 表压)	$-50.8 ℃$
升华点	$-63.7 ℃$
分解温度	$>600\ ℃$
临界温度	$45.55 ℃$
临界压力	$3.78 MPa$
临界密度	$730\ kg/m^3$

3.1.2 SF_6 气体的电学特性

1. 电负性

SF_6 分子具有吸收自由电子而形成重负离子的特性,这一特性通常被称为 SF_6 气体的电负性。该特性主要来源于 SF_6 气体中的 F 原子,由于 F 原子最外层

有七个电子,很容易吸收一个电子而形成稳定的电子层,当 F 原子与 S 原子结合形成 SF_6 分子时,仍具有此特性。分子或者原子电负性的程度可以用它们与电子结合时所释放的能量大小来衡量,释放的能量越高则电负性越强,释放的能量称为电子亲和能。卤族元素均具有电负性,其中 F 原子的电负性最强,电子亲和能也最高,达到 4.1eV。SF_6 分子中有六个 F 原子,电子吸附截面大,其电子亲和能达到 3.4eV,因而 SF_6 也具有很强的电负性。强电负性是 SF_6 气体极其重要的特点,它决定了 SF_6 气体的电气特性、击穿机理及其应用领域。

2. 绝缘性能

SF_6 气体具有很强的绝缘性能,在均匀电场下其耐电强度为相同气压下空气的 2.5～3 倍,N_2 的 2.5 倍,其绝缘特性主要源于 SF_6 分子的强电负性。气体击穿的过程是气体状态从绝缘到导电的转变,只有当气体中存在足够多的自由电子时,气体才可能发生击穿。由于 SF_6 气体对电子具有很强的吸附能力,在与电子发生碰撞时,一方面由于对电子的吸附会导致自由电子数的大量减少,并且形成的负离子迁移率很低,阻碍了电子崩的发展;另一方面其对电子能量的吸收作用也会减小电子的动能,使气体碰撞电离概率降低。正是因为 SF_6 气体具有这样优异的绝缘性能和物理化学性质,使其被广泛应用于各种绝缘设备中。

3. 灭弧性能

SF_6 分子的强电负性使其具有很强的灭弧能力。SF_6 分子易于吸附电子而构成负离子,正、负离子也易于复合产生中性分子,因此降低了电场中带电粒子的数目,使电弧空间的导电性减弱。另外,SF_6 气体具有很高的分解能,在分解过程中可吸收大量的电弧能量,使电弧发生收缩,而且 SF_6 电弧分解后自恢复速度快,增加了其灭弧的次数。SF_6 的灭弧能力是空气的 100 倍,非常适合在断路器中使用。

3.2　SF_6 气体与电子的作用过程

产生大量 F 原子的前提是 SF_6 气体击穿,气体击穿后将产生大量的高能电子,这些电子与 SF_6 发生碰撞导致 SF_6 分子的电离和解离,从而生成 F 原子和低氟化物。在 SF_6 气体放电过程中,主要发生碰撞解离、碰撞电离、电子吸附和粒子复合等过程,下面将对这些过程进行详细分析,确定各过程的电子能量阈值和反应速率系数,分析各过程中可能存在的粒子种类,为第 4 章所述的非链式脉冲 DF 激光动力学模型建立过程中动力学反应的选取提供依据。

3.2.1　SF_6 碰撞解离过程

SF_6 解离在灭弧、绝缘等方面具有重要应用价值,国内外已有大量关于 SF_6

在高压电弧作用下的分解过程和产物进行研究的报道[1-8],这种分解主要是利用高压电弧产生的高温对 SF_6 气体进行热分解。而 SF_6 电子碰撞解离则与热分解不同,它是利用电场中加速运动的电子碰撞 SF_6 分子,当电子能量大于 SF_6 分子解离能时便引起 SF_6 的解离,生成 F 原子和低氟化物。对于放电引发的非链式脉冲 DF 激光器而言,放电形式属于辉光放电,放电过程所产生的温度还达不到 SF_6 气体的热分解温度,因而在这里只需研究 SF_6 气体在电子碰撞下的解离过程。

当电子与 SF_6 分子发生碰撞时,电子携带的能量会造成 SF_6 分子的 S—F 化学键断裂,从而生成低 F 原子和氟化物,这一过程中电子损失的能量称为 SF_6 分子解离能。电子的能量不同所引起 SF_6 解离反应则不同,生成的 F 原子数量与低氟化物的种类也不同。表 3.2 给出了 Iio 等报道的 SF_6 分子在电子碰撞过程中可能发生的解离反应以及各反应中 SF_6 分子的解离能[9]。

表 3.2　SF_6 碰撞解离反应中生成不同低氟化物时的 SF_6 解离能

反应过程	电子能量/eV	
	理论数据	实验数据
$SF_6 + e \rightarrow SF_5 + F + e$	9.6	—
$SF_6 + e \rightarrow SF_4 + 2F + e$	12.1	—
$SF_6 + e \rightarrow SF_3 + 3F + e$	16	16
$SF_6 + e \rightarrow SF_2 + 4F + e$	18.6	19.5
$SF_6 + e \rightarrow SF + 5F + e$	22.7	22

由表 3.2 可看出,生成的低氟化物分子中 F 原子的含量越少,需要的电子能量则越高,即有 $SF > SF_2 > SF_3 > SF_4 > SF_5$。$SF_6$ 分子解离为 SF_5 需要的电子能量阈值为 9.6eV,此时只产生了一个 F 原子,相比之下 SF_6 解离为 SF 时所产生的 F 原子数量最多,但此时所需的电子能量阈值却是生成 SF_5 时的 2.4 倍。除了解离能之外,SF_6 分子的电子碰撞解离截面也是反映解离过程难易程度的重要参量,碰撞截面越大,则解离过程发生的概率就越大。对 SF_6 碰撞解离的各种碰撞截面的研究表明,生成各种低氟化物时 SF_6 分子的碰撞截面从大到小依次为:$SF_5 > SF_4 > SF_2 > SF_3 > SF$。由于辉光放电时高能电子的数量和能量均有限,且反应的时间极短,因此电子对 SF_6 分子的碰撞解离会按照碰撞截面的大小和所需电子能量的大小进行选择,即碰撞截面越大、所需电子能量越小,其解离过程越容易进行。实际中由于生成 SF_5、SF_4 对应的 SF_6 分子解离能较低且碰撞截面较大,因此对于放电引发的非链式脉冲 DF 激光器来说,大部分的研究者在对激光器的动力学反应进行分析时都只考虑了 SF_6 生成 SF_5 和 SF_4 的解离过程[10,11],另外 SF_4 也可由电子碰撞 SF_5 分子解离产生。表 3.3 是电子碰撞解离

过程中生成 SF_5、SF_4 的反应速率系数。

表 3.3　SF_6 电子碰撞解离过程中生成 SF_5、SF_4 的反应速率系数

反应过程	速率系数 $k/(cm^3/s)$
$SF_6 + e \rightarrow SF_5 + F + e$	0.15×10^{-7}
$SF_6 + e \rightarrow SF_4 + 2F + e$	0.72×10^{-9}
$SF_5 + e \rightarrow SF_4 + F + e$	0.47×10^{-7}

从表 3.3 可以看出,SF_6 与电子碰撞时生成 SF_5 的速率系数比生成 SF_4 的速率系数大了两个数量级。尽管 SF_5 在电子碰撞作用下解离为 SF_4 的速率系数很大,与 SF_6 解离为 SF_5 的速率系数处于同一个数量级,但由于 SF_6 与电子碰撞过程中生成的 SF_5 数量较少,且反应时间极短,SF_5 来不及解离为 SF_4,因此实际上电子碰撞解离过程中生成 SF_4 的数量很少。基于上述分析,在对放电引发非链式脉冲 DF 激光器的动力学反应进行选取时可忽略生成 SF_4 的过程,而只需要考虑 SF_6 与电子碰撞解离为 SF_5 的反应过程。

值得注意的是,电子对 SF_6 气体的碰撞解离过程只引起电子能量的改变,而对电子数量的变化没有影响,因此不会对气体击穿产生直接的影响。

3.2.2　SF_6 碰撞电离过程

电子对 SF_6 分子的碰撞电离是形成 F 原子的重要来源,也是影响气体击穿的重要因素。自由电子在电场的作用下加速运动,当运动的电子能量达到气体电离能并与气体分子发生碰撞时便会引起气体的碰撞电离,同样这一电离过程也会按照生成各种正离子所需的电离能大小进行选择。表 3.4 给出了 SF_6 直接电离为各种低氟化物离子所需的电离能。

表 3.4　SF_6 碰撞电离生成各种正离子的电离能

正离子	反应过程	电子能量/eV
SF_5^+	$SF_6 + e \rightarrow SF_5^+ + F + 2e$	15.9 ± 0.2
SF_4^+	$SF_6 + e \rightarrow SF_4^+ + 2F + 2e$	$18.9 \pm 0.2; 18.7 \pm 0.2; 18$
SF_3^+	$SF_6 + e \rightarrow SF_3^+ + 3F + 2e$	$20.1 \pm 0.3; 19$
SF_2^+	$SF_6 + e \rightarrow SF_2^+ + 4F + 2e$	$26; 26.8 \pm 0.3; 26$
SF^+	$SF_6 + e \rightarrow SF^+ + 5F + 2e$	$31.3 \pm 0.3; 31$
F^+	$SF_6 + e \rightarrow F^+ + SF_5 + 2e$	$35.8 \pm 0.1; 38$

电离能的大小直接反映了生成各种正离子的难易程度。从表 3.4 中可以看出,SF_6 生成各种低氟化物正离子所需的电离能从低到高依次为:$SF_5^+ < SF_4^+ < SF_2^+ < SF_3^+ < SF^+ < F^+$,由此可见,$SF_6$ 在电子碰撞作用下最易电离为 SF_5^+。而

SF_4^+ 以下的低氟化硫正离子所需的电离能太高,因此均不易生成,即使能够生成,其数量与 SF_5^+ 相比也会非常少,故通常都可以忽略不计。

同时,从 SF_6 直接电离为各种正离子的碰撞截面大小也可看出各种正离子在放电过程中存在的可能性大小。如表 3.5 所列为三个不同研究团队通过实验获得的电子能量为 100eV 时 SF_6 电离为各种正离子的碰撞截面数据。

表 3.5 SF_6 电离为各种正离子时的碰撞截面

正离子	碰撞电离截面 $\sigma_i/10^{-20}\,m^2$		
	Stanski[12]	Margreiter[13]	Rejoub[14]
SF_5^+	3.38	3.42	3.52
SF_4^+	0.3	0.39	0.395
SF_3^+	0.99	1.09	0.93
SF_2^+	0.26	0.27	0.22
SF^+	0.42	0.46	0.265
F^+	0.34	0.27	0.19

从表 3.5 中可以看出,SF_6 分子电离为 SF_5^+ 时的碰撞截面最大,其次为 SF_3^+,且电离为 SF_5^+ 时的碰撞截面约为 SF_3^+ 时的 3 倍,电离为 SF_4^+、SF_2^+、F^+ 时的碰撞截面则更小,约为 SF_3^+ 时碰撞截面的1/3。因此,从碰撞截面大小来考虑电子碰撞引起 SF_6 电离时,其很大程度上是电离为 SF_5^+,而其他正离子数量与之相比均可以忽略不计。虽然 SF_6 碰撞解离生成的 SF_5、SF_4、SF_3 等分子也可以直接与电子发生碰撞电离作用而生成正离子,但由于反应时间极短,生成这些分子需要一段时间,所以这些分子在生成之后来不及与电子发生碰撞电离;此外,这些分子的数量要远少于 SF_6 分子,即使反应的时间充足,与电子直接碰撞电离产生正离子的数量也相当少。而 SF_6^+ 无论是处于基态还是激发态都是非常不稳定的,在实验中几乎观察不到该离子的存在。综合考虑碰撞所需的电离能和碰撞截面大小,在建立放电引发非链式脉冲 DF 激光器动力学模型时,对 SF_6 碰撞解离反应过程进行选取,只需考虑生成 SF_5^+ 的过程。Lieberman 等给出的 SF_6 碰撞解离为 SF_5^+ 反应过程的速率系数为 $0.52 \times 10^{-8}\,cm^3/s$[15]。

电子对 SF_6 碰撞电离过程是产生离子和自由电子的重要过程,因此也是引起气体击穿的重要因素。SF_6 分子电离使自由电子数量倍增,当电子数量达到一定值即可引起气体击穿。可用汤森第一电离系数 α 来描述电子对 SF_6 分子的碰撞电离过程,该参数也是描述电子崩发展和气体击穿的重要参数之一。电子碰撞电离系数 α 与气体的性质、压强及放电区的电场强度等因素有关,是电子速度 v 或电子能量 ε 的函数,可用式(3−1)描述:

$$\frac{\alpha}{N} = \frac{1}{w} \int_0^\infty \sigma_i v f(v) \, \mathrm{d}v$$

$$= \frac{(2/m_e)^{1/2}}{w} \int_0^\infty \sigma_i \varepsilon^{1/2} f(\varepsilon) \, \mathrm{d}\varepsilon \tag{3-1}$$

式中:N 为气体中中性粒子数;w 为电子平均漂移速度;σ_i 为电离碰撞截面;$f(v)$ 为电子速度分布函数;$f(\varepsilon)$ 为电子能量分布函数;m_e 为电子质量。由于电子速度 v、电子能量 ε、碰撞电离截面 σ_i 都是电场强度 E 的函数,所以 α/N 是 E/N 的函数。一般来讲,电子速度、电子能量均随电场强度的增加而增大,即电子碰撞电离系数也随着电场强度的增加而增大。关于 α/N 随 E/N 的变化关系,大量文献给出了室温条件下(293~298K)的实验测量数据,这些实验主要采用稳态汤森方法[16-20]和脉冲汤森方法[21,22]。表 3.6 列出了大部分文献推荐的 SF₆ 气体放电中 α/N 随 E/N 的变化数据。

表 3.6　室温下 SF₆ 气体放电中 α/N 随 E/N 的变化数据

$E/N/(10^{-17}\mathrm{V \cdot cm^2})$	$\alpha/N/10^{-18}\mathrm{cm^2}$	$E/N/(10^{-17}\mathrm{V \cdot cm^2})$	$\alpha/N/10^{-18}\mathrm{cm^2}$
250	8.9	650	93.3
300	18.5	700	102.9
350	29.5	750	112.4
400	40.1	800	121.5
450	52.3	850	130.1
500	62.7	900	138.9
550	73.2	950	148.6
600	83.7	1000	158.2

对表 3.6 中的实验数据进行绘图,得到 α/N 随 E/N 的变化关系曲线如图 3.2 所示。从图 3.2 可以看出 α/N 随 E/N 呈近似线性变化,即碰撞电离系数 α 随电场强度 E 呈线性增加。因此,在实际的 SF₆ 气体放电过程中,可以通过提高电极间的放电电压或者缩短放电间距来提高电场强度 E,从而增加碰撞电离概率。但电场强度不能无限制增加以免发生弧光放电。

3.2.3　电子吸附过程

在电子与 SF₆ 分子发生碰撞作用的几个过程中,电子吸附过程对 F 原子的产生会起到抑制作用,这一过程对放电引发非链式脉冲 DF 激光器来说是不利的。因为电子吸附将会导致放电区内自由电子数量的大量减少,且形成的负离子迁移率很低,阻碍电子崩的发展,从而影响激光器的正常放电;另一方面它对电子能量的吸收使得电子动能减小,从而降低了气体碰撞解离和电离概率。

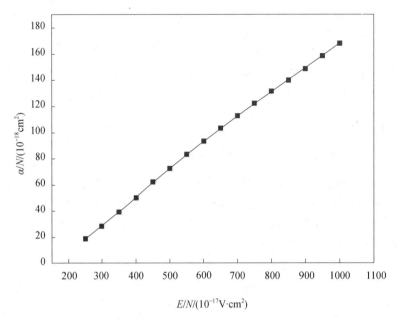

图 3.2　SF$_6$ 气体放电中 α/N 随 E/N 的变化关系曲线

电子与 SF$_6$ 分子发生碰撞吸附作用时将会生成一系列的负离子,包括母体负离子 SF$_6^-$ 和子体负离子 SF$_5^-$、SF$_4^-$、SF$_3^-$、SF$_2^-$、F$^-$。众多首位研究者都对 SF$_6$ 的电子吸附过程进行了详细的研究[23-27],研究表明电子吸附的过程可分为三种不同形式,即 SF$_6$ 分子的解离吸附、暂态母体负离子和稳态母体负离子。其中,解离吸附是形成低氟化物负离子的重要来源,后两种形式是形成 SF$_6^-$ 和 F$^-$ 的重要来源。由于 SF$_6$ 分子具有很强的电负性,对低能量电子具有很强的吸附能力,其俘获电子后很快形成不稳定的 SF$_6^{-*}$,但不稳定的母体负离子通过碰撞、解吸附或离解过程能够快速转变为稳定状态的母体负离子 SF$_6^-$ 或子体负离子。此外,SF$_6$ 解离生成的低氟化物 SF$_x$($x=1,2,3,4,5$)及 F 原子也可以与电子发生碰撞吸附,但由于这些低氟化物及 F 原子的含量远小于 SF$_6$,可以忽略不计,且低氟化物的电子亲和能比 SF$_6$ 分子要小得多,因而在这里不考虑低氟化物及 F 原子与电子发生的直接吸附过程,而只对 SF$_6$ 与电子的碰撞吸附进行分析。

对于 SF$_6^-$,有研究者推荐的电子能量为 0eV 左右,即当电子能量处于接近 0eV 时电子与 SF$_6$ 的吸附截面最大。表 3.7 给出了文献推荐的电子能量为 0.0001~0.3eV 时形成 SF$_6^-$ 的吸附截面数据,可看出,电子能量为 0.0001eV 即接近 0eV 时形成 SF$_6^-$ 的吸附截面最大,且随着电子能量的逐渐增加,吸附截面急剧减小,当电子能量增加到 0.3eV 时,吸附截面降到仅为电子能量 0.0001eV 时的 $1/5 \times 10^4$。

表 3.7　电子碰撞吸附形成 SF$_6^-$ 时的吸附截面数据

电子能量 ε/eV	吸附截面 σ_{a,SF_6^-} $/10^{-16}\text{cm}^2$	电子能量 ε/eV	吸附截面 σ_{a,SF_6^-} $/10^{-16}\text{cm}^2$	电子能量 ε/eV	吸附截面 σ_{a,SF_6^-} $/10^{-16}\text{cm}^2$
0.0001	7617	0.002	1511	0.030	221
0.0002	5283	0.003	1202	0.040	171
0.0003	4284	0.004	993	0.050	132
0.0004	3692	0.005	859	0.060	109
0.0005	3280	0.006	760	0.070	92.7
0.0006	2968	0.007	683	0.080	82.9
0.0007	2724	0.008	621	0.090	74.3
0.0008	2529	0.009	569	0.10	49.5
0.0009	2369	0.010	526	0.20	2.85
0.001	2237	0.020	304	0.30	0.16

大量的研究表明，SF$_5^-$ 主要是由 SF$_6$ 分子的解离吸附形成的，其反应过程如下：

$$SF_6 + e \rightarrow SF_5^- + F \tag{3-2}$$

当电子能量为接近 0 和 0.38eV 时，由 SF$_6$ 解离吸附形成 SF$_5^-$ 的吸附截面达到最大值[28-30]。表 3.8 给出了电子对 SF$_6$ 碰撞吸附形成各种负离子的反应过程及吸附截面数据。

表 3.8　SF$_6$ 与电子的碰撞吸附过程及吸附截面数据

负离子	最大吸附截面时的电子能量 ε/eV	吸附截面 $\sigma_{da}/10^{-18}\text{cm}^2$	反应过程
SF$_6^-$	约 0.0	761700	$SF_6 + e \rightarrow SF_6^{-*}$
SF$_5^-$	约 0.0 0.38	— 424	$SF_6 + e \rightarrow SF_5^- + F$
SF$_4^-$	5.5	0.528	$SF_6 + e \rightarrow SF_4^- + 2F$
SF$_3^-$	11.2	0.07	$SF_6 + e \rightarrow SF_3^- + 3F$
SF$_2^-$	12.3	0.0106	$SF_6 + e \rightarrow SF_2^- + 4F$
F$^-$	2.75 3.5 5.5 9.0 11.5	0.162 0.717 4.63 1.57 2.35	$SF_6 + e \rightarrow SF_6^{-*} \rightarrow SF_x + (5-x)F + F^-$

表 3.8 中没有给出电子能量小于 0.1eV 时形成 SF_5^- 的吸附截面数据,这是由于电子能量小于 0.1eV 时的吸附截面随温度变化很大,且接近 0eV 时形成 SF_5^- 的吸附截面要远小于形成 SF_6^- 的吸附截面,因此可以忽略接近 0eV 时 SF_5^- 的产生过程。

其他低氟化物负离子 SF_x^-($x=2,3,4$)大多数是通过 SF_6 分子与更高能量的电子发生碰撞解离吸附形成。形成这些低氟化物负离子的吸附截面会远小于形成 SF_5^-、SF_6^- 的吸附截面,由于在放电过程中生成这些低氟化物负离子的量很少,因此通常可以忽略。

F^- 是电子与 SF_6 分子发生吸附过程的重要产物,其主要由不稳定的 SF_6^{-*} 解离形成。从表 3.8 中可看出,其吸附截面的极大值处于电子能量分别为 2.75eV、3.5eV、5.5eV、9.0eV 和 11.5eV 的几个位置,当电子能量为 5.5eV 时形成 F^- 的吸附截面最大。此处形成 F^- 的吸附截面为 SF_4^- 的 9 倍,虽然该截面与电子能量为 0eV 处的 SF_6^- 以及 0.38eV 处 SF_5^- 的吸附截面相比要小很多,但是因为它们所处的电子能量位置不同,并且这几个位置处的电子能量都很低,因而不能忽略这一 F^- 的产生过程。

综上所述,在对放电引发非链式脉冲 DF 激光器动力学反应进行选取时,电子吸附的过程只需要考虑 SF_6^-、SF_5^- 及 F^- 的产生过程,而其他的过程均可忽略。而形成这三种负离子的反应过程的速率系数分别为 $0.31 \times 10^{-9} \mathrm{cm}^3/\mathrm{s}$、$0.26 \times 10^{-9} \mathrm{cm}^3/\mathrm{s}$、$0.13 \times 10^{-9} \mathrm{cm}^3/\mathrm{s}$[31]。

电子对 SF_6 分子的碰撞吸附过程是影响气体放电击穿的重要过程,可用吸附系数 η 来描述,它表示在电场作用下电子行进单位距离发生碰撞吸附的次数。与碰撞电离系数 α 一样吸附系数 η 也是电子速度 v 或电子能量 ε 的函数,其表达式如下:

$$\begin{aligned} \frac{\eta}{N} &= \frac{1}{w} \int_0^\infty \sigma_\mathrm{a} v f(v)\,\mathrm{d}v \\ &= \frac{(2/m_e)^{1/2}}{w} \int_0^\infty \sigma_\mathrm{a} \varepsilon^{1/2} f(\varepsilon)\,\mathrm{d}\varepsilon \end{aligned} \tag{3-3}$$

与电离系数 α 的表达式对比可看出,除了碰撞截面不同外其他参数均一样,即电离系数 α 表达式中的截面为碰撞电离截面,而吸附系数中为碰撞吸附截面。因此 η/N 与 α/N 一样均为 E/N 的函数。

对纯 SF_6 气体的吸附系数进行的研究已非常成熟,其实验方法与电离系数 α 的研究方法相同,也是采用稳态汤森法或脉冲汤森法,理论计算则主要采用求解玻耳兹曼方程和蒙特卡罗法[32-40]。如图 3.3 所示为根据其他研究者的实验数据绘制的 η/N 随 E/N 变化关系曲线。对比图 3.3 和图 3.2 可看出,η/N 随 E/N 的变化趋势与 α/N 恰恰相反,吸附系数 η(η/N)随 E/N 的增加先是急剧减小,当 E/N 值大于某一值($350 \times 10^{-17}\text{V} \cdot \text{cm}^2$)时,$\eta/N$ 则随 E/N 的增加呈近似线性递减关系。由于电子吸附的过程主要是由低能电子引起的,而提高电场强度会引起电子漂移速度和电子能量的增加,从而降低电子吸附截面和吸附过程的反应速率,导致单位距离内电子吸附次数降低,进而减小吸附作用对气体放电的影响。相反,SF$_6$ 分子的电离过程主要是靠高能电子的碰撞作用,通过提高电场强度而增加电子的能量能够有效增加 SF$_6$ 分子的电离概率,加速电子崩的发展。因此从这个意义上说,电离系数 α 和吸附系数 η 都是 SF$_6$ 气体放电的重要参数,两者在放电过程中是相互对立、相互影响的。

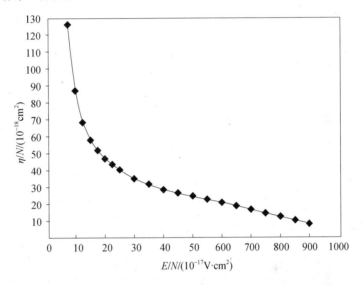

图 3.3　SF$_6$ 气体放电中 η/N 随 E/N 的变化关系曲线

3.2.4　粒子复合过程

粒子复合主要发生在正、负离子之间或者正离子与电子之间,最终产物为中性粒子。前面的分析指出,SF$_6$ 分子与电子发生碰撞解离、电离、吸附三个过程的主要产物分别为:中性 SF$_5$ 分子,正离子 SF$_5^+$,负离子 SF$_6^-$、SF$_5^-$、F$^-$。其中电离过程使电子数增加,而吸附过程则使电子数减少。一方面,虽然粒子的复合过程会导致带电粒子数量减少,但此过程可直接生成非链式脉冲 DF 激光器化学泵浦反应所须的 F 原子,且其他中性产物也可继续与电子发生反应生成 F 原子。另一方面,粒子复合的过程会以光子和热辐射的形式释放能量,其中光子可引起光电离,从而增加气体中的自由电子数,因此复合过程也在一定程度上促进了放电的进行。表 3.9 给出了粒子间发生复合过程的速率系数[41,42]。

比较表 3.9 中的复合反应过程可发现:SF$_5^+$ 与电子复合生成 SF$_4$ 和 F 原子的

速率系数最大,比其他复合过程的速率系数高两个数量级。但即便如此,该过程总的反应速率仍然很小,这是因为 SF_5^+ 是由 SF_6 碰撞电离产生的,SF_5^+ 与电子复合的总反应速率应该是复合过程的速率系数与 SF_6 电离为 SF_5^+ 的速率系数之积。由此可见,与电子碰撞解离、电离及电子吸附三个过程相比,粒子复合过程的速率系数要小得多,因此在建立动力学模型时可忽略该过程。

表 3.9　各种复合过程的速率系数

反应过程	速率系数 $k/(\mathrm{cm^3/s})$
$SF_5^+ + e \rightarrow SF_4 + F$	1×10^{-6}
$SF_5^+ + SF_6^- \rightarrow SF_5 + SF_6$	1×10^{-8}
$SF_5^+ + SF_5^- \rightarrow 2SF_4 + 2F$	1×10^{-8}
$SF_5^+ + F^- \rightarrow SF_5 + F$	1×10^{-8}

3.3　SF_6 气体击穿机理

SF_6 气体击穿是产生大量 F 原子的前提,因此有必要对 SF_6 气体的击穿机理进行分析。这里将依据 SF_6 在放电过程中与电子发生的各种碰撞作用,探讨对气体击穿起主导作用的反应过程,并由此来分析气体的击穿机理和击穿特性。

3.3.1　SF_6 气体击穿机理

气体放电都是由电子崩引起的,而在放电的起始阶段电场中电子的数量很少,初始电子在电场的加速作用下与气体发生碰撞电离引起电子数倍增,当电场中的电子数量达到一定值后便形成初始电子崩。初始电子崩随后不断引发新的电子崩,并逐渐布满整个放电区,最终形成自持体放电导致气体击穿。在 SF_6 气体放电过程中,SF_6 分子的碰撞电离和电子吸附过程是影响电子数量的关键过程,其中气体电离使电子数成倍增加,而电子吸附则使电子数大量减少,因此这两个相互对立的过程也成为影响气体击穿的决定性因素。在这里有必要根据电离和吸附过程对 SF_6 气体的放电机理进行进一步地分析。

综合考虑电子对气体的碰撞电离和吸附过程,在电场方向上电子前进 $\mathrm{d}x$ 距离所引起的电子数变化量为

$$\mathrm{d}N = N(\alpha - \eta)\mathrm{d}x \qquad (3-4)$$

式中:N 为初始电子数;α 为碰撞电离系数;η 为电子吸附系数;通常把 $\alpha - \eta$ 称为有效电离系数,记为 $\bar{\alpha}$。而对于每一个初始电子,从阴极出发到达距离阴极 x 处时总的电子数为

$$N = \exp\left[\int_0^x (\alpha - \eta)\mathrm{d}x\right] \qquad (3-5)$$

若在电场中任意位置均能满足 $\alpha > \eta$，即任意位置处的电离作用均大于吸附作用，则电离过程将会引起电场中电子数量的雪崩式增长，并最终导致气体击穿；而若 $\alpha < \eta$，即电离作用小于吸附作用，则初始电子很快会由于吸附作用损失掉，而不能形成所谓的电子崩，更无法导致气体击穿。因此，气体发生击穿的临界条件应为 $\alpha = \eta$，即有效电离系数 $\bar{\alpha} = 0$。气体击穿分为低气压下的汤森击穿和高气压下的流注击穿，下面分别对这两种类型的击穿机理进行分析。

1. 汤森击穿

电子在电场中运动将会产生电流，对于非均匀电场下的汤森击穿来说，气体击穿之前的电流 I 与初始电流 I_0 的关系可表示为

$$\frac{I}{I_0} = \frac{1 + \int_0^d \exp\left[\int_0^x (\alpha - \eta)\,dx\right]\alpha\,dx}{1 - \gamma \int_0^d \exp\left[\int_0^x (\alpha - \eta)\,dx\right]\alpha\,dx} \tag{3-6}$$

式中：γ 为汤森第二电离系数。由于气体发生自持放电时电流 I 急剧增长并趋于无穷，根据式（3-6）则在非均匀电场下汤森击穿的准则为：$I_0 \to 0$，即

$$\gamma \int_0^d \exp\left[\int_0^x (\alpha - \eta)\,dx\right]\alpha\,dx = 1 \tag{3-7}$$

由于在均匀电场下任意位置处电场对电子的影响均相同，则可对式（3-7）直接进行求积分，即得到均匀电场下的汤森击穿准则为

$$\frac{\gamma\alpha}{\alpha - \eta}\left\{\exp\left[(\alpha - \eta)d\right] - 1\right\} = 1 \tag{3-8}$$

从式（3-7）、式（3-8）可看出，阴极表面的二次电子发射过程是引起电子雪崩式增长的必要条件，因此也是汤森击穿的必要条件。由于汤森第二电离系数 γ 对电场面型、气体纯度极为敏感，测量其数值的实验条件较为苛刻，目前的设备只能测量气压低于 3.4 kPa 时的 γ 值，所以很难将其直接用于大气压或更高气压下的工程问题分析。汤森放电可以解释低气压条件下的放电现象，但无法解释空间电荷对电场畸变的作用以及该作用所引起的电子雪崩增长现象，更无法解释电场中火花放电通道的形成及击穿现象。此外，由于汤森击穿的建立时间较长，通常均在微秒量级，而以 SF_6 气体为工作介质的非链式脉冲 DF 激光器中，放电通常发生在数百纳秒的时间内，因此汤森放电不能有效地解释非链式脉冲 DF 激光器的放电机制。

2. 流注击穿

流注击穿是建立在汤森放电基础上的，即最初的电子崩都是由初始电子对气体碰撞电离引起的。流注击穿强调的是空间电荷对电场的畸变作用，它认为空间光电离是形成流注通道和引起气体击穿的必要条件。Meek 给出了非均匀电场条件下的流注击穿公式[43]：

$$(\alpha - \eta)_x \exp\left[\int_0^x (\alpha - \eta) x \mathrm{d}x\right] = kE_x \left[\frac{x}{P}\right]^{0.5} \qquad (3-9)$$

式中：x 为初始电子崩形成时的电子崩长度，在非均匀电场条件下，x 只是电极间距 d 的很小一部分；$(\alpha - \eta)_x$ 为电子崩头部有效电离系数，在非均匀电场下是 x 的函数；E_x 为 x 处的电场强度；P 为气体压强；k 为与电场无关的常数。通常认为当电子崩所含的电子数达到 10^8 个时便会形成流注击穿，并且该数值与气体的种类、压强以及电场条件无关[44]。Pedersen 依据实验的结果对 Meek 给出的流注击穿公式进行了修正，得到流注击穿的半经验公式：

$$\int_0^{x_c} (\alpha - \eta) \mathrm{d}x = k \qquad (3-10)$$

式(3-10)可用来确定使 SF_6 气体发生击穿所需的最低电压，此处 x_c 为有效电离系数 $\bar{\alpha} = 0$（即电离等于吸附）时电子崩头部与阴极表面的距离，即临界电子崩长度。对于 SF_6 气体的 k 值，大多给出的数据为 10.5[45,46]。

在均匀电场条件下，临界电子崩长度 x_c 可用电极间距 d 代替，整个电场中任意位置处的临界击穿电压均相同。此时电流可用式(3-11)表示[47]：

$$\frac{I}{I_0} = \frac{\alpha}{\alpha - \eta} \left\{ \exp[(\alpha - \eta)d] - \frac{\alpha}{\alpha - \eta} \right\} \qquad (3-11)$$

由于 α、η 均是 E/P 的函数，因此在确定的 E/P 值下，可实验测定放电电流 I 随电极间距 d 的变化关系，通过对实验数据的处理即可得到电离系数 α、吸附系数 η 的数值。

流注击穿来源于气体的空间光电离，光电离所引起的电子崩增长速度比汤森放电中阴极二次电子发射引起的电子崩增长速度快得多，因此其放电击穿的建立时间比汤森放电短，通常用于高气压、宽间隙气体击穿中。对于强电负性 SF_6 气体，其击穿方式一般为流注击穿。

3.3.2 SF_6 气体的临界击穿电场强度

Malik 等的研究表明：α/P、η/P 均为 E/P 的函数，且在两条曲线的交叉点附近，α/P、η/P 均随 E/P 呈近似线性关系，其函数关系表达式如下：

$$\alpha/P = 23(E/P) - 12.34 \mathrm{kPa}^{-1} \cdot \mathrm{cm}^{-1} \qquad (3-12)$$

$$\eta/P = -4(E/P) + 11.35 \mathrm{kPa}^{-1} \cdot \mathrm{cm}^{-1} \qquad (3-13)$$

由式(3-12)、式(3-13)可得有效电离系数 $\bar{\alpha}$，即 $\alpha - \eta$ 计算的经验公式：

$$\frac{\alpha - \eta}{P} = K[E/P - (E/P)_{\mathrm{crit}}] \mathrm{kPa}^{-1} \cdot \mathrm{cm}^{-1} \qquad (3-14)$$

式中：$K = 27 \mathrm{kV}^{-1}$；$(E/P)_{\mathrm{crit}} = 877.5 \mathrm{V} \cdot \mathrm{kPa}^{-1} \cdot \mathrm{cm}^{-1}$，另有一些研究者给出的纯 SF_6 气体的临界 E/P 值变化范围为 $876 < (E/P)_{\mathrm{crit}} < 900 \mathrm{V} \cdot \mathrm{kPa}^{-1} \cdot \mathrm{cm}^{-1}$[48,49]。由于气体发生击穿的临界条件为有效电离系数 $\bar{\alpha} = 0$，即只有当 $\alpha > \eta$ 时气体才

能被击穿,故 $\alpha = \eta$ 时的 E/P 值为临界 $(E/P)_{\text{crit}}$。将式(3 – 14)带入流注击穿的半经验式(3 – 10)中,则流注击穿的公式变为

$$K\Big[\int_0^{x_c} E(x)\,\mathrm{d}x - P \cdot x_c \cdot (E/P)_{\text{crit}}\Big] = k \qquad (3-15)$$

对于均匀电场,$E(x)$ 在整个放电区均为常数,x_c 可用电极间距 d 代替,则式(3 – 15)变为

$$K\big[E - P \cdot (E/P)_{\text{crit}}\big] \cdot d = k \qquad (3-16)$$

对式(3 – 16)进行变换即可得到均匀电场条件下临界击穿电压的计算公式:

$$U_d = \frac{k}{K} + Pd \cdot (E/P)_{\text{crit}} \qquad (3-17)$$

令 $U_0 = k/K = 0.38\text{kV}$,则式(3 – 17)可写成

$$U_d = U_0 + Pd \cdot (E/P)_{\text{crit}} \qquad (3-18)$$

可以看出,流注击穿电压 U_d 仅为气压 P(或气体密度 N)和电极间距 d 的函数,这与 Paschen 定律相符。因此,可以通过实验测量不同 Pd 值下的击穿电压,从而根据实验值绘制出 Paschen 曲线,曲线最小值右侧所对应的直线的斜率即为该气体的临界 $(E/P)_{\text{crit}}$。

3.4 SF$_6$ 气体对非链式脉冲 DF 激光器放电击穿的影响

SF$_6$ – D$_2$ 混合气体的放电击穿现象也遵循流注击穿准则,所以只需要知道混合气体的有效电离系数 $\bar{\alpha}$,即可根据流注击穿式(3 – 10)计算出混合气体的临界击穿电压。但是在现有的文献中几乎查阅不到对于混合气体的有效电离系数 $\bar{\alpha}$ 的数据。在 3.3.2 节中已对纯 SF$_6$ 气体的有效电离系数和临界击穿场强进行了分析,而纯 D$_2$ 气体的有效电离系数可以从相关文献中获得,因此可根据两种气体各自在纯净状态下的有效电离系数来计算混合气体的有效电离系数和临界击穿电压[50]。

因纯 D$_2$ 不具有电负性,对电子不产生吸附作用,因此电离系数即为其有效电离系数。纯 D$_2$ 的电离系数表示如下:

$$\frac{\alpha}{P} = A\exp\Big[\frac{-B}{E/P}\Big] \qquad (3-19)$$

对于 H$_2$,式中的 $A = 37.5\text{kPa}^{-1} \cdot \text{cm}^{-1}$,$B = 0.98\text{kV} \cdot \text{kPa}^{-1} \cdot \text{cm}^{-1}$,由于 D 是 H 的同位素,D$_2$ 与 H$_2$ 在放电特性上基本相同,因此可用 H$_2$ 的电离系数替代 D$_2$ 来计算 SF$_6$ – D$_2$ 混合气体的击穿电压。若混合气体中 SF$_6$ 的百分比为 $z(z = P_{\text{SF}_6}/P_{\text{total}})$,根据式(3 – 14)和式(3 – 19),则混合气体的有效电离系数 $\bar{\alpha}$ 为

$$\frac{\bar{\alpha}}{P} = z \cdot K\{E/P - (E/P)_{\text{crit}}\} + (1-z)A\exp\Big[\frac{-B}{E/P}\Big] \qquad (3-20)$$

按照式(3-14)格式对式(3-20)进行改写,则混合气体的有效电离系数可表示为

$$\overline{\frac{\alpha_m}{P}} = K_m \left[E/P - (E/P)'_{crit} \right] \tag{3-21}$$

因此,均匀电场条件下的混合气体击穿电压为

$$U_d = \frac{k_m}{K_m} + Pd \cdot (E/P)'_{crit} \tag{3-22}$$

式中:$k(SF_6) = 10.5$ 是已知气体中较大的,且 $k(D_2) < k(SF_6)$,因此可以认为 $k_m \leqslant k(SF_6)$。

对于混合气体的临界击穿场强,同样可通过实验测定 Paschen 曲线的方法获得。表3.10 为实验测得的 $SF_6 - D_2$ 混合气体临界 E/P,其中 SF_6 的变化范围为 80% ~ 100%。

表 3.10　$SF_6 - D_2$ 混合气体临界 E/P 随 SF_6 百分数 z 的变化数据

$z = P_{SF_6}/P_{total}/\%$	$(E/P)'_{crit}/(V \cdot kPa^{-1} \cdot cm^{-1})$
100	895.2
95	891.8
90	888.7
85	884.2
80	881.3

由表3.10 可看出,当混合气体中 SF_6 的含量大于80%时,混合气体的临界 E/P 值变化较小,并且与纯 SF_6 气体的临界 E/P 值差别不大,因此在实际中可以用纯 SF_6 气体的临界 E/P 值替代 SF_6 含量大于80%时的 $SF_6 - D_2$ 混合气体临界 E/P 值。通过实验测得的纯 SF_6 气体的临界 $E/P = 895.2 V \cdot kPa^{-1} \cdot cm^{-1}$,在已有文献给出的范围内,即 $870 < (E/P)_{crit} < 900 V \cdot kPa^{-1} \cdot cm^{-1}$。图3.4 给出了纯 SF_6 气体和 $z = 90\% (SF_6 : D_2 = 9 : 1)$ 的 $SF_6 - D_2$ 混合气体的击穿电压随 Pd 值的变化曲线,实验中电极间距 $d = 4cm$,气压变化范围为 5 ~ 13kPa。

由图3.4 可以看出,$z = 90\%$ 的 $SF_6 - D_2$ 混合气体和纯 SF_6 气体的击穿电压随 Pd 值变化趋势一致,所以,可以用纯 SF_6 气体的击穿电压计算公式来估算 D_2 含量很少($< 20\%$)的 $SF_6 - D_2$ 混合气体在不同气压下的击穿电压,即

$$U_d = U_c + (E/P_{SF_6})_{crit} \cdot Pd \tag{3-23}$$

式中:$U_c \approx 800V$。此计算公式在实际应用中具有重要意义,可用来在实验前对工作气体的击穿电压进行较为准确的预测,然后根据充放电电路的实际参数确定气体击穿所需要的最小充电电压,即充电电压阈值,以避免实验的盲目性。

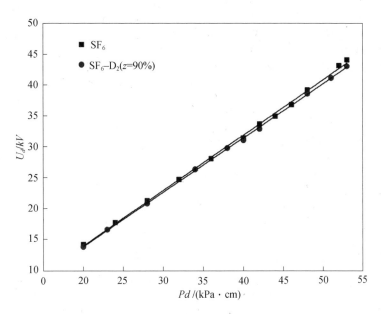

图 3.4　纯 SF$_6$ 气体和 SF$_6$ – D$_2$ 混合气体的击穿电压随 Pd 值的变化关系

参考文献

[1] Sauers I, Ellis H W, Christophorou L G. Neutral decomposition products in spark breakdown of SF$_6$ [J]. IEEE Trans Electr Insul, 1986, 21(2):111 – 120.

[2] EPRI. Study of Arc By – Products in GIS [R]. Palo Alto: EPRI, 1980.

[3] Hirooka K, Kuwahara H, Noshiro M, et al. Decomposition products of SF$_6$ gas by high – current arc and their reaction mechanism [J]. Elec Eng Japan, 1975, 95:14 – 19.

[4] 王景儒. 六氟化硫分解产物及其去除方法 [J]. 有机氟工业, 1994, 4:7 – 11.

[5] Piemontesi M, Niemeyer L. Sorption of SF$_6$ and SF$_6$ decomposition products by activated alumina and molecular sieve 13X [C]. Montreal, Quebec, Canada: IEEE International Symposium on Electrical Insulation, 1996: 828 – 838.

[6] Beyer C, Jenett H, Klockow D. Influence of reactive SF$_x$ gases on electrode surfaces after electrical discharges under SF$_6$ atmosphere [J]. IEEE Transactions on Dielectrics and Electrical Insulation, 2000, 7(2):234 – 240.

[7] Qiu Y, Kuffel E. Comparison of SF$_6$/N$_2$ and SF$_6$/CO$_2$ gas mixtures as alternatives to SF$_6$ gas [J]. IEEE Transactions on Dielectrics and Electrical Insulation, 1999, 6(6):892 – 895.

[8] 张晓星, 姚尧, 唐炬, 等. SF$_6$ 放电分解气体组分分析的现状和发展 [J]. 高电压技术, 2007, 34(4): 664 – 669.

[9] Iio M, Goto M, Toyoda H, et al. Relative cross sections for electron – impact dissociation of SF$_6$ into SF$_x$ (x = 1 – 3) neutral radicals [J]. Contrib Plasma Phys, 1995, 35(4,5):405 – 413.

[10] Bernal M T, Mosquera C F, Raffo C A, et al. Model of pulsed discharge – iniciates HF chemical laser using SF$_6$ and C$_3$H$_8$ mixture [C]. Washington: SPIE, 1999, 3572: 434 – 440.

[11] Panchenko A N, Orlovskii V M, Tarasenko V F, et al. Efficient operation modes of a non – chain HF – laser pumped by self – sustained discharge [C]. Washington: SPIE, 2003, 5137: 303 – 310.

[12] Stanski T, Adamczyk B. Measurements of dissociative ionization cross section of SF_6 by using double collector cycloidal mass spectrometer [J]. Int J Mass Spectrom Ion Physics, 1983, 46: 31 – 34.

[13] Margreiter D, Walder G, Deutsch H, et al. Electron impact ionization cross sections of molecules: Part I. Experimental determination of partial ionization cross sections of SF_6: a case study [J]. Int J Mass Spectrom Ion Processes, 1990, 100: 143 – 156.

[14] Rejoub R, Sieglaff D R, Lindsay B G, et al. Absolute partial cross sections for electron – impact ionization of SF6 from threshold to 1000eV [J]. J Phys B: At Mol Opt Phys, 2001, 34: 1289 – 1297.

[15] Lieberman M A, Lichtenberg A J. Principles of Plasma Discharges and Materials Processing [M]. New York: Wiley, 1994.

[16] Kline L E, Davies D K, Chen C L, et al. Dielectric properties for SF_6 and SF_6 mixtures predicted from basic data [J]. J Appl Phys, 1979, 50(11): 6789 – 6796.

[17] Geballe R, Harrison M A. Basic Processes of Gaseous Electronics [M]. Berkeley, Los Angeles: University of California Press, 1955: 415.

[18] Harrison M A, Geballe R. Simultaneous measurement of ionization and attachment coefficients [J]. Phys Rev 1953, 91(1): 1 – 7.

[19] Shimozuma M, Itoh H, Tagashira H. Measurement of the ionisation and attachment coefficients in SF_6 and air mixtures [J]. J Phys D: Appl Phys, 1982, 15: 2443 – 2449.

[20] Qiu Y, Xiao D M. Ionization and attachment coefficients measured in SF_6/Ar and SF_6/Kr gas mixtures [J]. J Phys D: Appl Phys, 1994, 27: 2663 – 2665.

[21] Urquijo – Carmona J D, Cisneros C, Alvarez I. Measurement of ionisation, positive ion mobilities and longitudinal diffusion coefficients in SF_6 at high E/N. [J]. J Phys D: Appl Phys, 1985, 18: 2017 – 2022.

[22] Urquijo – Carmona J D, Alvarez I, Cisneros C. Time – resolved study of charge transfer in SF_6 [J]. J Phys D: Appl Phys, 1986, 19: L207 – L210.

[23] Christophorou L G, McCorkle D L, Carter J G. Cross sections for electron attachment resonances peaking at subthermal energies [J]. J Chem Phys, 1971, 54(1): 253 – 260.

[24] Curran R K. Low – energy process for F^- formation in SF_6 [J]. J Chem Phys, 1961, 34: 1069 – 1070.

[25] Ahearn A J, Hannay N B. The formation of negative ions of sulfur hexafluoride [J]. J Chem Phys, 1953, 21(1): 119 – 124.

[26] Compton R N, Christophorou L G, Hurst G S, et al. Nondissociative electron capture in complex molecules and negative – ion lifetimes [J]. J Chem Phys, 1966, 45(12): 4634 – 4639.

[27] Fehsenfeld F C. Electron attachment to SF_6 [J]. J Chem Phys, 1970, 53(5): 2000 – 2004.

[28] Christophorou L G, Mccorkle D L, Carter J G. Erratum: cross sections for electron attachment resonances peaking at subthermal energies [J]. J Chem Phys, 1972, 57: 2228.

[29] Chen C L, Chantry P J. Photon – enhanced dissociative electron attachment in SF_6 and its isotopic selectivity [J]. J Chem Phys, 1979, 71(10): 3897 – 3907.

[30] Fenzlaff M, Gerhard R, Illenberger E. Associative and dissociative electron attachment by SF_6 and SF_5 Cl [J]. J Chem Phys, 1988, 88(1): 149 – 155.

[31] Novak J P, Frechette M. Transport coefficients of SF_6 and SF_6 – N_2 mixtures from revised data [J]. J Appl Phys, 1984, 55(1): 107 – 119.

[32] Wan H X, Moore J H, Olthoff J K, et al. Electron scattering and dissociative attachment by SF_6 and its elec-

trical – discharge by – products ［J］. Plasma Chemistry and Plasma Processing,1993,13(1):1 – 16.

［33］Yoshizawa T,Saki Y,Tagashira H,et al. Boltzmann equation analysis of the electron swarm development in SF₆[J]. J Phys D: Appl Phys,1979,12:1839 – 1852.

［34］Itoh H,Shimozuma M,Tagashira H. Boltzmann equation analysis of the electron swarm development in SF₆ and nitrogen mixtures ［J］. J Phys D: Appl Phys,1980,13:1201 – 1209.

［35］Novak J P,Frechette M. Calculation of SF₆ transport coefficients from revised data ［J］. J Phys D: Appl Phys,1982,15:L105 – L110.

［36］Dincer M S,Raju G R G. Monte Carlo simulation of the motion of electrons in SF₆ in uniform electric fields ［J］. J Appl Phys,1983,54(11):6311 – 6316.

［37］Hayashi M,Nimura T. Importance of attachment cross – sections of F⁻ formation for the effective ionisation coefficients in SF₆[J]. J Phys D: Appl Phys,1984,17:2215 – 2223.

［38］Itoh H,Matsumura T,Satoh K,et al. Electron transport coefficients in SF₆[J]. 1993,26:1975 – 1979.

［39］Phelps A V,Brunt R J V. Electrontransport,ionization,attachment,and dissociation coefficients in SF₆ and its mixtures ［J］. J Appl Phys,1988,64(9):4269 – 4277.

［40］Itoh H,Kawaguchi M,Satoh K,et al. Development of electron swarms in SF₆[J]. J Phys D: Appl Phys,1990,23:299 – 303.

［41］Loeb L B. Basic Processes of Gaseous Electronics ［M］. Berkeley: University of California Press,1960:5.

［42］Riccardi C,Barni R,Colle F D,et al. Modeling and diagnostics of an SF6 RF plasma at low pressure ［J］. IEEE Trans Plasma Sci,2000,28:278 – 287.

［43］Loeb L B,Meek J M. The mechanism of electrical spark ［M］. Stanford,California: Stanford University Press,1941.

［44］Raether H. Electron Avalanches and Breakdown in Gasses ［M］. London: Betterworths,1964:124 – 148.

［45］Osmokrovic P. Electrical breakdown of SF₆ at small values of the product pd ［J］. IEEE Trans Power Delivery,1989,4(4):2095 – 2099.

［46］李正瀛. 强电负性气体特征值与临界击穿场强的研究 ［J］. 高电压技术,1992,65(3):13 – 17.

［47］Malik N H,Qureshi A H. Breakdown mechanisms in sulphur – hexafluoride ［J］. IEEE Trans Electr Insul,1978,13(3):135 – 145.

［48］Nitta T,Shibuya Y. Electrical breakdown of long gaps in sulfur hexafluoride ［C］. Pittsburgh:IEEE,1970.

［49］Raizer Y P. Gas Discharge Physics ［M］. Berlin Heidelberg: Springer – Verlag,1991:56.

［50］阮鹏,放电引发非链式脉冲 DF 激光机理研究[D]. 长春:中科院长春光机所,2014.

第4章 放电引发非链式脉冲DF
激光器反应动力学模型

激光器动力学的主要研究内容包括两方面:一方面是研究激光介质中激发态粒子的受激机理,即研究激发态粒子的形成过程及粒子数反转的形成过程;另一方面是研究激发态粒子的流向,即通过利用弛豫理论来描述激发态粒子的非平衡态过程,研究粒子分布随时间的变化关系。针对受激机理的研究有助于选择有效泵浦方式,以提高激发态粒子的泵浦效率和激光器输出能量;而对于激发态粒子弛豫过程的研究,则有助于选择合适的气体参数以实现激光器输出性能的优化。因此,激光器动力学在探索新的泵浦方式和提高激光器输出性能方面具有至关重要的作用。

了解和掌握放电引发非链式脉冲DF激光的动力学反应过程是建立动力学模型的基础。由于放电引发非链式DF激光器谐振腔内包含的粒子种类繁多,反应过程复杂,因此有必要对影响激光生成和输出性能的关键过程进行分析,弄清这些过程的反应速率系数。本章将在第3章的基础上,根据反应速率系数大小对F原子的产生过程进行选取,同时对化学泵浦反应和激发态DF分子的弛豫过程进行详细地分析,根据激光速率方程理论和DF激光产生机理以及所选取的反应过程的速率系数建立放电引发非链式脉冲DF激光器的反应动力学模型。非链式脉冲DF激光器反应动力学模型的建立有助于加深了解激发态DF分子的生成和弛豫过程,从理论上弄清哪些反应对激发态DF分子的产生起到促进作用,哪些反应会起到相反的抑制作用,从而采取有针对性的措施来提高激发态DF分子数,进而提高激光器输出性能。通过动力学模型的数值求解,可得到腔内各组分粒子数密度随时间的变化情况以及DF分子各振动能级在辐射跃迁过程中辐射光子的情况。利用该模型还可以研究工作气体比例及输出镜反射率等参数对激光器输出性能的影响,从而在理论上为激光器的优化设计提供指导。

4.1 放电引发非链式脉冲DF激光产生机理

非链式脉冲DF激光通常采用含氟化合物与氘气或碳氘化合物在放电引发方式下产生。注入到增益区的能量主要用于解离含氟化合物以生成F原子,解离出的 F 原子与碳氘化合物进行非链式化学反应生成 DF 分子,反应过程中所释放的化学能促成 DF 分子形成粒子数反转,处于上能级的 DF 分子受激辐射后在光学谐振腔内形成激光振荡并输出。泵浦反应生成的激发态 DF 分子在生成初期处于非平衡状态,这些分子含有过剩的能量,这些能量既可以通过辐射的过程也可以通过碰撞弛豫的过程被释放出来,前者即为激光发射过程,对激光的产生起促进作用,而后者为激发态 DF 分子损耗或者反转粒子数损耗过程,对激光器的运转将起到限制作用。辐射过程与碰撞弛豫过程互相竞争,始终存在于激光形成的过程中。本节将采用高纯度的 SF_6 和 D_2 作为工作物质,对放电引发的非链式脉冲 DF 激光器的泵浦过程、碰撞弛豫过程以及激光辐射跃迁过程进行分析,从理论上阐述放电引发非链式脉冲 DF 激光的产生机理,为动力学反应过程的选取和动力学模型的建立奠定基础。

4.1.1　泵浦过程

工作介质中的 SF_6 气体在放电作用下将生成大量 F 原子,这些 F 原子会与 D_2 发生非链式化学反应而生成激发态的 DF 分子。其反应过程如下。

（1）高能电子碰撞 SF_6 分子生成 F 原子的过程：

$$SF_6 + e \rightarrow SF_5 + F + e$$
$$SF_6 + e \rightarrow SF_5^+ + F + 2e$$
$$SF_6 + e \rightarrow SF_5 + F^-$$
$$SF_5^+ + e \rightarrow SF_4 + F$$
$$SF_5^+ + F^- \rightarrow SF_5 + F + 2e$$

（2）F 原子与 D_2 发生非链式化学反应生成 DF 分子的过程：

$$F + D_2 \rightarrow DF\ (v)\ + D, v = 0,1,2,3,4$$

F 原子与 D_2 发生非链式化学反应所释放的能量被按照一定比例分配到 DF 分子的各个振动能级上,从而实现了各振动能级 DF 分子的非平衡分布。Polanyi 等的实验研究表明,放电引发非链式脉冲 DF 激光泵浦反应刚刚结束时各振动能级上 DF 分子分布比例为:$N_1/N_2/N_3/N_4 = 0.07/0.23/0.43/0.26$,即 $v = 3$ 能级上的 DF 分子在化学反应过程中将优先产生。而实验测得的基态 DF 分子在各能级 DF 分子中的占有比远小于高振动能级 DF 分子,因此可认为这一化学反应直接生成的基态 DF 分子粒子数密度为零。

在化学反应刚刚完成时,各振动能级上的 DF 分子处于非平衡状态,且部分能级之间如 $v = 3$ 与 $v = 2$、$v = 2$ 与 $v = 1$ 处于全反转状态。之后随着粒子间的相互碰撞、传能、辐射衰减等过程的进行,反转能级会逐渐向低振动能级转移并最终使全反转状态消失。但全反转消失后体系内仍存在部分反转状态,即虽然两个振动能级之间上振动能级总的分子数 N_v 小于下振动能级上总的分子数 N_{v-1},

但其中某一对振动－转动能级$(v,J-1)$和$(v-1,J)$之间仍存在粒子数反转的状态,因此也可以形成激光辐射。非链式 DF 激光就通常产生于振动－转动跃迁辐射过程中,且一般为 P 支跃迁。

4.1.2　弛豫过程

化学泵浦反应能够产生非平衡态的分子,这些处于非平衡态的分子会通过分子间的碰撞作用发生能量转移并逐渐向平衡态转变,这就是分子的弛豫过程。分子的弛豫过程按照自由度可以分为两类:一类为同一个自由度内的弛豫过程,如振动－振动(V－V)、平动－平动(T－T)及转动－转动(R－R)弛豫;另一类为不同自由度内的弛豫过程,如转动－平动(R－T)和振动－转动、平动(V－R,T)弛豫过程。图 4.1 为 Flygare 提出的分子弛豫过程示意图[1]。

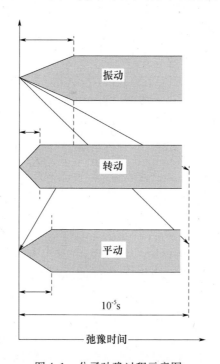

图 4.1　分子弛豫过程示意图

由图 4.1 可以看出,分子的弛豫过程进行的速率是不同的,在同一个自由度内以及转动和平动之间的弛豫速率非常快,可达到与泵浦反应速率相同的数量级,但 V－R,T 弛豫过程则较为缓慢。从图 4.1 中各弛豫过程的弛豫时间数据可以看出,振动激发态分子在泵浦反应刚刚结束时所储存的能量将很快通过V－V、R－R、T－T 和 R－T 过程损耗掉,因此最初形成的粒子数全反转也将快速地衰变为部分反转。随后,部分反转将在受激辐射过程与 V－R,T 弛豫过程的竞争下产生激光辐射。

对于 DF 激光来说,激发态分子的弛豫过程主要有两种方式:一是两个分子振动能级间能量相近,在分子之间发生的振动能量转移,即 V – V 弛豫过程;二是激发态 DF 分子在消激发粒子作用下振动能转化为转动能和平动能的过程,即 V – R,T 弛豫过程。以 $SF_6 – D_2$ 混合气体为工作物质的非链式脉冲 DF 激光,其激发态 DF 分子的振动弛豫过程如下:

(1) V – V 弛豫过程:

$$DF(v) + DF(v') \rightarrow DF(v-1) + DF(v'+1)$$

(2) V – R,T 弛豫过程:

$$DF(v) + DF \rightarrow DF(v - \Delta v) + DF$$
$$DF(v) + D_2 \rightarrow DF(v - \Delta v) + D_2$$
$$DF(v) + D \rightarrow DF(v - \Delta v) + D$$
$$DF(v) + F \rightarrow DF(v - \Delta v) + F$$

式中:$v = 1,2,3,4$;V – R,T 弛豫过程中的第一个反应表示基态 DF 分子引起的自弛豫过程。弛豫过程对于化学激光器的研究具有重要意义,针对激发态 DF 分子的各种弛豫过程已有大量的理论研究成果,研究的方法也种类繁多,如 Moore 提出的 V – R 理论[2]、Shin 的 V – R 模型[3]、Millikan 和 White 给出的半经验公式[4]、Wilkins 的经典轨道计算法[5] 等。但由于理论计算比较困难且准确性难以保证,目前关于激发态 DF 分子的弛豫数据均是由实验获得的,且大多是针对单量子 $\Delta v = 1$ 进行的。根据大量的实验数据,得到了激发态 DF 分子弛豫速率系数的经验公式。表 4.1 为激发态 DF 分子 V – V、V – R,T 弛豫过程速率系数的部分经验公式。

表 4.1 激发态 DF 分子的弛豫速率系数

类型	反应过程	速率系数 $k/(cm^3 \cdot mol^{-1} \cdot s^{-1})$	注释
V – V	$DF(v) + DF(v) \rightarrow$ $DF(v-1) + DF(v+1)$	$1.8^{1-v} \times 6 \times 10^{15} T^{-1}$	$v = 1,2,3$
V – R,T	$DF(v) + DF \rightarrow DF(v-1) + DF$	$g(v) \times (8 \times 10^{14} T^{-1.1} + 1.1 \times 10^4 T^{2.3})$	$v = 1,2,3,4$; $g(1) = 1, g(2) = 6$, $g(3) = 12, g(4) = 20$
	$DF(v) + D_2 \rightarrow DF(v-1) + D_2$	$1.4 \times 10^3 v T^{2.4}$	$v = 1,2,3,4$
	$DF(v) + D \rightarrow DF(v-1) + D$	$g(v) \times 5 \times 10^{11} \exp(-2200/RT)$	$g(1) = 1$, $g(v>1) = 20$
	$DF(v) + F \rightarrow DF(v-1) + F$	$1.6 \times 10^{13} v \exp(-3380/RT)$	$v = 1,2,3,4$

可以看出,在相同温度下高振动能级 DF 分子的碰撞弛豫要普遍快于低振

动能级,且激发态 DF 分子的自弛豫过程比其他分子或原子引起的弛豫过程要快很多,因而对激光器输出性能的影响更大。这些弛豫过程会对激发态能量的积累产生限制作用,这一作用要远大于自发辐射,因此不利于激光器的运转。然而在 DF 激光的形成过程中,激发态 DF 分子的碰撞弛豫过程是无法避免的,要想获得激光输出就必须采取措施使得激发态 DF 分子的生成速率大于其弛豫消激发速率。

4.1.3　激光辐射跃迁

非链式 DF 激光产生于激发态 DF 分子的振动 – 转动跃迁辐射过程中,且通常为 P 支跃迁,即处于 (v, J) 态的 DF 分子向 $(v-1, J+1)$ 态跃迁,这一受激辐射过程可由下式描述:

$$DF(v, J) + h\nu \rightarrow DF(v-1, J+1) + 2h\nu, v = 1, 2, 3, 4$$

从受激辐射中获得激光激射必须满足的两个条件是:粒子数反转和增益大于损耗。对于 P 支跃迁,粒子数反转条件为:相邻两个振动 – 转动能级之间的粒子数之差大于零,即

$$\Delta N_{v,J} = \left(N_{v,J} - \frac{g_J}{g_{J'}} N_{v',J'} \right) > 0 \tag{4-1}$$

式中:$g_J = 2J + 1$ 为能级的统计权重;$N_{v,J}$ 为处于振动能级 v 且转动量子数为 J 的激发态 DF 分子粒子数密度。处于粒子数反转条件下的跃迁将产生激光增益,并且激光增益的大小与粒子数反转差值 $\Delta N_{v,J}$、受激辐射截面 σ 及增益介质长度 l 相关。对于给定的小输入信号 E_0,光信号通过增益介质后的最大放大率 V 可表示为

$$V = \frac{E_l}{E_0} \tag{4-2}$$

$$\frac{E_l}{E_0} = \exp(\Delta N_{v,J} \sigma l) \tag{4-3}$$

因而 V 也可写成

$$V = \exp(\alpha l) \tag{4-4}$$

式中:$\alpha = N_{v,J} \sigma$ 为增益系数。受激辐射截面 $\sigma = B_{v,J} g(\nu) / c \Delta \nu$,其中 $B_{v,J}$ 为爱因斯坦受激辐射系数,$g(\nu)$ 为线性因子,c 为光速,$\Delta \nu$ 为线宽。因此,在已知受激辐射截面的相关参数的情况下可以计算出任何粒子数反转差值 $\Delta N_{v,J}$ 时的增益系数 α。

粒子数反转是形成光放大的必要条件,但并不等于达到了激光振荡的所有条件。由于在激光放大的过程中,还可能存在各种损耗,若光放大不足以弥补腔内的各种损耗,则光子就无法在谐振腔内形成振荡。因此,要想获得激光的输出还必须满足增益大于损耗的条件。增益等于损耗的条件也就是激光阈值

条件,此时的反转粒子数密度阈值为

$$\Delta N_c = N_{v,J} - \frac{g_J}{g_{J'}} N_{v',J'} = \frac{\alpha}{\sigma} = \frac{\delta}{\sigma L} \qquad (4-5)$$

式中:δ 为光腔的单程损耗;L 为激光器的谐振腔长度。

当粒子数反转条件和激光阈值条件均满足后,光子便可在谐振腔内形成振荡,最终形成激光输出。关于 DF 激光的光谱数据,现有资料为数极少,表 4.2 为 Basov 等给出的 DF 激光的光谱数据[6]。

表 4.2 非链式脉冲 DF 激光的波长测量值和理论计算值及相应的振-转跃迁谱带

实验数据	理论数据	跃迁谱带	谱线
3.7521	3.7521	1→0	P(10)
3.6666	3.6667		P(4)
3.6982	3.6983		P(5)
3.7312	3.7311		P(6)
3.7653	3.7653	2→1	P(7)
3.8008	3.8008		P(8)
3.8376	3.8377		P(9)
3.8760	3.8754		P(10)
3.9156	3.9156		P(11)
3.8207	3.8207		P(5)
3.8549	3.8549		P(6)
3.8904	3.8904		P(7)
3.9273	3.9273	3→2	P(8)
3.9656	3.9656		P(9)
4.0054	4.0054		P(10)
4.0466	4.0466		P(11)
4.0895	4.0895		P(12)
3.9844	3.9843		P(6)
4.0214	4.0213		P(7)
4.0598	4.0597	4→3	P(8)
4.0995	4.0996		P(9)
4.1410	4.1410		P(10)
4.1839	4.1840		P(11)

4.2 放电引发非链式脉冲 DF 激光器动力学反应过程

4.2.1 F 原子产生过程选取

放电引发非链式脉冲 DF 激光器的动力学反应过程主要包括四个部分:F

原子产生过程、化学泵浦反应过程、弛豫过程及受激辐射过程。在第 3 章中已经对 F 原子的产生过程进行了详细分析,本章只考虑对 F 原子产出贡献较大的反应过程。表 4.3 给出了 F 原子的主要生成过程及相应的速率系数。

表 4.3　F 原子主要生成过程及反应速率系数

序号	反应过程	速率系数 $k/(\mathrm{cm^3/s})$
1	$SF_6 + e \rightarrow SF_5 + F + e$	0.15×10^{-7}
2	$SF_6 + e \rightarrow SF_4 + 2F + e$	0.72×10^{-9}
3	$SF_5 + e \rightarrow SF_4 + F + e$	0.47×10^{-7}
4	$SF_6 + e \rightarrow SF_5^+ + F + 2e$	0.52×10^{-8}
5	$SF_6 + e \rightarrow SF_6^{-*}$	0.31×10^{-9}
6	$e + SF_6 \rightarrow SF_5^- + F$	0.26×10^{-9}
7	$SF_6 + e \rightarrow SF_6^{-*} \rightarrow SF_x + (5-x)F + F^-$	0.13×10^{-9}

如表 4.3 所列的反应过程中,反应 1～3 为 SF_6 的解离过程,反应 4 为 SF_6 的电离过程,反应 5～7 为电子吸附过程。对这些过程进行比较可看出,反应 3 的速率系数最大,反应 1 次之,其速率系数均为 10^{-7} 量级,而其他反应过程的速率系数比反应 1 和 3 的速率系数低一个或两个数量级。反应 1 为 SF_6 直接生成 F 原子的过程,SF_6 为初始反应物,因而反应 1 的速率系数仅受放电条件影响。反应 3 为 SF_5 解离出 F 原子的过程,但由于 SF_5 并不是激光腔内初始的反应物,在放电条件保持不变情况下,SF_5 的含量和生成速率都会受到初始反应物 SF_6 的限制,因此反应 3 在整个 F 原子生成过程中的实际反应速率系数应该是所有生成 SF_5 的反应过程的速率系数之和与 SF_5 解离为 F 原子的速率系数的乘积。于是,整个反应过程中通过 SF_5 生成 F 原子的速率系数的数量级实际上应该为 10^{-15},这远远小于由 SF_6 直接生成 F 原子的反应过程的速率系数,故在建立动力学模型时可忽略反应 3 对 F 原子产出的贡献。由于其他由 SF_6 直接生成 F 原子反应过程的速率系数与反应 1 相比均很低,因此在非链式 DF 激光动力学建模过程中只需考虑 SF_6 经过反应 1 解离为 F 原子的过程。

4.2.2　DF 激光器动力学反应过程及反应速率系数

对于以 $SF_6 - D_2$ 为工作物质的放电引发非链式脉冲 DF 激光器,激光腔中的初始反应物为 SF_6 和 D_2,在放电引发的条件下它们之间将发生一系列复杂的反应过程。DF 激光生成过程中发生的主要反应过程及速率系数表达式如表 4.4 所列。

表 4.4　放电引发非链式脉冲 DF 激光器的主要反应过程及速率系数

反应类型	反应过程	速率系数表达式	
		表达式	备注
F 原子的产生过程	$SF_6 + e \rightarrow SF_5 + F + e$	0.9×10^{16}	—
DF 分子"冷反应"产生过程	$F + D_2 \rightarrow DF(v) + D$	$g(v) \times 1.5 \times 10^{14} T^{n(v)}$ $\exp(-1960/RT)$	$v = 1,2,3,4;$ $g(1) = 0.07,$ $g(2) = 0.23,$ $g(3) = 0.43,$ $g(4) = 0.26;$ $n(1) = n(2) = 0,$ $n(3) = n(4) = -0.1$
基态 DF 分子的消激发作用	$DF(v) + DF \rightarrow$ $DF(v-1) + DF$	$g(v) \times (8 \times 10^{14} T^{-1.1}$ $+ 1.1 \times 10^4 T^{2.3})$	$v = 1,2,3,4;$ $g(1) = 1,$ $g(2) = 6,$ $g(3) = 12,$ $g(4) = 20$
D_2 的消激发作用	$DF(v) + D_2 \rightarrow$ $DF(v-1) + D_2$	$1.4 \times 10^3 v T^{2.4}$	$v = 1,2,3,4$
D 原子的消激发作用	$DF(v) + D \rightarrow$ $DF(v-1) + D$	$g(v) \times 5 \times 10^{11} \exp$ $(-2200/RT)$	$g(1) = 1,$ $g(v > 1) = 20$
F 原子的消激发作用	$DF(v) + F \rightarrow$ $DF(v-1) + F$	$1.6 \times 10^{13} v \exp$ $(-3380/RT)$	$v = 1,2,3,4$

注:表 4.4 中速率系数的单位均为 $cm^3 \cdot mol^{-1} \cdot s^{-1}$,$R$ 为气体常数,其数值为 $R = 8.31441 J \cdot K^{-1} \cdot mol^{-1}$,$T$ 为腔内气体温度

　　其中,激发态 DF 分子由 F 原子与 D_2 的"冷反应"生成,反应所释放的能量可将 DF 分子激发到 $v = 4$ 能级。泵浦反应速率常数反映了能量在各振动能级上的分配情况,可以看出 $v = 3$ 能级上的粒子数最多,因此 $v = 3 \rightarrow v = 2$ 的振 - 转跃迁激光增益最大。

　　泵浦反应速率与弛豫速率之间的相对大小是影响到是否能够形成激光输出及激光性能优劣的关键所在。从表 4.4 可看出,高振动能级激发态 DF 分子的泵浦反应速率系数和消激发速率系数普遍高于低振动能级的速率系数,即高振动能级的 DF 分子在生成后会快速地通过弛豫过程和辐射过程转移到低振动能级。从前面对弛豫过程的分析可看出,纯转动弛豫过程进行的速率非常快,弛豫时间为 $10^{-10} s$ 的数量级,因此可认为转动能级上的初始粒子数分布不影响

激光器运转性能。由此上述反应过程也均只考虑了振动能级，认为转动能级处于平衡态分布。

表 4.4 中的弛豫过程不包括纯振动弛豫，这是由于纯振动弛豫在 DF 激光形成过程中所起的作用与激光器的运转机制有关。在脉冲激光器中，纯振动弛豫可以完全忽略不计，而在连续波运转的激光器中纯振动弛豫常常起着重要作用[7]。

温度 T 是影响反应速率系数的重要因素，这是因为温度升高将会加速分子、原子间以及分子、原子与器壁的碰撞作用，它将引起激发态 DF 分子的能量损耗，因此不利于激光器的运转。此外，温度升高还可能导致气体放电等离子体分布不均匀性和不稳定性的增加，从而对激光输出性能造成影响。因此，通常利用气体循环冷却装置来减小或消除温度上升对激光器运转的影响。

4.3 动力学模型

4.3.1 激光器速率方程理论

激光器速率方程理论是用于各类激光器动力学过程研究的一种重要方法，其出发点是光与物质的共振相互作用，即自发辐射过程、受激辐射过程和受激吸收过程，其中受激辐射过程是激光器的物理基础。图 4.2 为激光产生过程的示意图，它反映了激光产生必然要经历的几个过程：泵浦过程、光与物质相互作用过程、消激发过程。

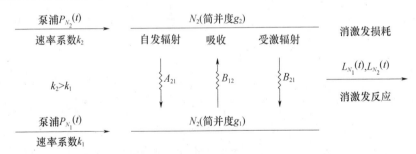

图 4.2　激光产生过程示意图

图 4.2 中的物理量下角标为 2 的表示上能级，下角标为 1 的表示下能级，$P_{N_m}(t)$ 为 t 时刻泵浦反应生成的 m 能级激发态粒子数，$L_{N_m}(t)$ 为 t 时刻消激发过程引起的 m 能级激发态粒子数的减少量，k 为激发态分子的泵浦速率系数，A_{21} 为爱因斯坦自发辐射系数，B_{12} 为受激吸收系数，B_{21} 为受激辐射系数。

对于如图 4.2 所示的过程，描述激光器中的光子数密度 q 变化过程的速率方程为

$$\frac{\mathrm{d}q}{\mathrm{d}t} = A'_{21}N_2 + B'_{21}N_2q - B'_{12}N_1q - \beta q \tag{4-6}$$

式中:$A_{21}N_2$ 为总的自发辐射速率,$A'_{21}N_2$ 表示存在于光腔内并对光子数密度 q 有贡献的那部分;βq 为输出项,$\beta = 1/\tau_c$ 为耦合系数,τ_c 为腔内光子寿命;B'_{21} 为受激辐射概率,$B'_{21} = B_{21}\dfrac{g(v)}{\Delta v}$,其中 $g(V)$ 为线性因子,$\Delta \nu$ 为线宽。自发辐射系数与受激辐射系数之间满足如下关系式:

$$\frac{A_{21}}{B_{21}} = \frac{8\pi v^2}{c^3} \tag{4-7}$$

另外,考虑到 $g_1 B_{12} = g_2 B_{21}$、受激辐射截面 $\sigma = \dfrac{B_{21}g(v)}{c\Delta v}$ 以及反转粒子数密度

$\Delta N = \left(N_2 - \dfrac{g_2}{g_1}N_1\right)$,于是式(4-6)可改写为

$$\frac{\mathrm{d}q}{\mathrm{d}t} = A'_{21}N_2 + \sigma c\Delta Nq - \frac{q}{\tau_c} \tag{4-8}$$

式中:右边第一项为自发辐射对腔内光子数密度增长所作的贡献,它仅在振荡开始时起重要作用,其后可以忽略;第二项为受激辐射过程引起的光子数密度的增长;第三项为耦合输出项。值得注意的是,为了研究方便这里对方程进行了简化,即在上述公式中只考虑了振动能级而没有考虑转动能级。

对于上、下能级上的激发态粒子数密度的速率方程,可采用同样的方式进行研究。激发态粒子数密度的变化主要取决于泵浦项 P_N、受激辐射项 $\sigma c\Delta Nq$ 以及碰撞弛豫引起的损耗项 L_N,因而上、下能级粒子数密度的速率方程可表示为

$$\frac{\mathrm{d}N_2}{\mathrm{d}t} = P_{N_2}(t) - \sigma c\Delta Nq - L_{N_2}(t) \tag{4-9}$$

$$\frac{\mathrm{d}N_1}{\mathrm{d}t} = P_{N_1}(t) + \sigma c\Delta Nq - L_{N_1}(t) \tag{4-10}$$

式中:损耗速率 $L_{N_m}(t)$ 由消激发粒子的消激发速率系数确定,其表达式为

$$L_{N_m} = k_q M N_m \tag{4-11}$$

式中:M 为消激发粒子的浓度;k_q 为消激发速率系数。由此,式(4-8)、式(4-9)及式(4-10)共同构成了描述光子数密度 q 和两个态密度 N_1、N_2 的速率方程组,对这三组方程进行数值求解即可得到激光器腔内光子数密度与各振动能级粒子数密度随时间变化的关系。

4.3.2　非链式脉冲 DF 激光器动力学模型

描述非链式脉冲 DF 激光器动力学过程的数学模型是建立在非链式脉冲 DF 激光的产生机理和速率方程理论基础上的。在这一模型的建立过程中,只考虑振动能级间的跃迁而忽略了转动过程,并做如下假设:①工作物质在增益

区内混合均匀;②在电子碰撞作用下,SF_6分子解离是获得 F 原子的唯一途径;③F 原子在放电的瞬间产生且在增益区内分布均匀;④受激辐射跃迁过程中气体的温度保持不变。根据上述的理论和假设,放电引发非链式脉冲 DF 激光器的速率方程可表示为

$$\frac{d[SF_6]}{dt} = -k_e n_e [SF_6] \tag{4-12}$$

$$\frac{d[F]}{dt} = k_e n_e [SF_6] - k[D_2][F] \tag{4-13}$$

$$\frac{d[D_2]}{dt} = -k[D_2][F] \tag{4-14}$$

$$\frac{d[D]}{dt} = k[D_2][F] \tag{4-15}$$

$$\frac{d[DF(4)]}{dt} = k_4[D_2][F] - \sigma_4 c([DF(4)] - [DF(3)])q_4 \\ - \sum_i k_{4i}[DF(4)][M_i] \tag{4-16}$$

$$\frac{d[DF(3)]}{dt} = k_3[D_2][F] + \sigma_4 c([DF(4)] - [DF(3)])q_4 \\ + \sum_i k_{4i}[DF(4)][M_i] \\ - \sigma_3 c([DF(3)] - [DF(2)])q_3 \\ - \sum_i k_{3i}[DF(3)][M_i] \tag{4-17}$$

$$\frac{d[DF(2)]}{dt} = k_2[D_2][F] + \sigma_3 c([DF(3)] - [DF(2)])q_3 \\ + \sum_i k_{3i}[DF(3)][M_i] \\ - \sigma_2 c([DF(2)] - [DF(1)])q_2 \\ - \sum_i k_{2i}[DF(2)][M_i] \tag{4-18}$$

$$\frac{d[DF(1)]}{dt} = k_1[D_2][F] + \sigma_2 c([DF(2)] - [DF(1)])q_2 \\ + \sum_i k_{2i}[DF(2)][M_i] \\ - \sigma_1 c([DF(1)] - [DF(0)])q_1 \\ - \sum_i k_{1i}[DF(1)][M_i] \tag{4-19}$$

$$\frac{d[DF(0)]}{dt} = k_0[D_2][F] + \sigma_1 c([DF(1)] \\ - [DF(0)])q_1 + \sum_i k_{1i}[DF(1)][M_i] \tag{4-20}$$

$$\frac{\mathrm{d}q_v}{\mathrm{d}t} = A_{v,v-1}[\,\mathrm{DF}(v)\,] + \sigma_v c(\,[\,\mathrm{DF}(v)\,]$$

$$- [\,\mathrm{DF}(v-1)\,])q_v + \frac{q_v}{\tau_c} \qquad (4-21)$$

式中：k_e 为电子碰撞 SF_6 分子生成 F 原子的速率系数；k 为 F 原子与 D_2 反应生成 DF 分子的总反应速率系数；$k_v(0 \leqslant v \leqslant 4)$ 为 F 原子与 D_2 反应生成 $\mathrm{DF}(v)$ 分子的速率系数，且有 $k = k_0 + k_1 + k_2 + k_3 + k_4$；$M_i(i = 1,2,3,4)$ 依次为引起激发态 DF 分子振动弛豫的 DF 分子、D_2 分子、D 原子和 F 原子；k_{vi} 为第 i 种粒子 M_i 引起 v 能级 DF 分子振动弛豫的速率系数；DF 分子的生成及振动弛豫速率系数采用表 4.4 中的公式计算；σ_v 为 v 能级 DF 分子受激发射截面，σ_v 取值范围为 $10^{-18} \sim 10^{-16} \mathrm{cm}^2$[8]；$A_{v,v-1}$ 为 v 能级 DF 分子自发辐射系数，且 $A_{4,3} = 155.1$，$A_{3,2} = 131.5$，$A_{2,1} = 98.1$，$A_{1,0} = 54.5$，单位为 s^{-1}[9]；n_e 为电子数密度，这里采用的电子密度经验公式为[10]

$$n_e(t) = N_0[1 - \exp(-t)]\exp(-2t) \qquad (4-22)$$

式中：$N_0 = 3.985 \times 10^{13}$；$n_e$ 的最大值可以达到 $5 \times 10^{12} \mathrm{cm}^{-3}$。

　　q_v 为 v 能级 DF 分子受激辐射到光腔中的光子数密度，则光腔中总的光子数密度为

$$q = \sum_{v=1}^{v=4} q_v \qquad (4-23)$$

光子在腔内的寿命 τ_c 可表示为

$$\tau_c = \frac{2L}{c\ln R} \qquad (4-24)$$

激光输出功率为

$$P_{\mathrm{out}} = -\frac{S}{2}h v q c \ln R \qquad (4-25)$$

激光单脉冲能量为

$$E = -h v \iint \frac{c\ln R}{2L} q \mathrm{d}V \mathrm{d}t \qquad (4-26)$$

式(4-26)也可表示为

$$E = -0.5h v c S \ln R \int_0^T q \mathrm{d}t \qquad (4-27)$$

式中：h 为普朗克常量；v 为激光的中心频率；c 为光速；R 为耦合输出镜的反射率；L 为激光器腔长；S 为激光器增益截面；V 为激光增益体积；T 为输出激光脉冲宽度的 3～4 倍。将放电引发非链式脉冲 DF 激光器的相关参数带入式(4-12)～式(4-27)，采用 Runge - Kutta 法进行数值计算，即可得到反应过程中各组分粒子数密度、腔内光子数密度及激光器输出参数随时间的变化情况。

4.4 动力学模型参数的确定

建立动力学模型的目的,一方面是深入分析非链式脉冲 DF 激光的产生机理,另一方面是为优化激光器输出性能提供理论指导。但理论计算结果正确与否,还需要实验来验证,因此在对模型进行数值求解之前,应根据实验条件来确定动力学模型的参数值。

在泵浦化学反应开始前,激光器储气室内除了工作气体 SF_6 和 D_2 之外,其他粒子的初始粒子数密度均为零。初始时刻的工作气体粒子数密度由气压 P 和温度 T 决定,且满足如下公式:

$$n = \frac{PN_A}{RT} \tag{4-28}$$

式中:N_A 为阿伏伽德罗常数,其数值为 $N_A = 6.022045 \times 10^{23} \, mol^{-1}$;$R$ 为气体常数,其值为 $R = 8.31441 J \cdot K^{-1} \cdot mol^{-1}$。激光器通常在室温下工作,并配有水冷装置来维持工作气体的室温状态,因此计算时温度 T 取 300K。

模型求解时,激光器谐振腔参数采用实验所用激光器的相关参数,此处取腔长 $L = 220cm$,激光器增益截面 $S = 16cm^2$。式(4-27)中时间积分上限 T 的取值则是根据大多数已报道的测量结果,$T = 800ns$。

4.5 动力学模型计算结果及讨论

4.5.1 参与反应的各组分粒子数密度变化情况分析

为了解腔内各种反应过程和各组分粒子数密度变化情况,首先计算反应物及生成物粒子数密度随时间的变化关系。设定 SF_6、D_2 的初始气压分别为 10000Pa 和 1000Pa,通过式(4-28)计算出 $t = 0$ 时的 SF_6 和 D_2 粒子数密度分别为 $2.4143 \times 10^{18} cm^{-3}$、$2.4143 \times 10^{17} cm^{-3}$,其他粒子数密度的初始值均为 0。当输出镜反射率 $R = 30\%$ 时,计算的腔内各组分粒子数密度随时间变化关系如图 4.3、图 4.4 所示。

由图 4.3 可看出,初始反应物 SF_6 和 D_2 的密度均随时间先快速减少最后趋于一个特定值,生成物中的 F 原子密度在快速增长达到峰值之后逐渐下降并最终趋于零,而 D 原子密度则是在经历了快速增长和慢速增长的过程后趋于一个定值,并未出现下降的过程。由于在整个的反应过程中反应物只有消耗而无生成的过程,因而其密度会持续减小。开始放电时,增益区迅速产生大量的高能电子不断碰撞 SF_6 分子生成 F 原子,同时,产生的 F 原子开始与 D_2 发生化学反应生成 DF 分子,但 F 原子的生成速率大于被消耗速率,因而 F 原子密度迅速上升。而随着放电的继续,增益区产生电子的速率逐渐下降导致 F 原子密度增长变得缓慢。最终由于放电的结束而 F 原子与 D_2 间的化学反应则继续进行,从而导致 F 原子的密度最终趋于零。在整个反应过程中,由于 F 原子与 D_2 发生反应不断生成 D 原子,且 D 原子没有被消耗,因此 D 原子密度一直增加直到化学反应结束而趋于定值。

图 4.4 给出了 DF 分子各振动能级($v \leqslant 4$)上粒子数密度随时间变化情况。首先 $v = 4$ 能级 DF 分子数始终无法形成粒子数反转,这里不做探讨。对于其他能级,当 $t < 0.3\mu s$ 时,化学反应生成的各能级上的 DF 分子数密度不断上升,此时虽然能级间实现了粒子数反转,但谐振腔内还未形成受激谐振,观察不到明显的 DF 分子能级跃迁,腔内光子数密度几乎为零。当 $t > 0.3\mu s$ 时,各能级间的反转粒子数密度继续积累,在少数自发辐射光子的激发下,$v = 3 \rightarrow v = 2$,$v = 2 \rightarrow v = 1$,$v = 1 \rightarrow v = 0$ 间的 DF 分子跃迁形成受激谐振。当 $t = 0.35\mu s$ 时,各能级间反转粒子数密度积累到最大值,各能级间的 DF 分子急剧跃迁。受跃迁定则限制,激发态 DF 分子间的跃迁具有级联效应,因此可以明显观察到此时 $v = 3$ 能级上的分子数下降量大于 $v = 2$ 能级上的分子数,而同时处于较低能级的 DF 分子数则表现出急剧上升的趋势。同时各振动能级间的跃迁辐射光子数密度也开始迅速上升,如图 4.5 所示。随着化学反应的进行,不断有新的激发态 DF 分子生成,同时消激发粒子数密度持续升高,消激发作用持续增强,相邻能级间反转粒子数密度逐渐减小,腔内光子数密度在达到最大值后也开始下降。当 $t > 0.55\mu s$ 时,$v = 1 \rightarrow v = 0$,$v = 3 \rightarrow v = 2$,$v = 2 \rightarrow v = 1$ 间的粒子数反转依次消失,各能级间跃迁的光子数密度依次降为零,各能级 DF 分子最终经过振动驰豫过程回到基态。图 4.5 给出了模拟得到的腔内各振动能级间激射的光子数密度随时间的变化情况。

4.5.2　工作气体比例对激光输出性能的影响

由 DF 激光的产生机理可知,激发态 DF 分子的生成速率和振动驰豫速率是影响激光输出能量的关键因素。而激发态 DF 分子的生成速率受 F 原子的产出速率和 D_2 的含量限制,为了获得高能量激光输出,应考虑增大 F 原子的产出速率及 D_2 的含量。另外 D_2 分子、反应生成的基态 DF 分子、F 原子、D 原子对激发态 DF 分子均具有消激发作用,因而会减弱 DF 激光输出能量。要获得高能量的 DF 激光,必须对加入到放电增益区的工作气体比例进行合理设置。对于放电引发非链式脉冲 DF 激光器,存在最佳工作气体比例使激光器性能达到最佳。在 SF_6 气体含量和输出镜反射率保持不变的情况下,采用前面建立的反应动力学模型计算了 D_2 密度对腔内光子数密度、单脉冲能量及脉冲宽度的影响。计算时保持 SF_6 分压为 $10kPa$($n = 2.4143 \times 10^{18} cm^{-3}$)、输出镜反射率 $R = 30\%$,

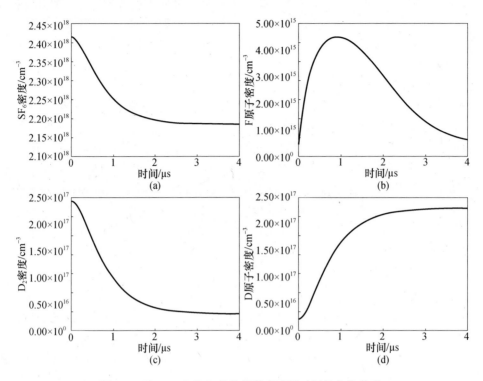

图 4.3 SF_6、D_2、F 和 D 的粒子数密度随时间的变化关系

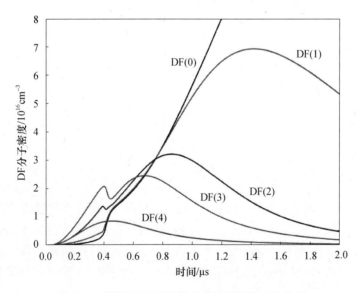

图 4.4 各能级 DF 分子数密度随时间的变化关系

工作气体比例为 4∶1、6∶1、8∶1、10∶1、12∶1、15∶1，计算结果如图4.6、图4.7所示[11]。

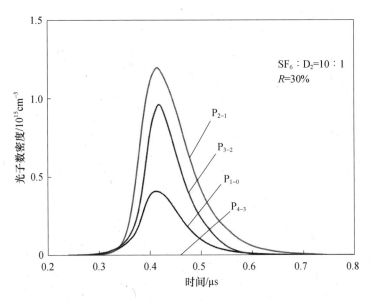

图4.5　各振动能级间跃迁激射的光子数密度随时间的变化关系

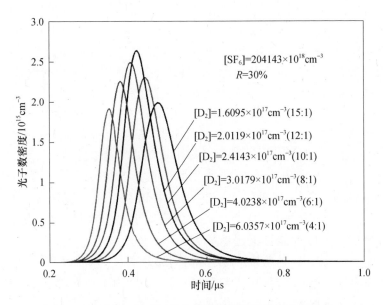

图4.6　不同 D_2 密度下的光子数密度随时间的变化关系

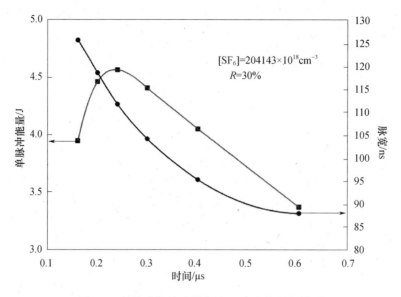

图 4.7　单脉冲能量及脉宽随 D_2 密度的变化关系

计算结果表明:腔内光子数密度及单脉冲能量随 D_2 密度的增加呈现先增大再减小的趋势,并且在 D_2 密度为 $2.4143 \times 10^{17} cm^{-3}$ 即 $SF_6 : D_2 = 10 : 1$ 时腔内光子数密度和激光单脉冲能量达到最大值。当 SF_6 含量保持不变时,在同一放电条件下 SF_6 解离出的 F 原子数目也为定值,低密度的 D_2 不足以使腔内的 F 原子全部参加反应导致生成的 DF 分子数密度较低,此外多余的 F 原子对激发态 DF 分子具有消激发作用,所以振动能级间的反转粒子数密度较低,使得引起腔内光子数密度及单脉冲能量较低。随着 D_2 含量的逐渐增加,通过非链式化学反应生成的激发态 DF 分子数密度也增加,同时 F 原子对激发态 DF 分子的消激发作用开始减弱,因而腔内的光子数密度及单脉冲能量均呈现增加的趋势。而当 D_2 含量过多时,虽然生成的激发态 DF 分子数增多,但由 D_2、D 原子引起的消激发作用也随之增强,所以反转粒子数密度反而会减小,造成腔内光子数密度和激光单脉冲能量下降。当 D_2 密度为 $2.4143 \times 10^{17} cm^{-3}$ ($SF_6 : D_2 = 10 : 1$) 时,D_2 和 F 原子含量处于相互匹配的状态,激发态 DF 分子生成速率与振动弛豫速率差达到最大值,此时的腔内光子数密度和单脉冲能量也达到最大值。

由图 4.6 可看出,激光脉冲的建立时间随 D_2 密度的增加不断缩短。当 F 原子密度相同时,高密度的 D_2 分子与 F 原子发生化学反应生成激发态 DF 分子的速率比低密度的 D_2 分子快,因而形成粒子数反转及受激辐射较快,这就导致高密度 D_2 分子时激光脉冲的建立时间较短。

由图 4.7 可看出,随着 D_2 密度的增加 DF 激光脉冲宽度会逐渐减小。这是

由于 SF_6 分压保持不变,工作气体总气压随着 D_2 密度的增加不断提高,激发态 DF 分子振动弛豫过程加快,因此导致激光脉宽逐渐缩短。

4.5.3　输出镜反射率对激光输出性能的影响

输出镜反射率对激光器输出性能也有重要的影响,保持气体比例为 $SF_6:D_2 = 10:1$、总气压为 11kPa,运用上述模型计算输出镜反射率分别为 10%、20%、30%、40%、50% 和 60% 时腔内光子数密度、激光输出功率随时间的变化关系,其结果如图 4.8 和图 4.9 所示。

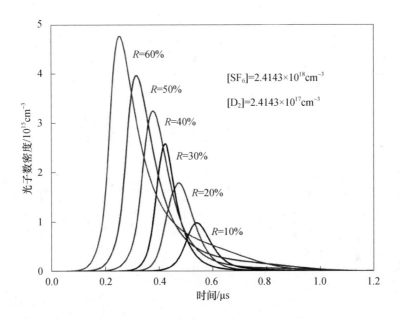

图 4.8　不同反射率时的腔内光子数密度与时间的关系

从图 4.8 可以看出,随着输出镜反射率的提高,腔内光子数密度逐渐增加,激光脉冲建立时间不断缩短。这与激光器增益/损耗比有关,输出镜反射率越大增益/损耗比就越大,激光脉冲的建立时间就越短,这与激光的基本理论是一致的。

通过求解式(4 - 25)可得到激光器输出功率与输出镜反射率的变化关系,如图 4.9 所示。可以看出,当气体参数等其他条件保持不变时,输出镜反射率对激光器输出功率的影响明显,并且在输出镜反射率为 30 % 时激光器输出功率取得最大值,而且输出镜反射率在 20% ~ 50% 区间变化时对输出功率的影响不是很大,这些数据将为非链式脉冲 DF 激光器参数优化及实验研究提供依据。

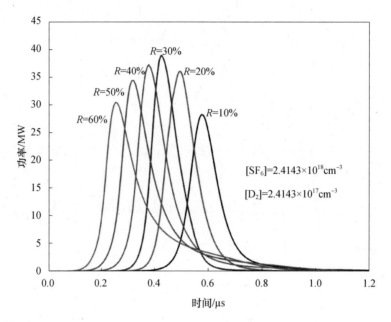

图 4.9　不同反射率时输出功率与时间的关系

参考文献

[1] Flygare W H. Molecular relaxation [J]. Acc Chem Res,1968,1(4):121 – 127.

[2] Moore C B. Vibration – rotation energy transfer [J]. J Chem Phys,1965,43(9):2979 – 2986.

[3] Shin H K. De – excitation of molecular vibration on collision:vibration – to – rotation energy transfer in hydrogen halides [J]. J Phys Chem,1971,75(8):1079 – 1090.

[4] Millikan R C,White D R. Systematics of vibrational relaxation [J]. J Phys Chem,1963,39(12):3209 – 3213.

[5] Wilkins R L. Mechanisms of energy transfer in hydrogen fluoride systems [J]. J Chem Phys,1977,67(12):5838 – 5854.

[6] Basov N G,Galochkin V T,Igoshin V I. Spectra of stimulated emission in the hydrogen – fluorine reaction process and energy transfer from DF to CO_2[J]. Appl Opt,1971,10(8):1814 – 1820.

[7] Coombe R D,Pimentel G C. Temperature dependence of the vibrational energy distributions in the reactions $F + H_2$ and $F + D_2$[J]. J Chem Phys,1973,59(1):251 – 257.

[8] Kompa K L. Chemical lasers [M]. Berlin:Springer – Verlag,1973:19.

[9] Arunan E,Setser D W. Vibration – rotational Einstein coefficients for HF/DF and HCL/DCL [J]. J Chem Phys,1992,97(3):1734 ~ 1741.

[10] 程丽. 电激励烷基碘化物产生碘激光机制研究 [D]. 哈尔滨:哈尔滨工业大学,2007.

[11] 阮鹏,放电引发非链式脉冲 DF 激光机理研究[D]. 长春:中科院长春光机所,2014.

第5章　放电引发非链式脉冲 DF 激光器主机结构设计

5.1　主机结构组成与布局

非链式 DF 激光器由于工作介质为气体,采用放电激励脉冲重复频率工作模式,故其主机中必然要有放电装置、存储工作气体的真空容器和使工作气体循环流动的驱动装置。为达到长时间稳定工作,要求工作气体在一个循环周期内冷却与净化,则需要有换热器与废气吸附装置。为实现激光振荡放大输出,光学谐振腔是必不可少的。可见,非链式 DF 激光器主机是由储能放电装置、真空腔系统、气体循环冷却与净化系统、光学支架以及必要的辅助装置(如主机支架)等组成。

激光器的主机总体结构形式与整机总体性能指标要求及使用环境等因素相关,其设计过程应以整机性能功能要求为依据,分析各组成系统的作用与要求,正确选择相关功能器件与结构装置的类型,综合考虑体积、重量、成本、操作与应用等方面因素,进行结构布局设计。之后开展各组成系统与具体装置部件的结构参数设计。设计中,对于复杂的机械力学、气体动力学与热力学设计计算,采用先进的计算机模拟分析方法,保证设计的精确性,提高设计效率。

放电装置虽然是激光器主机的组成部分,但其归属于电子学系统,与主机真空腔只有机械安装接口关系,因此主机结构设计不包括储能放电装置的设计在内。本章以一台放电引发非链式脉冲 DF 激光器实验样机的研制过程为例,重点介绍 DF 激光器主机结构的设计过程。

经理论计算与分析确定的该激光器相关指标参数如下:

重复频率:50Hz;

单脉冲能量:2J;

工作时间:30s;

电极总长度:680mm;

电极有效放电长度:650mm;

放电间距:50mm;

放电宽度:50mm;

真空度:≤0.15Pa;

真空腔漏率:<10Pa/h;

工作气体温度:20±5℃;

工作气压:8100Pa;

气体比例:SF_6:D_2 = 8:1。

5.1.1 主机组成与功能

DF 激光器主机由真空腔系统、气体循环冷却与净化系统、光学支架系统以及主机支架组成。

真空腔是 DF 激光器主机的重要部件,决定主机总体结构形式。为保证气体放电和激光输出的正常运行,要求工作气体处于一个非常洁净且可长期保持的工作环境中,真空腔必须具备高真空度与低漏率。按照使用要求不同,真空腔的结构形式主要有圆筒形、圆锥形、盒形等。在相同的外轮廓占空体积下,圆筒形、圆锥形虽具有较高的结构强度与刚度,但加工难度大,腔内有效使用容积小,不利于结构部件的布局安排。而盒形壳体可以提供较大的有效使用容积,加工难度小。由于盒形壳体的结构表面皆是平面,更有利于部件的便利安装、调试以及加强筋的合理布置。

气体循环冷却与净化系统由风机、流道、换热器与分子筛等构成,其功能是使工作气体以较恒定的速度、温度、成分与分布均匀性流过放电区,以保证气体放电和激光输出的均匀、稳定。在气体激光器中,风机可以安装在真空腔内,也可安装在真空腔外。考虑到风机体积、散热及振动等因素的影响,设计采用风机外置的形式,与真空腔壳体之间通过管道和波纹管相连。这种布置形式一方面不占用真空腔的储气容积,另一方面在风机安装和调试的过程中,可以直接在真空腔外进行操作,对主机其他系统结构毫无影响,操作方便,工作效率高。

流道作为工作气体的流动导向通道,一方面要使工作气体在流动中具有较小的流阻及确保放电区气流分布均匀,另一方面还应具有振动小、结构紧凑和重量轻等特点。流场中气体的运动是前呼后应的,对于放电区来说,气体的流入和流出状态对气体放电的稳定都有影响,因此放电区前后的流道结构需严格按照流体动力学原理进行设计。

换热器是大功率气体激光器中不可缺少的部件,其作用是将放电后的高温气体稳定冷却到合适的温度。本设计采用两台换热器,分别安置在放电区的前后,放电区后端的换热器可冷却放电后产生的高温气体,使其不对风机产生影响,放电区前端的换热器可用来冷却风机的压缩功与摩擦损耗等产生的热量。采用两台换热器通过进出水流的不同设置,可以使被冷却后进入放电区的工作气体温度分布更加均匀。

DF 激光器因其工作原理特点,放电后产生的 DF"废气"对激光输出功率的稳定性影响非常大,在流场中设置能够吸附 DF"废气"的分子筛是保证激光输出功率稳定的必要措施。本激光器采用物理吸附与化学吸附相结合性质的分子筛,综合考虑到保证分子筛的吸附效果和尽量减小其对气流压力损失产生的影响,分子筛设置原则是尽可能使其具有很大的流道截面,以使工作气体流过分子筛时的速度很小。因分子筛为独立研制的功能部件,相关的研究内容将在第 8 章中做专门的介绍,这里主要介绍分子筛相关的安装位置与固定方式的设计,并在风机参数设计时考虑其对流阻的影响。

光学支架的作用是安装固定使产生的激光增益能够振荡放大输出的光学谐振腔镜,谐振腔镜的安装结构需有方便稳定的多自由度调整机构,以能调整前后腔镜组合达到高度的同轴,且与放电腔的几何轴线重合。光学支架结构设计的关键是确保激光器工作时光学谐振腔保持空间位置结构的高度稳定,能够将外界振动与温度变化产生的影响降到最小,满足激光输出功率与指向性的稳定要求。

主机支架顾名思义是激光器主机的支撑基架,是主机系统所有部件的安装固定基础。本章所介绍的 DF 激光器设计中,因采用了外置式风机结构,则单独设计了风机支架与主机支架隔离,这样的好处是一方面可大大降低风机运行时产生的振动对主机光学谐振腔稳定性的不利影响,另一方面可使外置式风机系统与真空腔系统之间安装时的调整更加方便。

5.1.2　风机选型

风机是高功率气体激光器的重要部件,对于以脉冲重复频率模式运行的非链式脉冲 DF 激光器是必不可少的,在确定其具体参数之前,应首先确定其型式。

风机是 DF 激光器重复频率运行时的工作气体驱动源,它所提供的驱动力,可使工作气体以较恒定的质量流量在真空腔流场中循环流动,使放电区的工作气体不断被更新,保证每个放电脉冲都具有基本相同的气体状态。按照工作原理,风机可分为透平式风机和容积式风机。其中透平式风机包括离心风机、轴流式风机、横流风机及混流式风机等;容积式风机中包括回转式(罗茨式、叶氏式、螺杆式、滑片式等)风机和往复式(活塞式、柱塞式、隔膜式等)风机两种。按照风机的出口压力,又可分为通风机(出口压力低于 0.115MPa)、鼓风机(出口压力 0.115 ~ 0.35MPa)和压缩机(出口压力大于 0.35MPa)等。

气体激光器常用的风机大多为透平式类型,包括横流风机、离心风机和轴流风机等[1],结构型式如图 5.1 所示。表 5.1 列出了这几种风机的性能特点与适用范围。

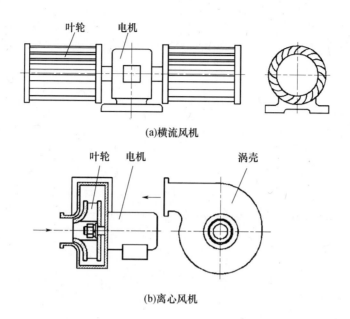

(a)横流风机

(b)离心风机

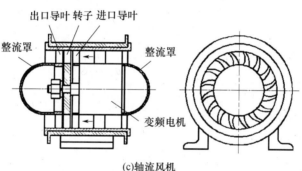

(c)轴流风机

图5.1　气体激光器常用风机类型

表5.1　几种常用风机的性能比较

风机类型	优点	缺点	适用范围
横流式风机	流量大,出风均匀	压头和效率很低,结构刚度小	适用于工作气压低于 10^4 Pa,流场阻力小于 10^3 Pa 的激光器
离心式风机	压头高	流量与效率相对较低	大阻力、流量相对小的激光器
轴流式风机	流量与效率高	压头低	低阻力、流量相对大的激光器

　　横流风机的主要优点是出口截面大、气流均匀,在低流阻的场合下可实现较大的流量。但因其结构跨度大、刚度小、动平衡精度低、难以实现高转速,因此较高气压与较高流阻的场合下不能满足放电区对气体流速指标的要求。由于其自身结构与性能特点,应用中通常需将其放置在真空腔内形成紧凑型结

构,这样不仅会使安装结构复杂,调整难度大,其运转中产生的振动对激光输出也有较大影响。

轴流风机适应的工作场合比横流风机要宽泛的多,输出流量高,在高功率气体激光器中也常有应用。但因其压头较低,对于流场阻力较大的场合没有优势,而且因其气体进出口为截面较小的圆形结构,且出口气流为回旋气流,使得进出口气体压力损失很大,虽然自身效率较高,但全流场总效率却较低。

离心风机在高功率气体激光器中应用最多,其最主要的优点是能够提供很高的出口压力,同时能输出较高的流量。由于压头高,对风机的设置较灵活,内置与外置均可。而且其进出口气体压力损失相对轴流风机要小得多,故虽然自身效率相对较低,但全流场总效率通常都高于轴流风机。

考虑到非链式脉冲 DF 激光器中有高流阻分子筛的存在,故在设计中确定选用离心风机作为工作气体的驱动源。

5.1.3　换热器选型

换热器与风机一样,在进行设计之前,首先要确定换热器的型式,然后再根据换热量、流道的布置形式以及安装方式等确定其具体参数。

先对换热器种类进行了解,常用的换热器按热量的授受方式可分为四大类:表面式换热器、蓄热式换热器、液体连接 – 间接式换热器以及直接接触式换热器。

1. 表面式换热器

在表面式换热器中,温度不同的两种流体被壁面分开,传热方式主要是通过壁面的导热以及流体在壁面间的对流传热。通常也被称为"换热式换热器""普通换热器",或者直接被叫做"换热器"。管壳式换热器、套管式换热器以及板翅式换热器都属于表面式换热器。

2. 蓄热式换热器

蓄热式换热器是通过由固体构成的蓄热体来传递热量。蓄热体一侧与高温流体接触,经过一定时间,从高温流体获得热量。另一侧与低温流体接触,把热量释放到低温流体。蓄热式换热器的种类有旋转型蓄热式换热器、阀门切换型蓄热式换热器等。

3. 液体连接 – 间接式换热器

它由两个表面式换热器和载热体组成,载热体在两个表面式换热器之中循环流动。当通过高温流体时,载热体从高温流体换热器获得热量,然后把获得的热量通过低温流体换热器释放给低温流体。

4. 直接接触式换热器

两种不同温度的流体在接触式换热器中通过直接接触进行换热。其种类主要有冷水塔、气压冷凝器等。冷水塔中,水和空气直接接触,进行对流传热。

在气压冷凝器中,冷却水与蒸汽直接接触,通过对流传热使高温蒸汽冷凝。另外,还有一种直接接触式液-液换热器,它的传热原理与上述类似,只不过是在两种液体中间多了另外一种液体作为载热体。热量通过载热体从高温流体传到低温流体,且载热体与两种液体都不相溶。

气体激光器常用的换热器为表面式换热器,其传热方式主要是传导和对流换热。其中,常见的有管翅式换热器和板翅式换热器[2-5]。按照结构的不同,管翅式换热器又可分为整体翅片式和翅片管式,如图5.2所示。

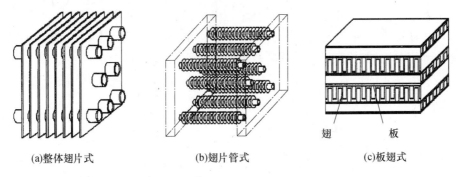

(a)整体翅片式   (b)翅片管式   (c)板翅式

图5.2　换热器的种类

换热器中,流道的某一侧传热面积与同侧流道体积的比值 β 称为传热面积密度,是表征换热器换热性能的重要参数。当 β 值大于 $700 m^2/m^3$ 时,称为紧凑型换热器。管翅式和板翅式换热器都属于紧凑型换热器,管翅式换热器的 β 值为 $700 \sim 1000 m^2/m^3$,而由于板翅式换热器具有扩展的二次表面,其 β 值可达到 $700 \sim 6000 m^2/m^3$。

与管翅式换热器相比,板翅式换热器不仅换热效率高、结构紧凑、质量小,而且由于它的多孔结构,气流通过时还可以改善其分布均匀性。另外,板翅式换热器的适应性更强,它可用于气-气、气-液、液-液等各种流体之间的换热,且流道的布置形式灵活多变,能适应不同的换热环境,如逆流、错流、多股流以及多程流等。因此,采用结构紧凑的板翅式换热器可以实现更合理的流场布局和较好的换热效果。

5.1.4　主机结构布局

结合放电引发非链式脉冲 DF 激光器主机中各个组成部分的功能和特点,设计总体布局如图5.3所示。

图5.3 中,激光器的工作过程为:真空腔内的工作气体通过风机进气管进到风机内,并通过风机的压缩和驱动以一定的速度由风机出气管进到真空腔,然后经左上流道、换热器、右上流道进入到放电腔。放电腔内的工作气体通过高压脉冲放电引发化学泵浦反应,产生激光增益,经光学谐振腔的定向振荡放大

形成激光从输出镜输出。放电后的高温气体经下流道进入到换热器中冷却,然后通过分子筛将"废气"吸附掉,净化后的气体再次被风机吸入进入到下一个循环。

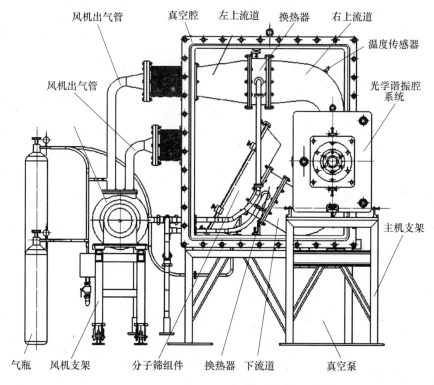

图 5.3　放电引发非链式脉冲 DF 激光器主机结构示意图

5.2　真空腔系统

放电引发非链式脉冲 DF 激光器对工作气体的纯净度要求很高,杂质气体的存在,不仅影响激光器放电工作的稳定性,还会降低电光转换效率从而降低激光输出功率。因此,在激光器主机结构中,应具备高真空度的真空腔系统,通常由真空腔、真空密封、真空泵以及自动充/排气系统等组成。DF 激光器工作气压为 8100Pa,主机结构长期处于高负压状态。对于一个完善的真空腔,不但要满足一定的真空度和漏率要求,而且在结构方面还应保证不因负压的影响而产生过大的变形和破坏[6-8]。

5.2.1　真空腔壳体

真空腔是非链式脉冲 DF 激光器的主要部件之一。如图 5.3 所示,其结构形式采用盒形壳体结构,壳体由不同尺寸的不锈钢板焊接而成。为保证腔的真

空度和漏率,对于焊接结构[9,10]有下列要求:

(1) 为了减少漏孔和漏气量,焊缝的总长度应尽可能短。

(2) 不要有十字交叉的焊缝,焊缝的高度应大于壳体厚度的1/3;两缝中心线之间的距离应大于100mm。

(3) 全部焊缝都能方便地进行真空检漏。

(4) 壳体上需要开孔时最好不要开在焊缝上。

1. 真空腔容积确定

在进行盒形壳体设计之前,应先明确真空腔的容积。真空腔内具备一定体积的工作气体是 DF 激光器长时间稳定工作的前提。真空腔的容积大小取决于放电区体积、重复频率、工作时间以及有无自动充/排气系统等。根据 DF 激光器电极的有效放电长度(650mm)和电极的间距(50mm ×50mm),单个脉冲放电时所需的有效气体体积为

$$V = 0.65\mathrm{m} \times 0.05\mathrm{m} \times 0.05\mathrm{m}$$
$$= 1.625 \times 10^{-3}\mathrm{m}^{-3}$$

由5.1节内容可知,激光器的脉冲重复频率为50Hz,即每秒钟产生50个脉冲信号,在连续工作时间为30s时,需要激发1500个脉冲。因此,理论上所需纯净混合气体的总体积约为2.44m³。

综合考虑真空腔壳体结构的强度、刚度、结构布局及应用对体积、重量方面的要求,激光器真空腔的容积取为1.6m³,不足的工作气体则通过分子筛净化与自动充/排气系统来补充。自动充/排气系统框图如图5.4所示。

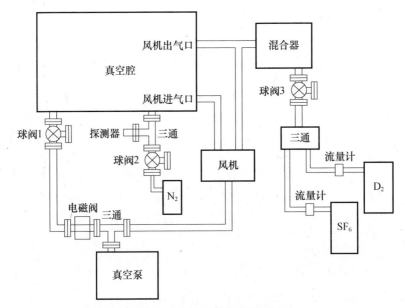

图5.4 自动充/排气系统框图

图 5.4 中,当真空泵工作时,球阀 2 和球阀 3 关闭,球阀 1 和电磁阀打开,真空腔内的气体通过真空泵排到大气中,真空泵通过三通同时对真空腔和风机进行抽真空。当真空腔达到指定的真空度后,电磁阀关闭,球阀 3 打开。此时,控制系统通过流量计的显示控制 SF_6 和 D_2 以一定的比例进入到混合器,在混合器内充分混合后,通过风机出气口进到真空腔内。N_2 的作用是在工作前用来清洗真空腔,最大程度地减少腔内的大气成分以及化学反应生成物。激光器工作时,真空泵和流量计处于开启状态,不断地向真空腔注入新鲜气体,并实时地将多余的气体抽到真空腔外,以维持腔内的工作气压不变。

2. 真空腔盒形壳体初步设计

真空腔壳体通常由不锈钢板材焊接而成。为减小板材的厚度,在盒形壳体上通常采用加强筋。减薄加筋的措施一方面可以减少整体的重量,另一方面还可以增加结构的强度和刚度[11-13]。

盒形壳体板材厚度按矩形平板计算[14],其计算公式为

$$S = S_0 + C \tag{5-1}$$

$$S_0 = \frac{0.224B}{\sqrt{[\sigma]_{弯}}} \tag{5-2}$$

式中:S 为壳体实际壁厚;S_0 为壳体计算壁厚;C 为壁厚附加量;B 为矩形板的窄边长度;$[\sigma]_{弯}$ 为弯曲时许用应力(MPa)。对于 C,有

$$C = C_1 + C_2 + C_3 \tag{5-3}$$

式中:C_1 为钢板的最大负公差附加量,一般情况下均取 0.5mm;C_2 为腐蚀裕度,当介质对容器材料的腐蚀速度大于 0.05mm/年时,其腐蚀裕度应根据腐蚀速度和设计的使用寿命来决定,当介质对容器材料的腐蚀速度小于等于 0.05mm/年时,单面腐蚀取 1mm,双面腐蚀取 2mm;C_3 为封头冲压时的拉伸减薄量,一般取计算厚度的 10%,并且不大于 4mm。

盒形壳体常用的加强筋类型主要有以下三种,如图 5.5 所示。

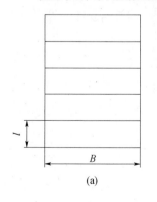 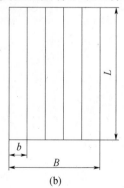 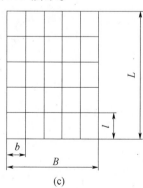

图 5.5　盒形壳体加强筋类型

当采用加强筋时,壳体壁厚仍按式(5-2)计算,但式中的 B 值应以图中相应的值代替。图5.5(a)中以 l 代替 B,图5.5(b)中以 b 代替 B,图5.5(c)中以 l 和 b 两者中最小者代替 B。由于非链式脉冲 DF 激光器真空腔体积较大,受压面积广,为保证结构的强度和刚度,采用5.5(c)中横筋与竖筋交错布置的形式。图5.5(c)中,每个加强筋受弯时的抗弯截面模量如下。

横筋:

$$W_{p1} = \frac{B^2 l p}{4K[\sigma]_{弯}} \tag{5-4}$$

竖筋:

$$W_{p2} = \frac{L^2 b p}{4K[\sigma]_{弯}} \tag{5-5}$$

式中:W_p 为加强筋的抗弯截面模量(cm^3);P 为设计压力,$0.1MPa$;K 为系数,与筋两端的固定方式有关,若为刚性固定(例如同法兰或与其他筋相接)取 $K = 12$,若非刚性固定取 $K = 8$。加强筋可以直接选用型钢,如槽钢、工字钢、角钢等,也可以加工成矩形截面样式。该壳体采用矩形截面形状的加强筋,其高度与宽度(厚度)之比为5,此时,加强筋的厚度为

$$S_p = 0.62 \sqrt[3]{W_p} \ (cm) \tag{5-6}$$

其高度为 $5S_p$。

根据真空腔的容积,利用上述公式进行计算,真空腔壳体的壁厚为6mm,横筋的厚度和高度分别为 8mm 和 40mm,竖筋的厚度和高度分别为 10mm 和 50mm。如图5.6所示为初步设计的真空腔壳体结构图。

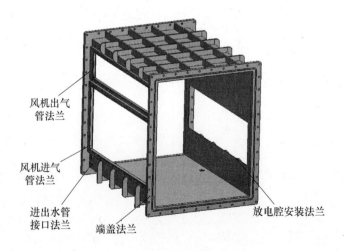

图5.6　真空腔壳体初步设计结构

图5.6 中,根据激光器主机的总体布局(图5.3),在真空腔的侧面留有放电

腔、进/出水管以及风机进出气管的安装法兰。其中,风机进气管的法兰面积较大,这是考虑了在不拆卸真空腔两面端盖的情况下可方便进行分子筛的安装与更换。

3. 壳体结构静力学分析及优化

对结构进行静力学分析是真空腔设计的重要环节,其作用是分析出结构的受力变形及其应力集中,采取相应的改进措施,增加其刚度以减小变形量,减轻应力集中现象。与变形相比,结构中出现的应力集中危害更大。当材料中的应力超过其许用应力,尤其是超过其抗拉强度时,材料就有发生断裂的可能,进而使整个结构失效[15,16]。

由于真空腔壳体结构较复杂,传统的力学分析法很难建出完整的力学模型,而且很难得出结构中具体某一点的应力及变形参数。而有限元方法利用基于函数逼近的数值模拟计算,能准确地分析出结构中的应力和应变状态,是当今结构设计中非常实用的一种数学工具。

1) 有限元原理

有限元方法(Finite Element Method)又叫"有限单元法"或"有限元素法",是 1960 年 Clough 首次提出的。他最初是将结构力学的矩阵位移法原理推广到弹性力学的平面问题,用来分析飞机的结构,分析结果与实验数据非常吻合。虚位移原理是早期有限元方法的基础[17],后来随着数学的发展,人们又提出了一些新的变分原理和广义变分原理,使有限元的应用也从单一的结构分析扩展到了温度场分析、电磁场分析、流场分析以及声场分析等领域。有限元分析问题的类型从最初的线性稳态(平衡、特征值等)问题发展到了瞬态响应(振动响应、碰撞等)问题、非线性(塑性成形)问题以及多介质的耦合(声固耦合、流固耦合等)问题[18-21]。

分片逼近是有限元方法的基本思想,如图 5.7 所示,要求出定积分 $\prod = \int_a^b f(x)\,\mathrm{d}x$ 的值,可以根据定积分的定义,先将曲线下面的区域分成若干个小矩形,然后用矩形面积之和作为积分的近似解。若在每个小段内都用一个简单函数逼近,则可以在较大程度上提高计算的精度。有限元方法就是利用函数逼近的思想来求解工程问题的。

位移法是有限元中常用的求解方法,除此之外,还有力法和混合法。有限元中结构分析主要包括静力学分析、特征值分析、稳定性分析、动力学响应分析、耐久性分析、舒适性分析以及安全性分析等。静力学分析的整个过程包括以下几个步骤。

(1) 结构离散化。将要分析的结构或零件划分为有限个子域(又称单元),单元之间通过有限个点(节点)连接,如图 5.8 所示。

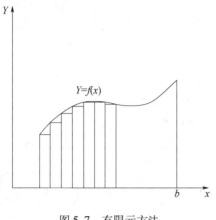

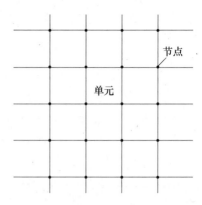

图 5.7　有限元方法　　　　　图 5.8　离散化后的单元和节点

（2）选择插值函数。插值函数的选择是有限元分析的关键，一般选择一个简单的位移插值函数，将单元内任意一点的位移表示为节点位移的插值形式，即

$$\{u\} = [N] \cdot \{Q^e\} \tag{5-7}$$

式中：$\{u\}$ 为单元内任意点的位移；$[N]$ 为单元形函数矩阵；$\{Q^e\}$ 为单元节点位移向量。

（3）单元分析。此过程的主要任务在于推导出单元的刚度矩阵和等效的节点载荷向量。

（4）整体分析。将所有单元矩阵组合成待求的方程组。

（5）约束处理。对离散化的模型施加边界条件，消除刚体位移，使方程具有唯一解。边界条件的选取根据所求问题类型的不同而不同。

（6）解方程。根据施加的载荷和边界条件，求解方程组以获得未知节点的位移。

（7）计算应力。由节点位移求解单元应变，再根据胡克定律，求解单元应力。

2）壳体静力学分析及优化

利用有限元方法对真空腔壳体进行静力学分析，通过计算机求解计算，对得出的结构应力和应变状态检验其是否满足结构性能要求。图 5.9 为安装完法兰盖以后的真空腔有限元分析模型。

因盒形壳体由板材焊接而成，在分析时为了采用结构化网格，将每块板及每道

图 5.9　真空腔壳体有限元分析模型

加强筋的中性面提取出来使整体成为薄壳结构,利用面与面的交线将整体划分成多个独立的面,然后采用四边形单元对各个面进行网格划分。交线处由于由多个面相交,节点的分配可能不均匀,因此有时会用三角形单元来填充。

网格划分后,对各个面及边施加边界条件及载荷:两端盖法兰底部通过螺栓与主机支架相连,位移较小,因此其位移可设为零;虽然激光器工作时腔内压力为 8100kPa,但为了留有一定的安全余量,设各个外表面承受的载荷为0.1MPa;温度为 20℃;材料采用 1Cr18Ni9Ti,其屈服强度为 205MPa;给各个单元赋予相应的密度、弹性模量等属性,并给整个薄壳赋予相应的板厚(6mm)。提交运算,求解后,盒形壳体的应力和应变分别如图 5.10 和图 5.11 所示(应力的单位为 Pa,应变的单位为 m)。

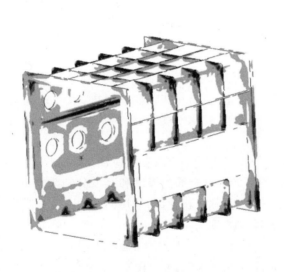

2.96×10^8	
2.76×10^8	
2.57×10^8	
2.37×10^8	
2.17×10^8	
1.98×10^8	
1.78×10^8	
1.58×10^8	
1.38×10^8	
1.19×10^8	
9.91×10^7	
7.93×10^7	
5.96×10^7	
3.99×10^7	
2.02×10^7	
4.86×10^5	

图 5.10 真空腔负压时的应力

由图 5.10 可知,真空腔壳体的最大应力为 196MPa,已接近于材料的屈服强度。产生如此大的应力主要是由于壳体一侧同时有两个风机进出流道的大面积开口,使结构强度下降很大,而手工设计时仍然按一块完整板块考虑所致。最大应力的位置是在法兰与板的焊接连接处,这是非常危险的。由于焊接件在冷热加工过程中会产生一定的残余应力[22-24],在屈服极限附近存在残余应力会表现出很大的有害作用,将降低构件的实际强度、降低疲劳极限、造成应力腐蚀和脆性断裂等[25]。

由图 5.11 得知真空腔壳体的最大变形量为 2.34mm,其位置是在安装放

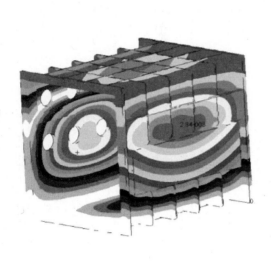

$$2.34\times10^{-3}$$
$$2.18\times10^{-3}$$
$$2.03\times10^{-3}$$
$$1.87\times10^{-3}$$
$$1.71\times10^{-3}$$
$$1.56\times10^{-3}$$
$$1.40\times10^{-3}$$
$$1.25\times10^{-3}$$
$$1.09\times10^{-3}$$
$$9.35\times10^{-4}$$
$$7.79\times10^{-4}$$
$$6.23\times10^{-4}$$
$$4.67\times10^{-4}$$
$$3.12\times10^{-4}$$
$$1.56\times10^{-4}$$

图 5.11　真空腔负压时的应变

电腔法兰上。由于放电腔为电学系统装置,结构设计难以达到很高的结构强度,通常要求安装基础面为稳定平面。如此法兰变形过大,会导致放电腔因受力过大而产生较大变形,使放电电极发生变形,将对放电稳定性产生较大影响。

采取的优化措施是,对有较大应力的地方改变相应加强筋的尺寸,将横筋的厚度和高度分别改为 10mm 和 50mm,竖筋的厚度和高度分别改为 12mm 和 60mm,再于最大变形处增加一道加强筋。优化后,利用同样的方法过程再进行分析,应力和应变结果如图 5.12 和图 5.13 所示。

由图 5.12 和图 5.13 可知,优化后,真空腔壳体的最大应力降至 153MPa,最大变形降至 1.67mm,能够满足正常使用要求。图 5.14 为优化后的壳体模型图。

3) 壳体实物变形检测

为检验模拟分析的准确性,对加工出并按使用状态装配后的真空腔壳体,在极限真空状态下采用电阻式应变片与单臂桥路电路进行应变检测[26,27],图 5.15 为其测量原理图。

结构的变形使应变片的阻值发生变化,阻值的变化量转化电压的变化,输出电压经放大转换电路转换成结构的变形量。按照图 5.13 的应变计算结果,在变形量最大的位置附近选择多个相应的检测点。经过测量,真空腔的最大变形量为 1.62mm,与模拟分析结果 1.67mm 相比,误差低于 3%,证明分析结果的准确性很高。

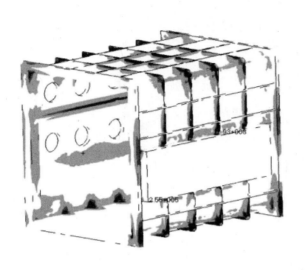

1.93×10^8
1.80×10^8
1.68×10^8
1.55×10^8
1.42×10^8
1.29×10^8
1.16×10^8
1.03×10^8
9.04×10^7
7.75×10^7
6.46×10^7
5.18×10^7
3.89×10^7
2.60×10^7
1.31×10^7
2.55×10^6

图 5.12　优化后真空腔负压时的应力

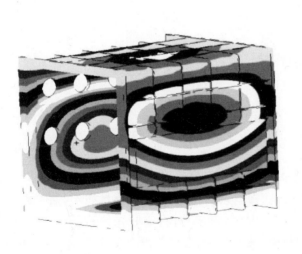

1.67×10^{-3}
1.56×10^{-3}
1.45×10^{-3}
1.34×10^{-3}
1.23×10^{-3}
1.11×10^{-3}
1.00×10^{-3}
8.91×10^{-4}
7.80×10^{-4}
6.68×10^{-4}
5.57×10^{-4}
4.46×10^{-4}
3.34×10^{-4}
2.23×10^{-4}
1.11×10^{-4}
0

图 5.13　优化后真空腔负压时的应变

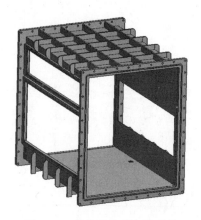

图 5.14　优化后的真空腔壳体

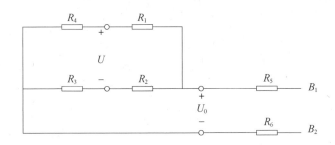

图 5.15　单臂桥路电路

5.2.2　真空腔的密封

1. 真空密封形式

为使工作气体与大气隔绝,构成完整的真空系统,真空腔壳体各开口处与其他部件的连接,应有可靠的密封措施。真空腔的密封性能是真空腔的重要指标,通过密封途径产生的漏气率应在其允许范围之内。合理的密封结构、合适的密封材料是决定真空腔密封性能的关键。

按照密封的连接形式,真空密封可分为可拆密封和不可拆密封。不可拆密封又称永久性密封,如焊接、封接等,真空腔壳体自身的密封就是焊接密封。在可拆真空密封中,按连接件之间是否有相对运动,又可分为静密封和动密封。在非链式脉冲 DF 激光器的真空系统中,真空腔壳体与其他连接零部件之间都不存在相对运动,各连接处的密封形式均为可拆卸的静密封。

常用的静密封材料[28-30]有橡胶密封、氟塑料密封和金属密封等。表 5.2 列出了各种密封材料的特点以及适用的真空场合。

表 5.2　各种密封材料的特点

密封材料	优点	缺点	适用范围
橡胶密封	1. 高弹性、高耐磨性； 2. 适宜的机械强度； 3. 常温下密封可靠、可反复拆卸安装； 4. 易于加工、价格低廉	1. 不能承受高温和低温的环境； 2. 出气率大	低真空和高真空系统
氟塑料密封	1. 化学稳定性好，耐酸碱、不燃烧、不易溶； 2. 电绝缘性能好，可高速切削加工； 3. 能耐200℃工作温度，在100 ~ 120℃之间可长期工作； 4. 出气率较普通橡胶小	1. 力学性能随温度升高急剧变坏； 2. 弹性差； 3. 残余变形大，且当载荷在20MPa时，会被压碎； 4. 温度超过400℃时，分解释放出剧毒气态氟	低真空和高真空系统，有时可用于动密封
金属密封	1. 出气率小； 2. 金属密封的系统和装置可在高温下烘烤除气	1. 弹性差，需施加较大的外界密封力； 2. 重复使用性差； 3. 密封面的粗糙度和配合精度要求高； 4. 密封圈和法兰材料的热膨胀系数相差较大，易引起局部变形而造成漏气	超高真空系统

2. 橡胶密封

在上述三种密封材料中，橡胶是应用最为普遍的密封材料。按 DF 激光器对真空腔密封性能的要求，采用橡胶密封完全能够满足要求，且所有的密封均采用氟橡胶 O 形密封圈。氟橡胶具有耐高温、耐各种介质、常温下透气率小、高扯断强度等特点[31,32]。

O 形密封圈在工作时须达到一定的压缩量才能满足真空密封要求。通常，橡胶的压缩量要求为密封圈截面直径的 15% ~ 30%。密封槽的深度和宽度是影响其压缩量的主要参数，O 形圈常用的密封槽形式主要有矩形、梯形、三角形等，如图 5.16 所示。

矩形槽结构应用的最为普遍，真空腔系统的密封槽均采用矩形形式，其深度和宽度 H_{max} 的计算公式为

$$H_{max} = \beta \sqrt{\frac{D_1}{D_2}}(d - 公差) \qquad (5-8)$$

$$C = \rho \sqrt{\frac{D_1}{D_2}}(d - 公差) \qquad (5-9)$$

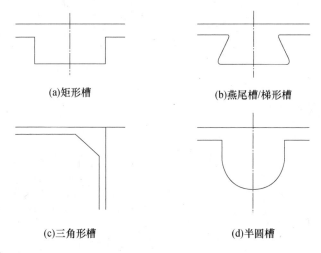

(a)矩形槽   (b)燕尾槽/梯形槽

(c)三角形槽   (d)半圆槽

图 5.16 密封槽形式

式中:H_{max} 为允许的最大槽深;D_1 为自由状态下 O 形圈内径;D_2 为压缩状态 O 形圈内径;D 为 O 形圈截面直径;β 为槽深系数,与橡胶的高度系数相等,$\beta = H/d$,H 为密封圈压缩后的高度,可根据密封圈的压缩量计算;C 为对应于 H_{max} 的槽宽;ρ 为槽宽系数,$\rho = C/d$。

密封圈被压缩时在槽内向两侧自由伸展,其接触面积为

$$B = 2.2(1.02 - \beta)d \qquad (5-10)$$

当密封圈被压缩到一定高度时所需要的压力为

$$\sigma = 1.1(1.02 - \beta)E \qquad (5-11)$$

式中:E 为橡胶材料的弹性模量(MPa)。

除特殊用途的密封圈外,常用的密封圈和密封槽的尺寸已经标准化,使用时可根据要求查找相应的标准化手册。

5.2.3 真空泵选型

真空泵是真空系统不可或缺的部件,其主要作用是将腔内的气体抽到腔外,使腔内形成真空环境。真空泵大体可分为机械真空泵、蒸汽流真空泵、气体捕集真空泵等。机械式真空泵是最普遍的一种真空泵,常用的机械泵有以下几种。

1. 往复式真空泵

往复式真空泵由于存在活塞结构,又被称为活塞式真空泵,单级的极限真空为 $4 \times 10^2 \sim 10^3 Pa$,双级可达 1Pa。往复式真空泵可用于真空处理、真空结晶、真空干燥等,但不适用于抽除腐蚀性气体或含有颗粒状灰尘的气体。

2. 液环式真空泵

利用转子旋转在泵体内形成液体环,液体环与腔体间容积发生变化而形成

吸气与排气。液环式真空泵中常用的是水环式真空泵,即液体容器中充入的是水。水环式真空泵结构简单、制造容易、耐久性强,可用于恶劣的环境中,例如可以抽腐蚀性、含有灰尘的气体。其单级的极限压力为 $8 \times 10^3 \sim 2 \times 10^3 Pa$,双级可达 $2 \times 10^3 \sim 4 \times 10^3 Pa$。

除水环式真空泵外,油环式真空泵也是常用的一种,它在工作时用变压器油代替了水。

3. 油封式旋转机械真空泵

油封式真空泵按结构型式的不同可分为定片式、旋片式、滑阀式以及直联式四种,顾名思义是以油作为转子与腔体间的密封介质。该类真空泵极限压力通常为 $6 \times 10^{-2} \sim 1 \times 10^{-2} Pa$ 左右,其中以旋片式应用最多,直联旋片式真空泵具有体积小、振动小、噪声小、运转可靠等优点,已成为市场上应用最多的真空泵产品之一。

4. 罗茨式真空泵

其工作原理与罗茨式鼓风机相似,都是利用两个"8"字形转子在泵体内的旋转而产生吸气和排气过程,罗茨真空泵一般工作在低压力范围内,因此它的压缩比较大,极限压力可以达到 $5 \times 10^{-2} \sim 1 \times 10^{-2} Pa$,抽气速率可达到 20000L/s。由于转子与泵体、转子与转子时间互不接触,因此不需要油润滑。

5. 涡轮分子泵

一种超高真空机械泵,极限压力可达到 $10^{-9} Pa$。涡轮分子泵工作时,需在其前一级配置其他的泵,且前级泵的容量、转速、气体的种类等决定着涡轮分子泵的极限压力、抽气速率等性能。涡轮分子泵主要应用在高能加速器、核聚变反应装置、太空环境模拟等高真空或超高真空设备上。被抽气体的分子量越小,抽速越大,但对大分子量的气体有较高的压缩比。

6. 干式真空泵

干式真空泵相对于油封式机械泵而言,又称无油真空泵。它的工作压力范围在 $10^5 \sim 10^{-2} Pa$ 之间,工作时,不使用任何油类和液体,被抽气体可直接排到大气中。油封式机械泵的残余气体主要是碳氢化合物,而干式泵的残余气体主要是空气。

DF 激光器的工作气体为 SF_6 和 D_2 的混合物,工作气压为 8100Pa。在充入工作气体前,真空腔的真空度要求不超过 0.1Pa。综合泵的极限压力、抽气速率以及功耗等多种因素,选用直联式旋片机械真空泵作为激光器的抽真空设备,表 5.3 中列出了其部分性能参数。

表 5.3 直联式旋片真空泵

抽气速率/(L/s)	极限压力/Pa	功率/W	转速/(r/min)
8	6×10^{-2}	1100	1400

5.2.4 真空计与漏率

1. 真空计

真空计是测量真空度的仪器,由真空规和控制线路等组成。真空规分为绝对真空规(从被测的物理量直接计算出气体压力)和相对真空规(根据输入信号与被测气体压力的关系,通过真空测量标准的校准来确定)两大类。按照工作原理的不同,真空规又可分为液压式真空规、弹性变形真空规、热传导真空规、辐射计型真空规、粘滞性真空规及电离真空规等。

综合考虑 DF 激光器真空腔初始真空度要求、SF_6/D_2 混合工作气体的特性与工作压力以及各类真空规的特点与适用范围,真空测量采用"双规式",即采用圆筒型电离规用于真空腔充气前抽真空的测量,采用弹性变形真空规类别中的压阻式真空规作为充入混合工作气体压力的测量。

2.. 真空腔漏率

真空腔系统除满足一定的真空度要求外,其漏气速率也不得超过规定的限值。单位时间内高压端流向低压端的气体量叫做漏气速率,简称漏率[33-36]。真空系统的漏气是绝对的,不漏气则是相对的。产生漏气的原因在于,结构中存在各种各样的漏孔,而且这些漏孔有时是不可避免的。漏孔的产生主要是因为:

(1)焊缝的缺陷。

(2)材料内部有气孔、夹渣或裂缝。

(3)密封圈压不实或表面破损。

(4)密封槽表面粗糙度过大或存在加工划痕。

(5)材料腐蚀后形成的缺陷。

真空系统除因压力差引起的漏气外,系统本身还存在着虚漏。材料表面的出气、各种材料的蒸气、气体的渗透以及系统死角中残存的气体等都是产生虚漏的原因。漏气、虚漏与抽气之间的关系可表示为

$$P = \frac{1}{S}\left(Q_0 + \sum Q_i\right) + P_0 \qquad (5-12)$$

式中:P 为真空系统的压力;P_0 为真空泵的极限压力;S 为系统的抽气速率;Q_0 为系统由于内外的压力差引起的总漏率;$\sum Q_i$ 为虚漏引起的漏率。

系统的漏率随时间和压力的变化而变化。当系统达到规定真空度的最初阶段,系统内外的压力差最大,此时其漏率也最大。当经过一定时间后,内外压差逐渐减小,加上密封圈的作用,其漏率也随着减小[36]。通常我们所说的漏率是指系统的平均漏率,即单位时间内真空系统压力的减小量。

5.3　气体循环冷却系统

气体以一定的速度和分布均匀性通过放电区是脉冲激光器实现重复频率运转的前提,且稳定的放电频率与气体的速度大小成正比[37]。DF 激光器的电光转换效率大约为 3%,绝大多数的能量转化成热能。这些热能一方面使气体温度升高,体积膨胀;另一方面使混合气体发生反应,生成有害于稳定放电和激光输出的物质。因此,气体循环冷却系统应满足:在两个放电间隔内,放电后的气体要完全移出放电区,并将放电后的高温气体冷却到适宜的工作温度。为使进入放电区的气流具有较好的分布均匀性,需要在放电区的入口和出口设置必要的导流装置,避免因流线突变而产生较大的涡流[38-43]。

完整的气体循环冷却系统包括:风机、流道、换热器和附加导流装置等。

5.3.1　气体循环流场结构

脉冲气体激光器中,放电区气体的速度影响重复频率,气流分布的均匀性影响放电注入能量与激光输出能量。气体循环流道的作用就是为循环流动的气体提供顺畅的通道,减小流动过程中的压力损失,使气体到达放电区时具有合适的速度和较高的分布均匀性。但气体在运动过程中,仍然在一定程度上会受到流道的阻力作用,从而使动量减小,能量降低。气体运动过程中所受的阻力主要包括沿程阻力和局部阻力[44],也有可能存在系统附加阻力[45]。系统附加阻力是流道结构布置对风机性能的影响而产生的,当流场因结构限制使风机出口管路达不到有效管路的结构要求,或风机进口管路的结构不能使气流均匀进入时,风机的气体动力学特性发生改变,从而不能发挥出全部气动潜力,使其性能降低。从图 5.3 主机结构布局可看出,风机因设置在腔外,其进出口管路有足够的空间位置,可以满足规范布置要求,故附加阻力可以忽略。

对流道结构的设计,不仅要考虑气体的运动状态(层流或湍流,与雷诺数 Re 有关)、压力损失以及气流均匀性等因素,还要考虑流道结构的强度、刚度以及加工工艺性等因素。

合理的流道结构应尽可能符合流线形设计原则,尽量减少涡流的产生以及减轻速度的重新分布,使管路中的沿程阻力和局部阻力最小。此外,还要与换热器和分子筛等装置有良好的结合。设计出的放电引发非链式脉冲 DF 激光器流场结构如图 5.17 所示。

图 5.17 中,真空腔内气体的完整通道由左上流道、右上流道、下流道、放电腔、换热器以及分子筛组件等组成。两组换热器分别放置在放电腔的前端和后端,这样可以使风机不致吸入温度过高的气体,也有利于气体的充分冷却,还可

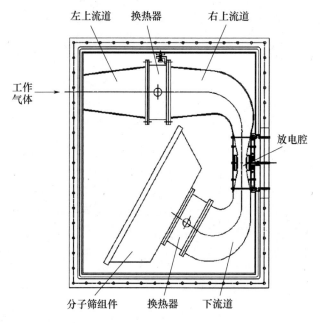

图 5.17　非链式脉冲 DF 激光器流场结构

保证放电区气体同时具有良好的流速与温度分布均匀性。右上流道和下流道与放电腔连接的部位采用渐缩与渐扩结构,使其与放电腔内的流道形状十分接近,以有效减少涡流的产生。分子筛组件放置在下部换热器的后端,采用渐扩方式,使分子筛通气截面尺寸最大化,以大幅度降低气体速度,不仅可使气体与分子筛充分接触,提高分子筛的吸附效率,而且也可减少流经分子筛时的压力损失。

5.3.2　附加导流装置

　　附加导流装置是除正常的流道外,在流场中有特殊要求的地方设置。并非所有激光器流场都需要设置附加导流装置。气体激光器要求放电电极前后与两端头位置的气流有很高的分布均匀性,而 DF 激光器由于放电腔结构的特殊性,其主放电电极两端并未设计留有延伸足够长的绝缘与导流空间,因此需要在放电腔两端,按放电腔内流场结构的相同形状来设置附加导流装置,以满足放电工作要求。

　　DF 激光器放电腔截面结构如图 5.18 所示。

　　气体激光器放电电极两端头较难实现均

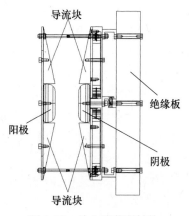

图 5.18　放电腔截面结构

匀电场电极结构,加之通过的气流更易于产生湍流,影响电极端部气体的均匀性分布[46],从而产生弧光放电,严重影响激光器正常工作。而放电腔两端与光学谐振腔的输出镜与反射镜直接对应,由于放电后气体的膨胀作用,也易于将放电产生的杂质吹附到腔镜特别是 ZnSe 输出镜上,污染后再经激光照射会使使用寿命大大降低甚至短时间损坏。

为避免发生上述情况,在放电腔两端各增加一段导流装置,即为高压放电提供足够的绝缘距离,也可以减轻电极端部湍流的产生。图 5.19 为附加导流装置。

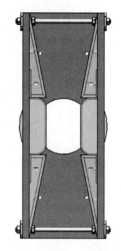

从图 5.19 可看出,附加导流装置采用与放电腔截面完全相同的结构,使进出工作气体的运动状态与放电区保持一致,避免在电极端部产生较大的漩涡。装置框架支撑板采用环氧层压玻璃丝布板绝缘材料,中间仿放电区结构采用耐高温绝缘良好的聚四氟乙稀。为使放电产生的杂质不易喷溅到两端腔镜上,在距电极端头的远端通过波纹管与两端腔镜安装座连接,构成相对封闭的盲端,其内部相对静止的工作气体对放电后的气体向腔镜方向膨胀有较大的阻碍作

图 5.19　附加导流装置

用,从而减小腔镜被污染的可能。由于波纹管通常为金属不锈钢材料,而 DF 激光器气体放电电压最高达 100kV,若波纹管端法兰距离电极较近,两者之间则易于产生气体击穿,影响放电稳定性。设计附加导流装置长度为 248mm,满足高压放电的绝缘距离要求。

图 5.20 为流场三维模型图。可看出放电腔两端设置有附加导流装置,附加导流装置外侧有与波纹管连接的法兰座,连接后与腔镜间形成相对密闭的空间。各流道截面沿光轴方向的长度与放电腔和两个附加导流装置安装后的长度相等,构成完整气流循环通道。因放电腔电极长度为 680mm,两端加上附加导流装置后,流道沿光轴方向的长度达到 1176mm。因结构跨度相对较大,为保证流道结构刚度,设计选用厚度为 2mm 的板材进行焊接制作。

流道结构轮廓尺寸确定后,换热器与分子筛的迎风截面尺寸也可确定,以此可作为二者结构设计的依据。

5.3.3　板翅式换热器

换热器是 DF 激光器气体循环冷却系统中不可缺少的部分,主要作用是冷却放电后的高温气体,使进入放电区的工作气体处于适宜的温度范围。实验表明,不同温度的工作气体所产生的 DF 激光脉冲能量不同,如图 5.21 所示。

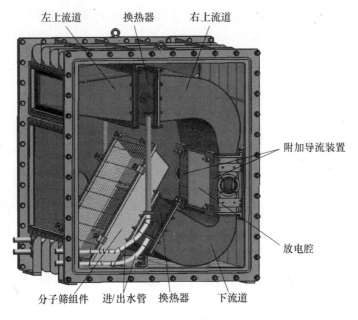

图 5.20　流场三维模型图

图 5.21 中,工作气体的比例为 SF_6: $D_2 = 8 : 1$,工作气压为 8.1kPa。从图 5.21 中曲线可以看出,在一定的温度范围内,激光脉冲能量基本保持不变。当工作气体温度超过 23℃时,激光脉冲能量开始下降,当达到 40℃时,脉冲能量降低了 13%。产生这种现象的原理是,由于气体分子的无规则运动随温度的升高而加剧,导致电子平均自由程减小,使高能电子数量会随之减少,而通过高能电子解离出的 F 原子数量也就会减少,从而使激光脉冲能量下降。

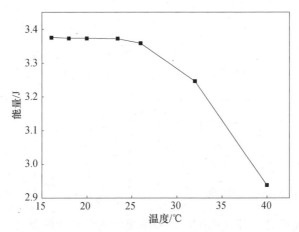

图 5.21　激光脉冲能量随温度变化

在激光器设计中,确定工作气体温度范围为 20 ± 5℃。激光器在 43kV 工作电压下,单脉冲放电后产生的热量约为 96J,将使放电区工作气体温度迅速上升至 60℃左右。为实现重频稳定工作,并保持较高能量的激光输出,必须采用换热器将放电后的高温气体冷却至规定范围内。在进行换热器设计之前,需要初步了解有关传热方面的知识。

1. 传热机理

物体内存在温差是热量传递产生的原因,也就是说在一定的方向上存在温度梯度,温度梯度为热量传递提供动力。热量传递有三种基本形式:导热、对流传热以及热辐射[47]。

1)导热

导热是依靠物体内部分子、原子及自由电子等微观粒子的热运动来传递热量的,是固体传热的主要形式。图 5.22 中,固体的壁厚为 b,表面面积为 A,其两表面的温度保持为 t_1,t_2。根据傅里叶定律,单位时间内通过一微元层 dx 的导热热量为

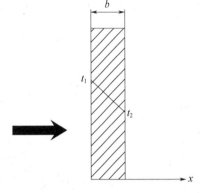

$$\varPhi = -\lambda A \frac{dt}{dx} \qquad (5-13)$$

式中:λ 为热导率,又称导热系数;负号表示热量方向与温度升高的方向相反。当温度沿 x 方向增加时,$\frac{dt}{dx} > 0$,$\varPhi < 0$,热量沿 x 减

图 5.22　固体中的导热

小的方向传递;反之,当 $\frac{dt}{dx} < 0$ 时,$\varPhi > 0$,热量沿 x 增大的方向传递。表 5.4 给出了一些常用材料的导热系数。

表 5.4　固体的导热系数 λ(20℃)

材料名称	$\lambda / (W/(m \cdot K))$
铜	292
铝	133 ~ 165
埃弗无缝黄铜	88.5
铝砷高强度黄铜	100
90/10 铜镍锰合金	39.7
80/20 铜镍锰合金	32.5
70/30 铜镍锰合金	25.2
钛	14.4

(续)

材料名称	$\lambda/(W/(m \cdot K))$
钢管	40 ~ 55
镍管	77.5
铅	28.7(在100℃) 25.6(在300℃)

2）对流传热

对流传热是流体间进行热传递的主要方式。对流传热过程中,流体中各个部分发生相对位移,且分子之间发生不规则的热运动,因而对流传热中必然也存在着导热现象。对流传热包括自然对流传热和强制对流传热。由于流体冷、热各部分的密度不同而引起的流动称为自然对流,例如家用暖气片的散热过程。由于外界设备(如泵、风机等)提供的压差作用引起的流体流动称为强制对流,例如制冷系统冷凝器的对流传热。

对流传热的热量一般按牛顿冷却公式来计算,当流体被加热时：

$$\varPhi = hA(t_w - t_f) \tag{5-14}$$

当流体被冷却时：

$$\varPhi = hA(t_f - t_w) \tag{5-15}$$

式中：t_w 为壁面温度；t_f 为流体温度；系数 h 为表面传热系数,单位是 $W/(m^2 \cdot K)$,它的大小取决于流体本身的物理性质以及换热表面的形状、大小与位置,而且流速的大小对其也有一定的影响。表 5.5 给出了对流传热过程中,几种流体表面传热系数的大致取值范围。

表 5.5 表面传热系数的大致取值范围

传热过程		$h/(W/(m^2 \cdot K))$
自然对流	空气	1 ~ 10
	水	200 ~ 1000
强制对流	空气	20 ~ 100
	高压水蒸气	500 ~ 35000
	水	1000 ~ 1500
水的相变换热	沸腾	2500 ~ 35000
	蒸汽凝结	5000 ~ 25000

3）热辐射

热辐射是通过物体发出的电磁波来传递热量的。它与导热和对流传热不同,热辐射可以不经过物质而在真空中传递。而且它在转移能量的同时,还伴随着能量形式的转化。在发射时,热能转化成辐射能；吸收时,辐射能又转化成

热能。物体发生辐射传热时的计算公式为

$$\Phi = \varepsilon A \sigma T^4 \qquad (5-16)$$

式中：T 为物体的热力学温度，K；σ 为斯忒藩 – 玻耳兹曼常量，5.6×10^{-8} W/($m^2 \cdot K$)；A 为辐射表面积；ε 为物体的发射率，又称为黑度，其值总小于 1。

上述三种传热方式在实际过程中很少单独出现，往往是几种传热过程相互串联或并联，同一传热过程中伴随着不同的传热方式。例如，暖气片工作时的传热过程如图 5.23 所示。

图 5.23　暖气片的传热过程

2. 换热器设计方法

板翅式换热器换热效率高、结构紧凑、真空性能好，具有非常高的传热面积密度（某侧传热面积/同侧流道体积）。由于翅片之间形成的多孔结构还可显著改善流体运动的分布特性，使之更加均匀。

1）板翅式换热器结构参数

板翅式换热器主要由翅片、隔板、封条和导流片等组成。翅片、导流片和封条放置在两层隔板之间，就形成了流体的通道。将所有的通道叠加起来，并通过钎焊使之成为一个整体。这种整体通道被称作板束，它是板翅式换热器的核心，如图 5.24 所示。将多个板束按照串联或者并联的方式组合在一起，再加上必要的接头、支撑等就形成了完整的换热器。

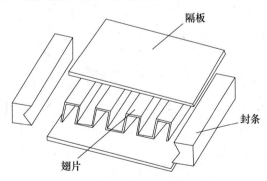

图 5.24　板翅式换热器的板束结构

（1）翅片。板翅式换热器主要通过翅片的导热以及翅片与流体的对流来完成热量的传递。它的主要作用有扩大传热面积、提高传热效率以及提高结构的强度和刚度等。常用的翅片形式有平直翅片、锯齿形翅片、打孔翅片、波纹翅片等，如图 5.25 所示。

以平直翅片为例，介绍板翅式换热器相关结构参数的计算方法。平直翅片的几何尺寸如图 5.26 所示。

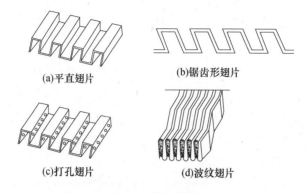

(a)平直翅片　　　　　(b)锯齿形翅片

(c)打孔翅片　　　　　(d)波纹翅片

图 5.25　板翅式换热器的翅片形式

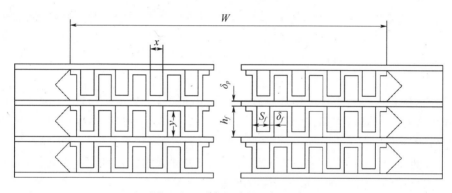

图 5.26　平直翅片的几何尺寸

图 5.26 中，h_f 为翅片高度；δ_f 为翅片厚度；S_f 为翅片间距；δ_p 为隔板厚度；W 为翅片有效宽度；x 为翅内距；y 为翅内高。以上参数可通过查阅相应的标准来确定[48]。根据以上几何尺寸的关系，翅片的结构参数可采用以下公式来计算：

$$r_h = \frac{A}{U} = \frac{xy}{2(x+y)} \qquad (5-17)$$

流道的当量直径：

$$d_e = 4r_h = \frac{2xy}{x+y} \qquad (5-18)$$

每层通道的流通截面积：

$$A_i = \frac{xyW}{S_f} \qquad (5-19)$$

每层通道传热表面积：

$$F_i = \frac{2(x+y)WL}{S_f} \qquad (5-20)$$

n 层通道自由流通截面积：

$$A = \frac{xyWn}{S_f} \qquad (5-21)$$

n 层通道传热表面积：

$$F_I = \frac{2(x+y)WLn}{S_f} \qquad (5-22)$$

一次表面面积：

$$F_b = \frac{x}{x+y}F \qquad (5-23)$$

二次表面面积：

$$F_f = \frac{y}{x+y}F \qquad (5-24)$$

（2）隔板。如图 5.24 所示,隔板的作用主要是分隔板束使之形成流道,同时承受来自相邻流道流体的压力。由于它与流体直接接触,起到一次换热表面的作用,因此隔板的厚度在满足承压能力的同时应尽可能薄。为方便隔板与翅片、封条的焊接,一般在其表面涂上一层铝硅合金作为焊料。

板翅式换热器由隔板分隔成的流道具有多种组合形式,包括逆流、错流、多股流以及多程流等,如图 5.27 所示。

图 5.27 中,逆流的布置形式最为普遍;错流形式中,流体的自由流通截面积较大,且流道较短;多股流布置形式多用于多种不同的流体同时进行换热;当流体的压力差相差较大时,常采用多程流的布置形式,且在高压一侧,为保持较高的流速,一般采用多回路、小截面的流道。

（3）封条。封条位于通道的四周,主要作用是分割、封闭流道。其常用的结构形式如图 5.28 所示,主要有矩形、燕尾形以及燕尾槽形等。为方便封条与隔板的焊接,封条的上下面一般做成斜度约为 3% 的斜面。

（4）导流片。在板翅式换热器流道的两端,都装有导流片。在进口管,导流片引导流体均匀地分布在流道之中。在出口管,导流片将流出的流体汇集到封头,经出口管排出。由于导流片自身的结构特点,它不仅对翅片起到一定的保护作用,还可避免流道因涡流造成的堵塞。设计导流片时,通常按照以下的准则:

① 保证流体在通道中均匀分布,使流体顺利进入管道,并顺利通过出口管排出。

② 应使导流片对流体产生的阻力最小。

③ 其耐压强度应与板束的强度相匹配。

④ 便于加工制造。

布置导流片时,应充分考虑封头与换热器的结构形式。而且在设计封头

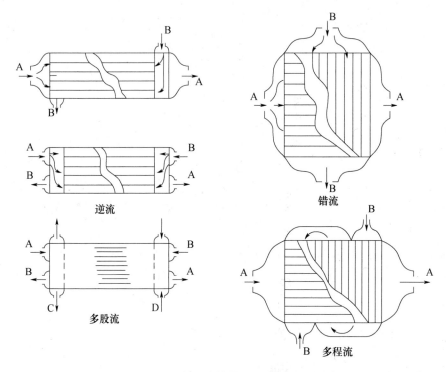

图 5.27　板翅式换热器流道布置形式

(a)矩形　　　　　　　(b)燕尾形　　　　　　　(c)燕尾槽形

图 5.28　封条结构形式

时,还应考虑流体的工作压力、股数、流道布置以及流道之间是否存在切换等。图 5.29 给出了几种导流片的布置形式。

2)板翅式换热器设计计算方法

板翅式换热器换热中心结构的设计通常采用专用的设计方法,相关计算公式如下:

$$\Delta t_m = (\Delta t_1 - \Delta t_2)\varepsilon_{\Delta t}/\ln(\Delta t_1/\Delta t_2) \qquad (5-25)$$

$$Q = U_a A \Delta t_m \qquad (5-26)$$

$$h = j_H(Gc)(c\mu/k)^{-2/3} \qquad (5-27)$$

$$1/U_a = 1/h_a + 1/h_s(A_{eff,a}/A_{eff,s}) \qquad (5-28)$$

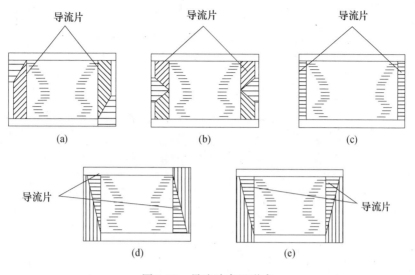

图 5.29　导流片布置形式

式（5-25）为对数平均温差计算方程，其中，Δt_m 为对数平均温差，Δt_1 和 Δt_2 分别为换热器进出口处流体的温度差，$\varepsilon_{\Delta t}$ 为温差修正系数。式（5-26）为总的传热方程，其中，Q 为总的传热量，A 为总的传热面积，U_a 为传热系数，由式（5-28）确定。式（5-27）为界膜导热系数方程，其中，c、μ、k 分别为流体的比热容、粘度和导热系数；j_H 和 G 分别为传热因子和最小流道的质量流量。式（5-28）中，h_a 和 h_s 分别为气体侧和液体侧的界膜导热系数，$A_{\text{eff},a}$ 和 $A_{\text{eff},s}$ 为其对应的有效传热面积。

如图 5.30 所示为板翅式换热器具体设计计算的程序框图。

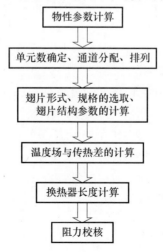

图 5.30　板翅式换热器计算过程

DF 激光器主机采用两台结构参数完全相同的板翅式换热器。翅片采用波纹形式,具有很大的换热系数与传热面积;流道结构采用错流布置形式,工作气体与冷却液流动方向互相垂直,为减小压力损失,气侧迎风截面尺寸尽可能设计大一些以减小气流速度。因篇幅所限,具体设计过程不作叙述。图 5.31 为设计加工出的板翅式换热器实物图。

图 5.31　板翅式换热器实物

5.3.4　流场压力损失

流场的压力损失就是指气流从风机出口到风机入口所受到的流场阻力的总和,直观地说是风机出口处气体总压与风机入口处气体总压之差。某处的气体总压是指该位置气体的静压与动压之和,对于如图 5.3 所示的非链式脉冲 DF 激光器主机流场,由于风机进出口管道的口径是相同的,故气体流速也相同,则气体的动压相同,故压力损失只是风机出口与入口处的气体静压之差。准确计算出流场的压力损失,是选择合适的风机参数、保证放电区气体流速满足设计要求的关键。

下面介绍压力损失计算通常涉及的参数与计算方法。

1. 气体流量与特性参数

流场中的任一截面通过的气体质量流量是相等的,可见以质量流量作为计算参数是最为准确的。由于非链式脉冲 DF 激光器的主机流场压力损失预计不会很大,气体压缩程度很低,可以近似认为任一截面通过的气体体积流量为相等的,因此通常采用体积流量来近似代替质量流量。

流场中气体的体积流量通过放电区气体流速与气流通道截面来确定。

气体连续流动通过放电区时,激光器理论上可达到的最高脉冲重复频率由式(5-29)给出:

$$f_{\lim} = V/A \qquad (5-29)$$

式中:V 为流速;A 为流速方向放电区宽度。考虑到气动与电场干扰,实际可以运行的重复频率一般要小一些,为最高重复频率(在某一特定流速)除以因子 K (K 的物理意义即两个脉冲间隔内气体冲洗放电区的次数,称为"清洗系数"):

$$f = f_{\lim}/K \tag{5-30}$$

清洗系数 K 依赖于几个方面的因素:总电极宽度和放电区宽度的几何比例、能量注入区域气动膨胀、由于介质热传导引起的热气体逆流、电极的热边界层存在、放电间隙流场轮廓、近电极区的振动干扰等。其他的因素如冲击波对气体的加热、共鸣声波的存在等,在脉冲重复频率低于 100Hz 时通常不需要考虑。

横向电极尺寸与放电区宽度典型比例一般约为 2(包括带边缘倒角的平板电极、Stepperch 或 Rogowsky 电极),清洗系数通常取 $K \geqslant 1.5$。考虑到气体动力学膨胀和附带的热气流,在中等能量注入条件下,K 值一般可以取为 2。如再考虑到热边界层和气流分布均匀性,这个系数还需要增加,在脉冲重复频率低于 100Hz 时可能达到 3,这种情况下,气体的流速为

$$V = 3 \times f \times A \tag{5-31}$$

在放电引发非链式脉冲 DF 激光器中,脉冲频率为 $f = 50$Hz,$A = 50$mm,经计算放电区气体流速必须达到 $V = 7.5$m/s 时才能实现稳定的自持体放电。为使重复频率有一定的余量,以及保证气体完全移出放电区,清洗系数 K 取为 6,此时放电区气体流速要求为 15m/s。

计算放电区气体流速与该位置气流通道截面面积的乘积,可得出流场中的气体流量。以此流量为依据即可求得出流场中任何已知截面尺寸位置处的气体流速,并可通过下述公式来确定气体的雷诺数。

雷诺数 Re 表征的是惯性力与粘性力之比,是区别层流和湍流的依据。其表达式为

$$Re = \frac{vd}{\nu} \tag{5-32}$$

式中:v 为流体的速度;d 为当量直径;ν 为流体的运动粘度。其中:

$$d = 4\frac{A}{S} \tag{5-33}$$

式中:A 为管道中过流断面面积;S 为过流断面上流体与管道的接触周长。当 $Re < 2320$ 时,管道中是层流;当 $Re > 2320$ 时,管道中是湍流。

在放电引发非链式脉冲 DF 激光器中,放电腔电极(图 5.32)的放电间距为 50mm,放电区气流通道长度为 1176mm,采用式(5-33)计算得放电区截面当量直径约为 96mm。混合工作气体的运动粘度为 2.41×10^{-6} m²/s。代入式(5-32)可计算得气体的雷诺数为 $Re = 5.98 \times 10^{5}$。由此可见,放电区工作气体处于湍流状态。

2. 流场压力损失确定方法

DF 激光器主机流场的压力损失包括沿程损失和局部损失。

1）沿程损失

由于流体与管壁以及流体本身的内部摩擦,使得流体能量沿流动方向逐渐降低,这种引起能量损失的原因叫做沿程损失。其表达式为

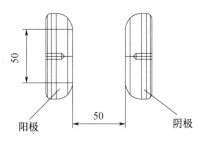

图 5.32　放电腔电极结构形状

$$h_f = \lambda \, \frac{l}{d} \, \frac{v^2}{2g} \qquad\qquad (5-34)$$

式中:λ 为沿程阻力系数;l 为管道长度;d 为当量直径,见式(5-33);v 为流体速度。

2）局部损失

气体在激光器整个流场的运动过程中,会经过多处流道截面变化、方向改变,以及还有换热器、分子筛等附加的局部装置,这些位置不可避免地会产生局部阻力。气体这类局部压力损失主要来源于产生的涡流和速度的重新分布。压力损失表达式为

$$h_f = \lambda \, \frac{l}{d} \, \frac{v^2}{2g} \qquad\qquad (5-35)$$

式中:λ 为局部阻力系数,它与局部结构形式有关。

3）压力损失确定方法

流场压力损失的确定通常有手工计算法、实验法和数值模拟法。

（1）手工计算法。手工计算法是以往确定压力损失常用的方法。首先,按流道的结构特征,将整个流场分为若干段,将每段与设计手册中经实验得来的模型进行比较,然后采用与实验模型对应的压力损失经验公式进行计算。对于非圆形不规则截面形状,采用当量直径法将其转变为圆形截面,还需对转变后的计算精度进行补偿。由于放电引发非链式脉冲 DF 激光器流场结构复杂,形状不规则,手工计算方法的误差会比较大,特别是无法从微观上了解放电区气体的流动状态。

（2）实验法。实验法是按着设计的流场结构,制作出仿真的模型,或对加工出的实物装置进行压力损失测量。方法是在风机的入口和出口处设置压力探头,在有速度要求的地方设置速度探头,在速度达到设计指标的条件下测量风机进出口的压力。此方法简单明了,但需要有高性能可调频实验用风机,而且多数情况下是一种事后的行为,不能在设计阶段就得到流场压力损失数值,还有与手工方法相同的是,既无法确定放电区的气体运动状态,也无法弄清流场结构产生压力损失的大小与原因,从而无法进行准确的对应性改进。而且如

果流道结构复杂,各测量探头的设置也会存在很大的难度,此方法对设备的结构布局、探头的精度要求很高,不可避免地存在测量误差。

(3)计算机模拟仿真法。随着计算机和数值计算方法的发展,新兴的计算流体动力学(Computational Fluid Dynamics,CFD)逐渐成为对流体运动进行精确计算的有利工具[49]。CFD 以经典流体动力学和数值计算方法为基础,以计算机为载体,可快速、精确地分析出复杂流场中流体的运动状态。它兼具理论性和实践性的双重特点,分析结果形象具体且入微。

CFD 分析的对象包括流体的流动和流体中的热传导等物理现象。通过计算机数值计算,分析出的结果以图像的形式直观地显示出来。CFD 求解的原理为:用有限个离散点的变量值代替连续的物理场,如速度场、压力场等。根据各个离散点的变量关系建立相关的代数方程组,通过求解代数方程组得出场变量的近似值。

质量守恒方程、动量守恒方程和能量守恒方程是流体动力学的基本控制方程。质量守恒定律是自然界的基本定律,任何物理现象都必须遵守此定律。对于流体微元,单位时间内增加的质量,等于同一时间内流入与流出质量的差值,其方程为

$$\frac{\partial \rho}{\partial t} + \frac{\partial (\rho u)}{\partial x} + \frac{\partial (\rho v)}{\partial y} + \frac{\partial (\rho w)}{\partial z} = 0 \qquad (5-36)$$

引入向量符号 $\mathrm{div}(\boldsymbol{a}) = \frac{\partial a_x}{\partial x} + \frac{\partial a_y}{\partial y} + \frac{\partial a_z}{\partial z}$ 方程(5-36)可写成如下形式:

$$\frac{\partial \rho}{\partial t} + \mathrm{div}(\rho \boldsymbol{u}) = 0 \qquad (5-37)$$

动量守恒定律:微元体中流体的动量对时间的变化率等于外界作用在该微元体上的各种力之和。此定律属于牛顿第二定律,根据此定律,流体微元在 x,y 和 z 三个方向的动量守恒方程分别为

$$\frac{\partial (pu)}{\partial t} + \mathrm{div}(pu\boldsymbol{u}) = \frac{\partial p}{\partial x} + \frac{\partial \tau_{xx}}{\partial x} + \frac{\partial \tau_{yx}}{\partial y} + \frac{\partial \tau_{zx}}{\partial z} + F_x$$

$$\frac{\partial (pv)}{\partial t} + \mathrm{div}(pv\boldsymbol{u}) = \frac{\partial p}{\partial y} + \frac{\partial \tau_{xy}}{\partial x} + \frac{\partial \tau_{yy}}{\partial y} + \frac{\partial \tau_{zy}}{\partial z} + F_y \qquad (5-38)$$

$$\frac{\partial (pw)}{\partial t} + \mathrm{div}(pw\boldsymbol{u}) = \frac{\partial p}{\partial z} + \frac{\partial \tau_{xz}}{\partial x} + \frac{\partial \tau_{yz}}{\partial y} + \frac{\partial \tau_{zz}}{\partial z} + F_z$$

该方程又叫 Navie-Stokes 方程,简称 N—S 方程。式中:p 为流体的压力;τ_{xx}、τ_{xy} 和 τ_{xz} 等为粘性应力 τ 的分量,粘性应力由分子的粘性作用产生,作用于流体微元表面;F_x、F_y 和 F_z 为作用在微元体上的体积力在 x,y 和 z 上的分量。

若流体在流动时存在热交换,则流体微元必须遵守能量守恒定律。即微元体中能量的变化量等于微元体增加的净热量与体积力和面积力对微元体所做

功之和。此定律为热力学第一定律,其方程为

$$\frac{\partial(\rho T)}{\partial t} + \mathrm{div}(\rho \boldsymbol{u} T) = \mathrm{div}\left(\frac{k}{c_p}\mathrm{grad}T\right) + S_T \qquad (5-39)$$

该式可改写成

$$\frac{\partial(\rho T)}{\partial t} + \frac{\partial(\rho u T)}{\partial x} + \frac{\partial(\rho v T)}{\partial y} + \frac{\partial(\rho w T)}{\partial z} = \frac{\partial}{\partial x}\left(\frac{k}{c_p}\frac{\partial T}{\partial x}\right) + \frac{\partial}{\partial y}\left(\frac{k}{c_p}\frac{\partial T}{\partial y}\right) + \frac{\partial}{\partial z}\left(\frac{k}{c_p}\frac{\partial T}{\partial z}\right) + S_T$$

$$(5-40)$$

式中:c_p为流体的比热容;T为流体温度;k为流体的传热系数;S_T为流体的内热源,因为它还包括由于粘性作用而产生的流体机械能向热能的转换,因此S_T又被称为粘性耗散项。

如果流体处于湍流状态,那么在满足以上三个基本方程外,还必须满足湍流输运方程:

$$\frac{\partial(\rho k)}{\partial t} + \frac{\partial(\rho k u_i)}{\partial x_i} = \frac{\partial}{\partial x_j}\left[\left(\mu + \frac{\mu_t}{\sigma_\varepsilon}\right)\frac{\partial k}{\partial x_j}\right] + G_k + G_b - \rho_\varepsilon - Y_M S_k \qquad (5-41)$$

$$\frac{\partial(\rho \varepsilon)}{\partial t} + \frac{\partial(\rho \varepsilon u_i)}{\partial x_i} = \frac{\partial}{\partial x_j}\left[\left(\mu + \frac{\mu_t}{\sigma_\varepsilon}\right)\frac{\partial \varepsilon}{\partial x_j}\right] + C_{1\varepsilon}\frac{\varepsilon}{k}(G_k + C_{3\varepsilon}G_b) - C_{2\varepsilon}\rho\frac{\varepsilon^2}{k} + S_\varepsilon$$

$$(5-42)$$

式(5-41)和式(5-42)是标准的$k-\varepsilon$型湍流输运方程。式中:k为湍动能;ε为湍动耗散率;μ_t为湍动粘度,且 $\mu_t = \rho C_\mu \dfrac{k^2}{\varepsilon}$($C_\mu$为经验系数);$G_k$和$G_b$分别为由于平均速度梯度和浮力引起的$k$的产生项;$Y_M$为可压湍流中的脉动扩张量;$C_{1\varepsilon}$、$C_{2\varepsilon}$和$C_{3\varepsilon}$为经验常数;$S_k$和$S_\varepsilon$为根据实际情况定义的源项。

3. 流场压力损失模拟计算示例

下面简要介绍放电引发非链式脉冲 DF 激光器真空腔内流场压力损失模拟计算过程。以图 5.17 的流场结构为原型,去掉独立的分子筛组件,则真空腔内流场的压力损失包括三段流道、两组换热器和放电腔的压力损失之和。

采用的流场数值计算软件是基于 CFD 原理应用广泛的 Fluent,其前处理器采用 Gambit。运用 Fluent 求解流场问题,首先要建立正确的流场结构模型,完善的流场模型是保证精确求解的前提。流场模型建立后,用三维实体网格将其离散化,并对计算域内的所有流体区域和各壁面、进口、出口设置相应的边界条件。流场三维结构模型如图 5.33 所示。

由于激光器的流道结构形状不规则,所以网格划分时采用的是混合型网格,主要由四面体、六面体等组成,特殊位置采用了锥体或楔形体网格。离散化后的三维网格模型如图 5.34 所示。

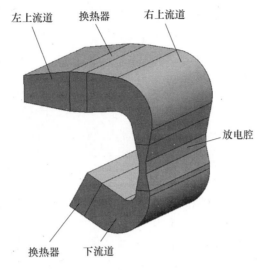

图 5.33　流场结构模型

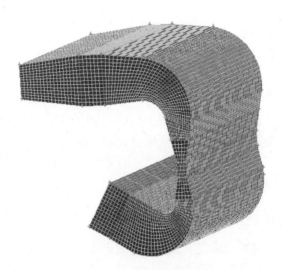

图 5.34　流场三维网络模型

将划分好的网格模型导入到 Fluent,按照计算得出的流场中气体运动状态参数来设定各种计算参数。具体的步骤:①选择三维稳态分离式求解器;②确定计算模型,RNG $k - \varepsilon$ 湍流模块是常用的解决湍流流动问题的计算模块;③指定材料属性,该激光器中,混合气体的密度为 $0.5\mathrm{kg/m^3}$, 运动粘度为 $2.41 \times 10^{-6}\mathrm{m^2/s}$;④设置工作压力和边界条件,该激光器中混合气体的工作压力为 8100Pa,其进口为 velocity - inlet 速度进口,根据流体的连续性方程和放电区气体的流速可推算出左上流道入口处的气体流速为 4.5m/s,出口设为 outflow

103

出流类型;⑤设定求解控制参数,通常是指设定迭代次数、残差等。

将所有的求解参数设定完毕,提交运算。经过迭代计算,流场结构整体的压力分布如图5.35所示。

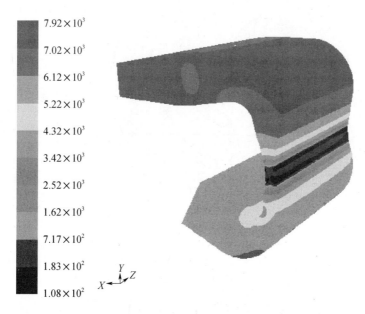

图 5.35 流场压力分布

模拟计算结果表明,该段流场结构从入口到出口的压力损失约为2700Pa。

在提出风机增压参数时,应该依据激光器主机全流场的压力损失来确定,全流场压力损失不仅包括上面计算实例的这段流场结构,还应包括分子筛组件与风机进出口管路的压力损失。

5.3.5 风机参数确定

风机参数选用主要是确定流量与增压两个参数。放电引发非链式脉冲 DF 激光器确定采用离心风机作为工作气体的动力源,由于流场通道截面为狭长的矩形截面,长度方向很长,而在风机选用中得知不论是轴流风机还是离心风机,其出口截面都较小,若采用一台风机,因空间大小的限制,无法设置合适的管路结构使风机出口气流在流道截面的长度方向分布均匀,从而也难以保证放电区气流的均匀性分布要求。因此设计确定采用两台相同结构参数的风机并联设置同步工作,由于是并联,则流场中的气体流量是两台风机输出流量之和,而两台风机的增压指标都需满足全流场压力损失补偿要求。

1. 风机流量指标

流场中工作气体流量用激光器放电区气体速度与截面通道面积来计算。

放电区流道横截面长度设计确定为 1176mm,电极横向放电间距为 50mm,则放电区流道截面面积为

$$A = 0.05\text{m} \times 1.176\text{m} = 0.0588\text{m}^2 \tag{5-43}$$

而气体流速要求为 15m/s,则工作气体的计算流量为

$$\begin{aligned} q &= V \cdot A \\ &= 0.882\text{m}^3/\text{s} \\ &= 3175.2\text{m}^3/\text{h} \end{aligned} \tag{5-44}$$

为满足工作气体流量要求,通常对计算出的流量理论值乘以 10% ~ 20% 的系数,此处取 15% 计算:

$$\begin{aligned} q' &= 1.15q \\ &= 1.15 \times 3175.2\text{m}^3/\text{h} \\ &= 3651.5\text{m}^3/\text{h} \end{aligned} \tag{5-45}$$

式中:q' 为流场要求的流量指标。因采用两台风机,故单台风机的流量指标确定为不低于 1825m³/h。

2. 风机增压指标

确定风机的增压指标,需要有比较准确的流场结构才能进行准确的计算,则必须要将包括风机在内的完整流场结构设计完成才能进行。主要过程是,通过类比分析等方法对全流场压力损失大小进行预估算;以确定的风机流量与初步估算的增压指标来调研选择适用的风机产品类型;按该类风机结构进行全流场结构设计,准确计算全流场压力损失,以此来准确确定风机的增压指标要求。

按确定的风机流量指标与估算的全流场压力损失,初步选择德国贝克公司生产的型号为 SV 6.250 的离心风机(图 5.36)。

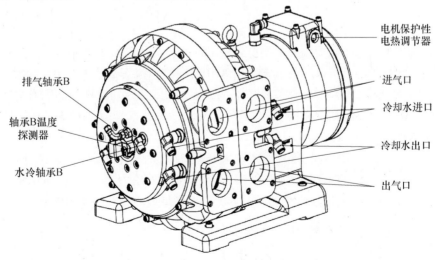

图 5.36　SV6.250 离心风机外形示意图

该风机是快轴流 CO_2 激光器的专用风机,单台风机具有两个进气口和两个出气口,采用水冷方式,进出气口的朝向可根据使用要求的不同进行变换,既可以朝向侧面,也可以朝向上方。其主要参数如表 5.6 所列,从表中可看出,风机流量最大为 $2000m^3/h$,满足设计要求的单台风机流量不低于 $1825m^3/h$。

表 5.6　SV6.250 风机主要性能参数

项目	单位	参数
流量	m^3/h	max 2000
压比		max 1.8
适合的进气口压力	hPa	max 140
额定转速	min^{-1}	18000
漏率	$hPa \cdot L/s$	$< 10^{-5}$
电机最大运行功率	kW	12

选择两台进出气口朝向上方的 SV6.250 风机作为气流动力源,构成完整的放电引发非链式脉冲 DF 激光器全流场结构如图 5.37 所示。两台风机沿流场长度方向排列设置,各 2 共 4 个进气与出气管路沿流场长度方向均匀分布,通过金属波纹管与真空腔相连,波纹管内设置了导流筒以减少湍流的产生。金属波纹管具有柔性特征,在承受一定压力的情况下还能允许较大的变形,用以补偿装配过程中出现的位置误差。风机支架与主机支架分体,四条支腿底部安装有脚轮和调整装置,方便风机在装配或拆卸过程中水平方向位置的移动和垂直方向的位置调整。

由图 5.37 可知,完整的气体流场包括腔内流场和腔外流场两部分。腔内流场由三段流道、两组换热器、放电腔(含附加导流装置)与分子筛组件组成,除分子筛组件的流场压力损失前面已经经 Fluent 模拟计算为 2700Pa,而分子筛组件的压力损失经 Fluent 模拟计算为 1900Pa,则腔内流场压力损失为二者之和 $2700Pa + 1900Pa = 4600Pa$。腔外流场为风机进出气管路,由规则的圆管制成,截面直径为 50mm,经 Fluent 模拟计算压力损失为 600Pa。则全流场压力损失为 $4600Pa + 600Pa = 5200Pa$。

由表 5.6 可知 SV6.250 风机最大压比为 1.8,则在激光器工作气压为 8100Pa 时,能够产生的增压为 6480Pa,大于全流场的压力损失之和 5200Pa。因此,SV6.250 离心风机在流量和压力方面都可满足该激光器的使用要求。

5.3.6　放电区气流均匀性

放电引发非链式脉冲 DF 激光器要实现高重频、大体积均匀稳定的辉光放

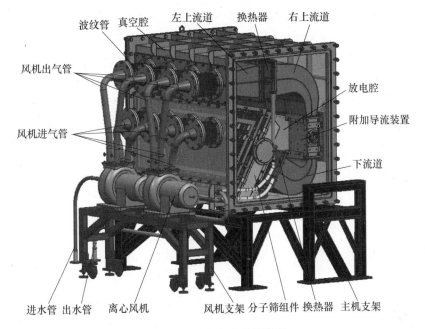

图 5.37　风机和流道的装配

电,放电区的工作气体除必须满足一定的速度外,还要有很高的电场分布均匀性,这就要求放电区气体密度(或压力)也要有很高的分布均匀性,而气体在电极间的流速分布均匀性可作为其密度(或压力)分布均匀性的表征。

人工测量放电区气体流速及分布均匀性仍然采用传统的皮托管方法,一般是在电极间垂直气流方向的截面内设置足够多个皮托管探头,测算出各个探头处的气流速度。这种方法只能测出各个具体测量点的速度,却不能完全反映整个放电区的速度分布情况。假设抛开存在的各种测量误差不谈,即使认定该方法能够较为准确地反映出电极间气流速度分布情况,而如何对结构进行改进以提高分布均匀性也是传统人工方法难于解决的问题。CFD 作为一种全新的数值模拟方法,不仅计算精度高、效率高,而且计算结果形象、具体,可为优化改进提供方便的依据。

针对该激光器的流场结构,运用 CFD 模拟分析出放电区气体的流速大小以及流速在纵向(光轴方向)和横向(同时垂直光轴与气流方向)的分布,分析其影响因素对流场进行改进优化,保证放电区气体的流速和分布均匀性达到规定的设计要求。此激光器气体流速在纵向的分布不均匀度要求低于8%,横向分布不均匀度要求低于6%。

1. 气流均匀性模拟分析

由图 5.3 主机流场结构可知,气流从风机出口管路流出,经过左上流道后进入板翅式换热器,由于气流方向没有变化,特别是板翅式换热器的密集多孔

107

结构使气流经过时速度分布得到很大改善,可近似认为换热器出口气流为均匀分布气流。因此可认为左上流道结构对放电区流速的分布均匀性基本没有影响。从换热器流出的均匀气流经过右上流道进入放电腔时,在弯道处流线发生了变向,气体的运动状态会发生较大的变化,故右上流道结构对放电区气流分布均匀性有直接而较大的影响。下流道由于在放电区的流道截面与右上流道为对称结构,且其后的流道截面轮廓与右上流道也基本对应,对放电区气流分布也不会产生影响。因此可确定对气流分布均匀性影响最大的就是右上流道。因此放电区气流均匀性分析只对右上流道与放电腔流道的结合结构进行。流道结合结构如图 5.38 所示。

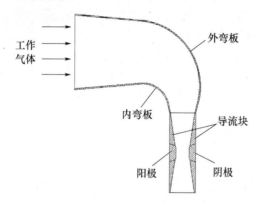

图 5.38　右上流道和放电腔流道结合结构图

　　要确定放电区气流分布均匀性参数首先要明确气流分布均匀性的概念。对于气流在纵向的分布均匀性,以在电极间沿纵向平行气流方向的某一平面上某点速度与该平面平均速度最大差再与该平均速度的比值来表征,如式(5 – 46)所示。

$$\mu = \frac{v_{max} - \bar{v}}{\bar{v}} \tag{5 – 46}$$

式中:v_{max} 为此平面上的最大速度;$\bar{v}$ 为此平面内所有点的平均速度。

　　对于气流在横向的分布均匀性,由于电极间距的特征尺寸比电极长度方向小得多,靠近电极表面位置的气流速度接近于零,使不同位置气流速度相差很大,再采用与纵向相同的方法来表示已不符合实际情况。结合气流在电极间横向的分布特征,以电极间某一横截面内对称中心面两侧某对称位置速度差的平均值,与该对称位置速度平均值比值的最大值来表征。

　　利用 CFD 原理建立流场模型,划分网格,对各个控制方程施加相应的边界条件,并根据 CFD 自身的坐标系设置相应的求解参数[46],利用求解器进行运算,从运算结果中选择速度波动最大的位置平面,得出放电区纵向和横向速度分布如图 5.39 和图 5.40 所示。图 5.40 中,靠近电极的区域,气体的流速接近于零,这是因为在电极的表面,由于表面粗糙度的影响而存在粘性底层,凹凸不平的表面使气体的流动受阻,能量损失程度很大。

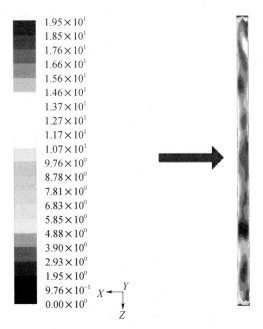

图 5.39　放电区气流纵向速度分布

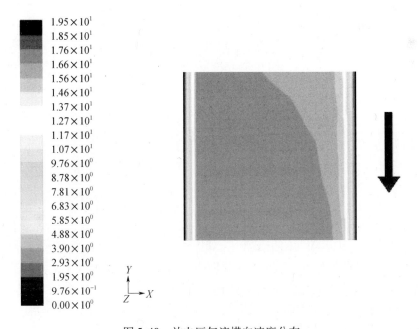

图 5.40　放电区气流横向速度分布

模拟计算结果得出放电区平均速度为 15.8m/s,满足工作气体流速设计指标要求。在所得结果中分别选择速度在纵向与横向分布均匀性最差的平面,得到如图 5.41 和图 5.42 所示的分布曲线。运算的结果是,气流在纵向的不均匀度为 9.1%,不符合设计指标低于 8% 的要求。横向不均匀度为 5.5%,可以满足设计指标低于 6% 的要求。

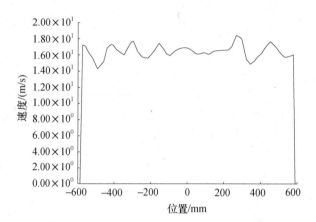

图 5.41　放电区气流速度纵向不均匀性分布曲线

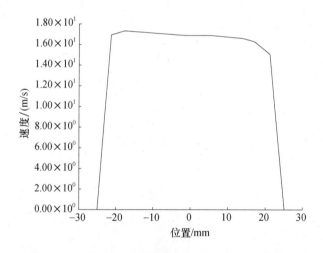

图 5.42　放电区气流速度横向不均匀性分布曲线

产生流速分布不均匀的主要原因,如图 5.43 所示,均匀气流水平向右进入右上流道,当通过弯道 A、B 处时,气流仍然有向右运动的趋势,但由于流道结构变化,流线发生折转,造成一部分气流速度矢量发生突变,在弯道处产生大大小小的漩涡。漩涡不仅使气流发生紊乱,也会产生脉动切应力,增大流动阻力,破坏原有的均匀分布状态,同时也使气体的动能减小,速度降低。

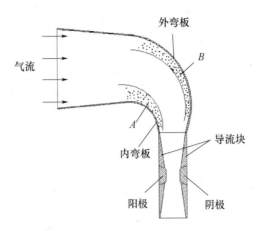

图 5.43　流道中涡流的分布

2. 流场结构优化

涡流产生的主要原因是流速的突变和相邻层之间速度的差异。限制流速突变的空间可减小其突变的程度,使其速度矢量变化趋于平缓。依据涡流产生的原因,为使通过弯道的气流速度变化平缓,减小相邻层之间的速度差异,以减少漩涡的形成,在右上流道内沿横向增加隔板(图 5.44),将流场整体截面分割成多个小截面,也就是将整个流域分成多个子流域,狭小的流道截面是抑制和减缓涡流产生的有效措施。

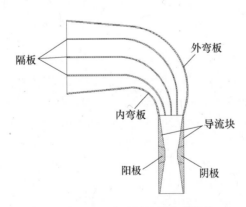

图 5.44　设有多层隔板的流道结构

隔板的设置以均匀分割流道截面为原则,分别采用 1 层、2 层、3 层、4 层隔板,利用 CFD 原理模拟放电区气流速度与分布不均匀度,计算结果如表 5.7 所列。

表 5.7　采用不同隔板数量时的速度分布

隔板数量(层)	平均速度/(m/s)	纵向不均匀度/%	横向不均匀度/%
无	15.8	9.1	5.5
1	16.2	8.6	5.2
2	16.6	7.7	4.9
3	16.8	7.2	4.7
4	15.9	7.0	4.6

由表 5.7 可知,随着隔板层数的增加,放电区气流平均速度大小、速度分布不均匀度都随着减小,但变化趋势渐缓,2 层与 3 层隔板的结果都满足设计要求。而隔板数增加到 4 层时,虽然气流速度分布不均匀度依然有所减小,但气流平均速度却开始明显下降。

这个结果原因在于,随着隔板数量的增加,流道截面变小,弯曲段通道的里、外侧曲率变化趋于平缓,从而使气流速度的突变程度减小,相邻层之间速度的差异也减小,由此产生的脉动切应力及其他阻力也有所降低,故减小了涡流产生程度,气流分布均匀性与气流平均速度都有所提高。但当采用 4 层或更多层隔板时,随着流域的增加,流体与固体接触的边界层增多,流体与隔板产生的摩擦阻力也就相应增加,此时,沿程阻力占了主要因素,从而使气流平均速度开始下降。

综合考虑气流平均速度与分布均匀性、以及流道加工工艺性等因素,确定选择 3 层隔板(图 5.44)作为优化方案,由表 5.7 可知,气流平均速度为 16.8m/s,纵向分布不均匀度为 7.2%,横向分布不均匀度为 4.7%,皆可满足设计要求。图 5.45 为 3 层隔板气流速度的纵向分布曲线。

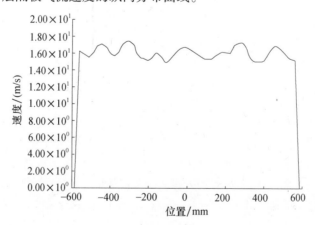

图 5.45　3 层隔板时气流速度纵向分布曲线

5.4 光学支架

光学谐振腔是产生激光的两个必要条件之一，它可以使光脉冲信号反复多次地沿着一定方向通过工作物质，使之获得多次的放大，从而形成激光输出。光学谐振腔的另一个作用是限制激光振荡模式和输出模式，使输出激光具有较好的光束质量。

放电引发非链式脉冲 DF 激光器光学谐振腔采用"平 − 凹"稳定腔型，由一个凹面全反射镜和一个输出部分反射镜构成，安装在放电区长度方向的两端。该腔型具有一定的抗"失谐"能力，可获得较好光束质量和较高激光能量，是激光器最常用的腔型。

光学谐振腔腔镜安装的稳定性是影响激光输出的重要因素，采用"二板加三杆"式的稳定光学支架结构（图 5.46）。三根光桥杆利用三角形的稳定性与定位原理将前、后端板连接在一起，光桥杆的材料为殷钢，与其他合金钢相比，殷钢的膨胀系数小、导热系数低、塑性和韧性高，采用殷钢材料可以减少因热力变形引起的光路及激光光斑的变化，可在一定程度上提高谐振腔的稳定性[50]。板材与其他零部件采用优质不锈钢，设计尽可能多采用对称结构，使受力变形与热变形均匀，以保证稳定性要求。

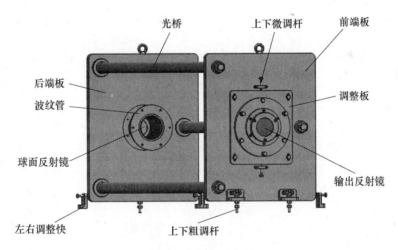

图 5.46 谐振腔支架系统

光学支架的设计需有调整功能，包括将光学谐振腔与放电腔二者空间位置的粗调对准（毫米级精度）以及光学谐振腔前后腔镜的精确对准（角秒级精度）。如图 5.46 所示，上下粗调杆和左右调整块用来实现整个支架系统竖直方向和水平方向的粗调。其中，上下粗调杆通过螺栓与主机支架相连，依靠螺母的调整可实现竖直方向的升降;左右调整块与主机支架固定后,通过球头螺栓来调整前后端板水平方向移动;上下微调杆同样采用球头螺栓来实现腔镜在竖直方向的小量调整。

前后腔镜的角度调整通过三紧三拉结构来实现,如图 5.47 所示。腔镜、镜座和镜盖安装在波纹管的大法兰上,且它们之间通过橡胶密封圈密封。波纹管大法兰通过三个锁紧螺钉安装在方形调整板上,小法兰与激光器主机相连。调整大法兰上的拉顶螺钉,可以在各个方向调整腔镜的角度。当前后两腔镜的光轴与电极的中心对正后,拧紧锁紧螺钉以固定光轴。

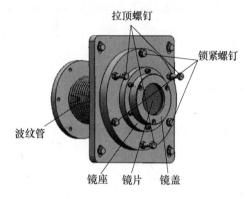

图 5.47　三紧三拉结构

采用真空波纹管将前后腔镜与主机真空腔进行连接,既可实现密封功能,也能补偿空间位置的装配误差。因安装结构位置影响,光学支架的三根光桥杆不可避免地有一根要纵向穿过真空腔,采用的方案是将一圆管穿过真空腔密封安装在前后端盖上,然后将一根光桥杆从圆管中穿过。这样的好处一是在光学支架安装拆卸中丝毫不会涉及真空腔系统,使操作简便;而更重要的是使穿过真空腔的光桥杆不会受到腔内工作气体温度与放电热辐射的影响,三根光桥杆都处于相同的温度环境中,热变形均匀一致,不会对激光输出产生影响。

5.5　主机装置与测试

5.5.1　设计结果与实物装置

按照前面章节的设计过程与结果,最终设计形成的发放电引发非链式脉冲 DF 激光器主机结构如图 5.48 所示。主机结构组成与功能已在前面做过相应论述,本节不再赘述。

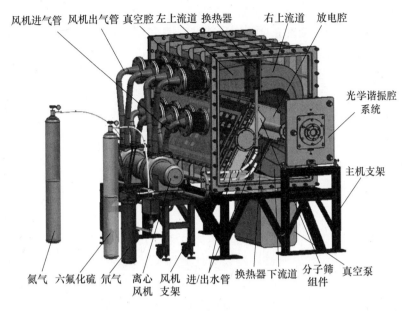

风机进气管　风机出气管　真空腔　左上流道　换热器　　右上流道　放电腔

光学谐振腔
系统

主机支架

氮气　六氟化硫　氘气　离心　风机　进/出水管　换热器下流道　分子筛　真空泵
　　　　　　　　　风机　支架　　　　　　　　　　　　　　　组件

图 5.48　DF 激光器主机总体结构

经加工装配形成的激光器主机实物装置如图 5.49、图 5.50 所示,其中图 5.49 为流场内部结构,图 5.50 为主机完整实物装置。

图 5.49　实物装置内流场结构

图 5.50　主机完整实物装置

5.5.2　放电区气流测试

放电区气流速度与均匀性参数需要在激光器总体调试前得知。气流速度的测试采用传统的皮托管方法[51]。由于测试时需要在放电区气流通道中安装多个皮托管探头,而激光器放电腔为完整装置无法设置探头,因此专门制作了一套与放电腔内流场结构完全相同且能够安装皮托管探头的测试装置,代替放电腔安装在激光器主机结构中构成气体循环流场。

1. 皮托管测试原理

利用皮托管测量流体速度的理论依据是伯努利方程,式(5 - 47)为流线上任意两点的伯努利方程式:

$$z_1 + \frac{p_1}{\rho g} + \frac{v_1^2}{2g} = z_2 + \frac{p_2}{\rho g} + \frac{v_2^2}{2g} + \frac{1}{g}\int_1^2 f \mathrm{d}s \qquad (5 - 47)$$

式中:Z 为流体的重力势能;$\frac{p}{\rho g}$ 为流体的静压能;$\frac{v^2}{2g}$ 为流体的动能;$\frac{1}{g}\int_1^2 f \mathrm{d}s$ 为流体从点 1 到点 2 运动过程中克服粘性阻力所做的功。

皮托管测量流速时,其原理是将流体的动能转化为压力能,通过测压计测得流体的压力变化,然后通过换算公式计算出流体的流速。图 5.51 是一种最简单的皮托管,它的底部端口正对着流体的来流方向,流体的冲击使皮托管中的液柱上升。流体流速不变时,液柱上升至 $H + h$ 后也不变,皮托管内的流体达到平衡状态。设皮托管前端点 1 的速度为 v,压强为 $p = \rho g H$,H 称为静压头。点 2 是皮托管中速度为零的驻点,压强为 $p_0 = \rho g(H + h)$,也称为驻点压强,此时皮托管中的液柱高 $\frac{p_0}{\rho g} = H + h$,称为总压头。

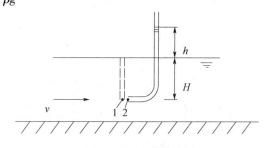

图 5.51　皮托管示意图

对点 1、2 列伯努利方程,可得

$$\frac{p}{\rho g} + \frac{v^2}{2g} = \frac{p_0}{\rho g} \qquad (5 - 48)$$

或

$$p + \frac{\rho v^2}{2} = p_0$$

点 1 和点 2 相距很近,可以认为是处在皮托管口内外交界处的一个点,因此 p 称为一点上的静压强,$\frac{\rho v^2}{2}$ 称为动压强,p_0 为一点上的总压强,它等于静压强

与动压强之和。根据式(5-48)还可得出

$$\frac{v^2}{2g} = \frac{p_0 - p}{\rho g} = \frac{1}{\rho g}\left[\rho g(H+h) - \rho g H\right] = h \qquad (5-49)$$

由式(5-49)可以看出，$\frac{v^2}{2g}$ 也表示为一段液柱的高度，它等于皮托管中总压头与静压头之差，由此可得出皮托管测量速度的公式：

$$v = \sqrt{2g\frac{p_0 - p}{\rho g}} = \sqrt{2gh} \qquad (5-50)$$

但由于皮托管本身结构的原因，流体进入到管内时会引起液流扰乱，所以为得到精确的计算结果，还要对式(5-50)加以修正，即

$$v = C_v \sqrt{2gh} \qquad (5-51)$$

式中

$$C_v = \frac{v(实际速度)}{\sqrt{2gh}(理论速度)} \qquad (5-52)$$

称为流速系数，一般取 0.97~0.99。若皮托管制作精密，误差小，引起的扰乱小，也可近似取为 1。

2. 测试结果

测试既是检验实物装置的相关性能参数是否满足设计要求，也是检验设计中采用的 CFD 方法进行模拟分析结果的正确性。图 5.52 是皮托管探头的设置分布图，图 5.53 为主机实物与测量装置局部图片。测试时真空腔内按设计要求充入 8100Pa 混合工作气体，两台离心风机采用变频控制器调整转速，实现不同流量的测量。

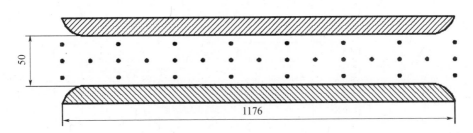

图 5.52　皮托管探头的布置

图 5.52 中，在电极间沿横向设置 3 排测试点，其中对称中心面 1 排，沿纵向均匀设置 15 个测试点(相邻点间隔 84mm)，用作测试纵向分布均匀性。在电极间隙纵向对称中心面两侧 20mm 各设置 1 排，这 2 排沿纵向均匀设置 8 个测试点(相邻点间隔 168mm)，用作测试横向分布均匀性。各点气流速度测试结果如表 5.8 所列。

图 5.53　主机实物与测量装置局部

表 5.8　各位置点测量的气流速度

电极中心测量点	速度值/(m/s)	靠近阳极测量点	速度值/(m/s)	靠近阴极测量点	速度值/(m/s)
1	15.8	1	15.4	1	14.8
2	15.6				
3	15.5	2	15.2	2	14.7
4	16.5				
5	16.7	3	16.2	3	15.4
6	17.2				
7	16.5	4	16.1	4	15.6
8	17.5				
9	17.4	5	16.9	5	16.3
10	16.5				
11	16.8	6	16.4	6	15.9
12	16.1				
13	16.0	7	15.6	7	15.1
14	15.4				
15	15.6	8	15.3	8	14.9

　　由表 5.8 的结果经计算得知,放电区气体的平均流速为 16.3m/s,气流在纵向分布的最大不均匀度为 7.1%,在横向分布的最大不均匀度为 4.3%,满足设

计要求。与数值模拟结果相比,最大误差小于 5%,说明利用 CFD 模拟计算的
结果是可信的。

参考文献

[1] 邵春雷. 高功率 TEA CO₂激光器气体循环系统的设计[J]. 强激光与粒子束,2009,21(1):1-5.

[2] 汪艳萍,路智敏,刘晓霞,等. 板翅式换热器优化设计[J]. 内蒙古工业大学学报,2004,23(4):261-264.

[3] 凌祥,涂善东,陆卫权. 板翅式换热器的研究与应用进展[J]. 石油机械,2000,28(5):54-58.

[4] 李革,于功志,程木军,等. 提高翅片管式换热器热力性能的方法[J]. 大连水产学院学报,2006,21(1):68-71.

[5] 韩建荒,刘扬,李君书,等. 翅片管式换热器传热与流场流动特性的数值模拟[J]. 化工机械,2013,40(3):347-350.

[6] 尹林,王晓明,沈亚鹏. 结构变形最优控制的数值分析[J]. 力学学报,1995,27(6):711-718.

[7] 王宁红. 大型 H 型焊接钢结构失效分析[J]. 现代冶金,2010,38(3):34-36.

[8] 聂润兔,邹振祝,邵成勋. 基于神经网络的结构变形估计和形状控制[J]. 应用力学学报,1998,15(1):122-126.

[9] 靳慧,周奇才,张其林. 焊接结构系统的疲劳可靠性分析[J]. 同济大学学报,2005,33(11):1428-1432.

[10] 宗培,曹雷,邵国良. 焊接结构质量的主成分分析[J]. 机械工程学报,2005,41(5):65-68.

[11] 李艺,赵文,梁磊,等. 结构系统强度和刚度耦合的可靠性分析[J]. 华南理工大学学报,2007,35(7):127-130.

[12] 李宏娟,陶元芳. 桥门机主梁设计时强度与刚度的关系[J]. 太原科技大学学报,2011,32(1):28-32.

[13] 宋玉泉,管志平,聂毓琴,等. 圆管的弯曲刚度和强度分析[J]. 中国科学:E 辑 技术科学,2006,36(11):1263-1272.

[14] 达道安. 真空设计手册[M]. 北京:国防工业出版社,2006:686-688.

[15] 王爱红,徐格宁,杨萍,等. 基于神经网络方法的复杂超静定结构失效概率分析[J]. 中国安全科学学报,2007,17(6):151-156.

[16] 王冬,张卫华. 铁路提速转向架典型结构失效分析与优化[J]. 失效分析与预防,2007,2(3):1-6.

[17] 周宗和,尹喜庆. 基于虚位移原理的随机有限元方法研究[J]. 石河子大学学报,2013,31(2):242-248.

[18] Zuorong,Chen,Bunger A P,Xi Zhang,et al. Cohesive zone finite element-based modeling of hyralic fractures[J]. Acta Mechanica Solida Sinica,2009,22(5):443-452.

[19] Nguyen T T,Liu G R,Dai K Y,et al. Selective Smoothed Finite Element Method [J]. Tsinghua science and technology,2007,12(5):497-508.

[20] Sadrnejad S A,Ghasemzadeh H,Ghoreishian,et al. A control volume based finited element method for simulation incompressible two-phase flow in heterogeneous porous media and its application to reservoir engineering [J]. Pet. Sci. 2012,9:485-497.

[21] Chen Yue,Zhou Jian-ting,Shen Pei-wen. Sensor placement of long-term health monitoring for large bridges based on the real-time correction of finite element model [J]. Journal of Chongqing University,2013,12(3):123-130.

[22] 徐济进,陈立功,倪纯珍. 机械应力消除法对焊接残余应力的影响[J]. 机械工程学报,2009,45(9):291-295.

[23] 李利. 铝合金板淬火残余应力的拉伸消除方法[J]. 轻合金加工技术,1999,27(5):16-18.

[24] 郝桂芳,檀雪峰,程珩. 基于断裂理论的焊接结构缺陷失效评定分析[J]. 太原理工大学学报,2012,43(5):580−582.

[25] 邵明振,邵春雷,卢启鹏,等. 高功率 TEA CO_2 激光器主机结构优化设计[J]. 发光学报,2013,34(3):388−393.

[26] 蒲建雄. 应变检测法在工程实际中的应用[J]. 甘肃科技,2004,20(8):118−119.

[27] 张佳薇,刘方. 高精度应变检测电路设计及误差分析[J]. 自动化仪表,2011,32(6):83−86.

[28] 赵飞明,徐永祥,汪树军. 低温静密封技术研究[J]. 低温工程,2001(2):23−26.

[29] 李良福. 国外静密封及其发展状况[J]. 轻工机械,2000(3):8−10.

[30] 蔡仁良. 静密封技术发展新趋势[J]. 压力容器,1996,13(2):159−167.

[31] 谢荷芬,樊建清. 氟橡胶的再生与应用[J]. 橡胶工业,2000,47(9):541−542.

[32] 边俊峰,王珍,谭光志,等. 高性能系列氟橡胶[J]橡胶工业,2003,50(1):21−23.

[33] 陈亚光,陈博,李捷,等. 一种法兰结构中 O 形密封圈漏率检测装置[J]. 润滑与密封,2013,38(12):76−78.

[34] 闫荣鑫,肖祥正,赵忠,等. 温度变化对漏率的影响[J]. 真空与低温,1995,1(1):12−15.

[35] 陈叔平,昌锟,刘振全,等. 贮箱漏率正压检测方法[J]. 低温与超导,2005,33(3):43−45.

[36] 韩琰,孙立臣,冯琪,等. 长时间累计检漏技术的可行性研究[J]. 航天器环境工程,2013,30(5):539−543.

[37] Brown R T. High repetition−rate effects in TEA laser [J]. IEEE J. Quant−um Electron,1973,9(11):1120−1122.

[38] Max Gunzburger,Eunjung Lee,Yuki Saka. Analysis of Nonlinear Spectral Eddy−Viscosity Models of Turbulence [J]. J Sci Comput,2010(45):294−332.

[39] Wang HongBo,Wang ZhenGuo,Sun MingBo,et al. Hybrid Reynolds ave−raged Navier−Stokes/large−eddy simulation of jet mixing in a supersonic crossfl−ow [J]. Sci China Tech Sci,2013,56(6):1435−1448.

[40] Hazins V M. Large Eddy Simulation Approach in Problems on Floating Up of High−Temperature Thermals in Stratified Atmosphere [J]. High Temperture,2010,48(3):402−410.

[41] Rahim Hassanzadeh,Besir Sahin,Muammer Ozgoren. Large eddy simulat−ion of flow around two side−by−side spheres [J]. Journal of Mechanical Science and Technology,2013,27(7):1971−1979.

[42] Shen Zhi,LI YuPeng,Cui GuiXiang,et al. Large eddy simulation of stably stratified turbulence [J]. Sci China Phys Mech Astron,2010,53(1):135−146.

[43] Vasin A V,Timofeeva O A. Modeling zones of eddy curre−nts in water−supply galleries of locks[J]. Power Technology and Engineering,2013,47(2):114−118.

[44] 张也影. 流体力学[M]. 北京:高等教育出版社,1999:273−293.

[45] 续魁昌. 风机手册[M]. 北京:机械工业出版社,2001:96−108.

[46] 邵明振,邵春雷. 高功率脉冲 TEA CO_2 激光器主机结构设计与流场优化[J]. 红外与激光工程,2012,41(6):1508−1513.

[47] 杨世铭. 传热学[M]. 北京:高等教育出版社,2006.4−11.

[48] 钱颂文. 换热器设计手册[M]. 北京:化学工业出版社,2002.386.

[49] 王福军. 计算流体动力学分析[M]. 北京:清华大学出版社,2004.

[50] 曾元,谭荣清,陈静. 可调谐 TEA CO_2 激光器谐振腔结构稳定性研究[J]. 激光与红外,2009,39(9):928−930.

[51] 李诗久. 工程流体力学[M]. 北京:机械工业出版社,1980:204−207.

第6章 非链式脉冲 DF 激光器电激励技术

虽然放热型化学反应是非链式脉冲 DF 激光器的泵浦能量来源,但是自持体放电是引发、维持化学反应的前提条件。非链式脉冲 DF 激光器常采用的工作物质为 SF_6 和 D_2 或 C_6D_{12},其中 SF_6 是一种常用的绝缘气体,它具有较强的电负性,在该气体中形成稳定的放电通常需要数万伏的高压,因此稳定的激励技术是实现非链式脉冲 DF 激光器高性能运转的重要因素。预电离和自引发体放电是目前非链式脉冲 DF 激光器最为常用的激励技术,它们均可在 SF_6 和 D_2 或 C_6D_{12} 混合工作气体中形成稳定激励,本章将重点阐述这两种放电激励技术。

6.1 非链式脉冲 DF 激光器高压电源

非链式脉冲 DF 激光器属于脉冲放电激励气体激光器的一种,其具有激励脉冲能量大、放电时间短、激励体积大、气体放电成分复杂的特点,放电过程中容易受到气体劣化、气流紊乱、放电等离子体屏蔽等因素的影响而出现放电不稳定。由于这种放电的不稳定性易引起气体放电由辉光向弧光的转变,使激光器无法正常工作,因此,非链式脉冲 DF 激光器对高压脉冲电源的性能有着相当严格的要求。

6.1.1 高压电源参数

高压电源的技术参数包括输入电压、输出电压、功率、功率因数、效率、稳定性、纹波、负载调整率及控制显示等,本节重点阐述非链式脉冲 DF 激光器电源设计或选型中需重点关注的参数。

非链式脉冲 DF 激光器泵浦过程虽然是由放热型化学反应释放的能量完成,但是其参与化学反应的工作物质来自高压放电解离,一旦放电结束,放电解离出的化学反应物将在瞬间消耗殆尽,化学反应泵浦过程也将终结,激光器停止辐射出光,这也是非链式脉冲 DF 激光器区别于链式脉冲 DF 激光器的基本特征。

辉光放电击穿是工作物质放电解离的前提条件,因此,高压脉冲电源必须能够提供高于静态击穿电压的直流高压。击穿电压值由工作气体阻抗、气压及放电间隙决定。非链式脉冲 DF 激光器的常用工作物质为 SF_6 和 D_2,由于 SF_6 气

体的阻抗远远高于 D_2，设计阶段击穿电压的参考值可选取纯 SF_6 气体的击穿电压。理论认为，气体 E/P 值为一定值，纯 SF_6 气体 E/P 值约为 $89V/mPa$[1]，据此可根据给定的放电间隙和工作气压估算出击穿电压，由该击穿电压可确定电源的输出电压值。例如，对于 50 mm 的放电间隙，工作气体总气压为 8kPa 时，其静态击穿电压约为 36.8kV。在高压脉冲电源设计或选型时，其输出电压必须高于该静态击穿电压方可满足应用需求。

高压电源是为激光器提供初始能量的器件，其功率直接决定了非链式脉冲 DF 激光器的最大输出功率，它服务于激光器输出功率。受重复频率工作条件下放电不稳定性、工作物质消耗、放电生成物消激发作用等因素的影响，实际上激光器的输出功率略小于激光重复频率与单脉冲输出能量的乘积，但在设计阶段，激光重复频率与单脉冲输出能量的乘积依旧是激光器输出功率的最佳近似。如对于设计指标为 100W 的脉冲 DF 激光器，在重复频率为 50Hz 运转时，其单脉冲输出能量应为 2J。目前，非链式脉冲 DF 激光器的保守电光转换效率约 2%[2-5]，此时所需电容储能量应不小于 100J。电容储能直接来源于高压脉冲电源的充电，即高压脉冲电源的输出功率应不小于 5kW（$100J \times 50Hz$）。目前，高压电源已呈现模块化设计的趋势，对市场上的高压电源做并联组合即可获得所需的电源功率。表 6.1 给出了一款常用的高压电源参数。

表 6.1　高压电源参数列表

平均电容充电功率	20000J/s（$1/2CV^2 \times$ 充放电频率）
峰值电容充电功率	25000J/s（$1/2CV^2 / t_{charge}$），t_{charge} 为充电时间
平均连续直流功率	30000W
输出电压范围	1kV,2kV,4kV,5kV,10kV,15kV,20kV,30kV,40kV,50kV,10% ~100% 可调
极性	可选正电压和负电压输出
高压输出线缆	1 – 39kV 型 – DS2124 同轴高压电缆和专用的高压连接器
	40 – 50kV 型 – DS2214 同轴高压电缆和专用的高压连接器
交流输入电压	三相 480V 交流（432 – 528），或三相 400V 交流（340 – 460），+ 零线，或三相 208V 交流（180 – 254）
交流输入电流	35A/45A/75A
交流连接器	UL/CSA 认证接线端子，三相 + 零线 + 地线
交流接触器	UL/CSA 认证美国电器质量标准/加拿大标准协会认证交流接触器
功率因数	满载与标称输入无源功率因数校正 $pf = 0.9$
稳定性	1h 后每小时 0.2%
温度系数	通常每摄氏度 100×10^{-6}
脉间重复性	100Hz 时 $\pm 0.2\%$

（续）

环境温度	储藏：-40 ~ +70℃；工作：0 ~ +55℃
湿度	10% ~ 90%，无凝结
冷却	水流量最大 2 加仑/min(7.6L/min)，水入口最高温度 35℃，最小 15℃。所有水流路径均为地电位且为紫铜、黄铜。用 0.25" NPT 公头水管
保护	开路/短路、过载、电弧、过温、过压、安全互锁
远程控制(所有型号)	通过产品后面板的 25 针 D - sub 连接器，信号包括 Vprogram(0 ~ 10V)，高电压启动/重置(HV Enable/Reset)，禁止(Inhibit)，综合故障，负载故障

6.1.2　触发开关

大功率非链式脉冲 DF 激光器主要应用氢闸流管和旋转火花开关两种开关系统。氢闸流管是一种热阴极低气压气体放电器件，具有工作电压高、脉冲电流大、点火迅速稳定、触发电压低、重复率高、效率高、体积小等优点，但其制造工艺和维护较为复杂，同时，其工作前还需要一定的预热时间。旋转火花开关的主要优点是耐冲击能力强、放电速度快、抗干扰能力强，可在超大功率条件下使用，但其使用寿命还有待提高[6]。

旋转火花开关系统由旋转火花开关、高压触发系统、高速风机、水冷系统以及压力控制单元组成。高速风机和水冷换热器通过管道和旋转火花开关组成一个密闭的气体循环冷却系统。该系统的气体循环通道内充高纯氮气作为工作气体介质，压力控制单元通过气压测试装置和充排气单元将系统气体压力控制在一定的范围内。旋转火花开关的工作电压由密闭气体循环冷却系统中的气体流速、电极材料、气体种类、充气压力、电极形状电极间距，以及高压触发脉冲波形等参数共同确定。旋转火花开关系统的核心是放电电极，如图 6.1 所示，它主要由地电极、高压电极和旋转触发电极组成。地电极和高压电极通过旋转触发电极构成上下两个单独的放电间隙，在适当的范围内调整上下两个放电间隙可满足不同条件下的放电应用需求。

旋转火花开关击穿放电为弧光放电(表现为高电流)，其放电机理为流注理论。其工作过程实际上就是带电粒子产生和消失的过程，也是实现气体电离和绝缘恢复的过程。对于脉冲方式工作的非链式

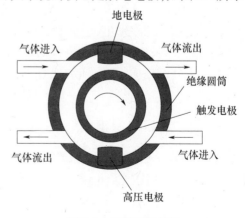

图 6.1　开关电极结构

DF 激光器,要求激励脉冲电流波形具有上升沿陡,脉宽窄的特征,尤其是在重复频率工作时要求在两个任意的脉冲放电之间不能产生连弧现象。因此,旋转火花开关的电极必须在数万伏高压条件下和纳秒量级时间内承受大电流冲击,而且要在百纳秒量级的时间内完成灭弧(击穿终止),完成一个放电周期。这意味着旋转火花开关电极不仅要承受高达 1GW 的瞬间峰值功率,而且可耐受数十千瓦的平均功率。高电压大电流击穿产生的放电等离子体将产生大量的热能,它们对旋转火花开关重复频率工作具有较大的影响,需要及时传导出去。采用有效冷却的高速气流冲洗开关电极可带走放电等离子体产生的热能,同时,该高速气流在通过放电间隙时也起到了灭弧的作用。为达到有效的灭弧和冷却效果,上下电极间隙的尺寸和形状以及流道的设计不仅要满足气体放电的要求,还必须符合流体动力学原理。

旋转火花开关工作时,电极间隙间电弧的高温使电极发生强烈的物理、化学变化(等离子体溅射)。这些变化将引起电极烧蚀,严重的烧蚀将改变电极间隙,从而会影响旋转火花开关的工作稳定性和使用寿命。选择耐烧蚀性好、机械性能和力学性能好的金属或合金材料电极可提升旋转火花开关的工作性能。理想的电极材料必须满足高导热率、低电阻率、熔点和沸点高、电子逸出功高、起弧最低电流和电压高并耐电弧烧蚀,但目前仍没有一种材料能完全满足这些要求。大量的理论与实验研究表明:采用粉末冶金溶渗法制备的钨铜材料是旋转火花开关电极的首选[7,8]。钨铜合金同时具有金属钨和铜的优点,其中钨熔点高(约为 3410℃)、密度大(约为 19.34g/cm^3),而铜导热导电性能优越。同时,钨铜合金还具有密度大、微观组织均匀、强度高、导电导热性能好且耐高温电弧烧蚀等特点,广泛应用于高压开关设备中。

为提高旋转火花开关电极寿命,接地电极和高压电极采用平板结构,放电面四周做倒圆角处理,以避免边缘出现场强集中,保证旋转火花开关工作稳定性。触发电极为圆柱形电极,外圆边缘倒圆角。触发电极由电机驱动绕顺时针方向高速旋转,增大了触发电极的放电面积,且放电产生的热量分散在整个触发电极外圆柱面上,这样的设计可减轻电极烧蚀,延长触发电极的使用寿命。

6.1.3　高压电源组成

放电引发非链式脉冲 DF 激光器脉冲激励电源主要由高压直流电源和谐振充电电感组成的高压充电电路以及高抗干扰的开关触发器组成[9]。

高压充电电路包括三相桥式整流器、△/Y 接法的三相升压变压器、谐振充电电感、高压滤波电容、高压隔离硅堆 D_7、D_8 和分压电阻 R_1、R_2 等。高压充电电路原理如图 6.2 所示。为便于激光调试,在三相升压变压器初级端设置了三级电压挡位手动切换开关。

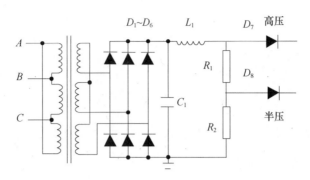

图 6.2　高压充电电路原理图

　　高压充电电路的高压输出提供给储能元件与开关元件的输入端;高压充电电路的半压(50 % 的高压)由分压电阻 R_1、R_2 提供约 50% 的高压输出值,它为旋转火花开关元件提供中值电压。

　　开关触发器由触发信号源、信号处理单元、功率放大单元、高压脉冲变压器等组成,其原理如图 6.3 所示。开关触发器采用特定的控制信号,它可输出适合大功率旋转火花开关工作的驱动信号,激励大功率旋转火花开关按照设定的重复频率导通工作,进而控制非链式脉冲 DF 激光器的工作方式。

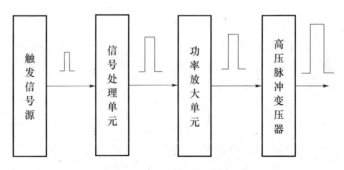

图 6.3　开关触发器原理框图

　　触发信号源可以产生任意设定的重复脉冲信号(通常为方波信号)。信号处理单元接收触发信号源的控制信号,经脉冲形成、电压放大等一系列信号处理后,得到相邻脉冲时间间隔、幅值基本一致的脉冲信号,该脉冲信号输出到功率放大单元。三相交流电源通过隔离变压器及整流滤波电路后,为功率放大单元提供直流电压源,通过设置变压器绕组中间抽头实现直流电源电压的调整。功率放大单元的输出信号可驱动高压脉冲变压器。高压脉冲变压器初级设置多个电压抽头,可满足高压脉冲变压器的不同输出要求,其输出幅值电压约为数十千伏的高压尖峰脉冲。图6.4给出了一款常用的脉冲激励电源实物图。

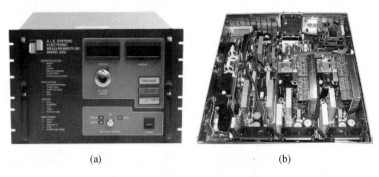

(a)   (b)

图6.4　脉冲激励电源实物图

6.2　火花针紫外预电离放电技术研究

非链式脉冲DF激光器工作介质中的SF_6气体具有较强的电负性,这将显著增加在含有该类气体中实现均匀放电的难度。采用紫外预电离装置,可以在主放电电极未击穿之前,增加工作气体中的初始电子浓度,降低工作气体阻抗,提升大体积均匀辉光放电均匀性。

6.2.1　紫外预电离放电电路

紫外预电离放电电路结构如图6.5所示,它采用了LC反转电路。L为延时电感,L_1、L_2为充电电感,C_1、C_2分别为主电极、预电离电极的储能电容,C_3为峰化电容,HV为高压源,SG为旋转火花开关,TV为触发源,A、B分别为主放电与预电离放电的电压测试点。该电路的工作过程为:高压电源通过L_1、L_2同时对C_1、C_2进行充电,充电结束后,在TV控制信号作用下,SG被击穿形成短路,电路实现反转;由于火花针预电离电极间距小(3～8mm),火花针间较容易实现火花放电(该过程发出强烈的紫外光);同时由于工作物质中含有的强电负性气体SF_6以较高的阻抗阻止了主放电电极的击穿,此时C_1只对C_3进行充电;受紫外预电离紫外光照射作用,增益区的电子浓度陡升,阻抗下降,进而C_3对主电极进行放电击穿,实现主电极间自持体放电。

放电电极是紫外预电离电路中的重要组成部分,它是电能注入到放电区的通道,为了实现大体积均匀辉光放电,需对主放电电极的面型进行设计,以保证电极间具有尽可能大的均匀电场分布。目前,常用的电极面型为指数函数描述的常氏电极[10]。电极较宽时,常氏电极剖面中间平坦部分较窄,因而电极间电场均匀性较差,不利于大体积均匀辉光放电。因此,为了满足大体积均匀放电

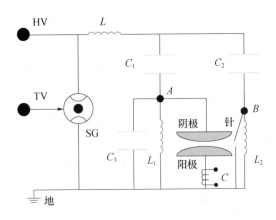

图 6.5 放电引发非链式脉冲 DF 激光器放电电路原理图

对电极面型的要求,对张氏电极面型进行相应的改进以增加电极中间平坦部分面积。改进后的张氏电极面型公式为

$$y = (\pi + k_0 e^{(3x-a)})/2 \qquad\qquad (6-1)$$

式中:x 为电极宽度;y 为电极厚度;k_0 为描述电极紧凑性的参数;a 为设计要求的电极中间平坦部分宽度值。图 6.6 给出了不同 k_0 值时的电极面型曲线。

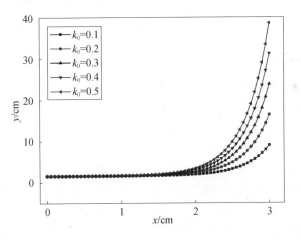

图 6.6 a 取 4cm 时电极剖面形状曲线

张氏电极左、右半边呈轴对称分布,因而图 6.6 仅给出了电极右半边的剖面曲线,由式(6-1)描述的剖面曲线基本能够满足电极中间为平坦的形貌。同时,k_0 值越大,电极形状越紧凑,但中间平坦部分尺寸越小。综合考虑电极板厚度的影响,一般 $k_0 = 0.2$ 时可满足设计要求。

按照图 6.6 中 $k_0 = 0.2$ 时所描述的电极剖面曲线,采用不锈钢材料制作的放电电极实物如图 6.7 所示。电极表面做抛光处理,主放电电极两侧对称布置

127

火花针预电离电极,火花针材质为耐烧蚀的钨铜材料。

图6.7　带有紫外预电离针的放电电极

6.2.2　火花针紫外预电离 DF 激光器电极间静电场仿真

电极间电磁场分布的计算方法有解析法和数值法两类,解析法多应用于边界条件简单且形状规则的情景,它可以求出模型精确的电磁场分布。但是对于面型复杂的大体积放电电极来说,得到精确的解析解十分困难,此时可以用数值法来逼近精确解。数值计算法相对解析法具有更多优势:①数值计算方法普适性强,可以根据实际情况设定结构、边界、负载等数据;②数值计算方法理论上可以求解任意形状、材料的电磁场工程问题;③用户可以通过软件程序解决所需的工程问题,而不需要非常深入地学习电磁场的数学理论。有限元分析法是一种常用的数值计算方法,随着计算机运算速度的加快,有限元分析法可以应用于更加复杂的工程问题中。

对于电磁场计算问题,都可以抽象归纳为满足一定初始条件和边界条件的偏微分方程。在许多实际问题中求解偏微分方程十分困难,但是可以根据变分原理将求解偏微分方程的问题转化为泛函求极值的问题[11],再将泛函问题离散成为一组代数方程,通过解代数方程获得偏微分方程的数值解。

静电场电位符号用 $\varphi(x,y,z)$ 表示,根据麦克斯韦方程组求静电场电位函数满足的泊松方程及其边界条件如下:

$$\frac{\partial^2 \varphi}{\partial x^2} + \frac{\partial^2 \varphi}{\partial y^2} + \frac{\partial^2 \varphi}{\partial z^2} = -\frac{\rho}{\varepsilon} \qquad (6-2)$$

$$\varphi\big|_{\Gamma_1} = \varphi_0 \qquad (6-3)$$

$$\varepsilon \frac{\partial \varphi}{\partial n}\bigg|_{\Gamma_2} = q \qquad (6-4)$$

$$\left(\varepsilon \frac{\partial \varphi}{\partial n} + \gamma\varphi\right)\bigg|_{\Gamma_3} = q_1 \qquad (6-5)$$

静电场泊松方程构造的泛函为

$$I(\varphi) = \frac{1}{2}\langle -\nabla \cdot \varepsilon \nabla\varphi, \varphi \rangle - \langle \varphi, \frac{\rho}{\varepsilon} \rangle \qquad (6-6)$$

内积的定义(在单元中可以认为 ε 是常数)为

$$I(\varphi) = -\frac{1}{2}\int_{\Omega} \varepsilon\varphi \nabla^2\varphi \mathrm{d}\Omega - \int_{\Omega} \frac{\rho}{\varepsilon}\varphi \mathrm{d}\Omega \qquad (6-7)$$

根据格林定理:

$$-\int_{\Omega} \varepsilon\varphi \nabla^2\varphi \mathrm{d}\Omega = \int_{\Omega} \varepsilon(\nabla\varphi \cdot \nabla\varphi)\mathrm{d}\Omega - \int_{\Gamma} \varepsilon\varphi \frac{\partial\varphi}{\partial n}\mathrm{d}\Gamma \qquad (6-8)$$

泛函可表达为

$$
\begin{aligned}
I(\varphi) &= \frac{1}{2}\int_{\Omega} \varepsilon \mid \nabla\varphi \mid^2 \mathrm{d}\Omega - \int_{\Omega} f\varphi \mathrm{d}\Omega - \frac{1}{2}\int_{\Gamma} \varepsilon\varphi \frac{\partial\varphi}{\partial n}\mathrm{d}\Gamma \\
&= \frac{1}{2}\int_{\Omega} \varphi \Big[\Big(\frac{\partial\varphi}{\partial x}\Big)^2 + \Big(\frac{\partial\varphi}{\partial y}\Big)^2 + \Big(\frac{\partial\varphi}{\partial z}\Big)^2 \Big]\mathrm{d}\Omega - \int_{\Omega} \frac{\rho}{\varepsilon}\varphi \mathrm{d}\Omega - \frac{1}{2}\int_{\Gamma} \varepsilon\varphi \frac{\partial\varphi}{\partial n}\mathrm{d}\Gamma
\end{aligned}
$$

$$(6-9)$$

将式(6-9)的第三项变换积分得

$$
\begin{aligned}
-\frac{1}{2}\int_{\Gamma} \varepsilon\varphi \frac{\partial\varphi}{\partial n}\mathrm{d}\Gamma &= -\int_{\Gamma} \Big(\int_0^{\varphi} \varepsilon \frac{\partial\varphi}{\partial n}\delta\varphi\Big)\mathrm{d}\Gamma \\
&= \int_{\Gamma_3} \Big[\int_0^{\varphi}(\gamma\varphi - q)\delta\varphi\Big]\mathrm{d}\Gamma = \int_{\Gamma_3} \Big(\frac{1}{2}\gamma\varphi^2 - q\varphi\Big)\mathrm{d}\Gamma
\end{aligned}
$$

$$(6-10)$$

则泛函可以改写成

$$
\begin{aligned}
I(\varphi) &= \frac{1}{2}\int_{\Omega} \varepsilon \Big[\Big(\frac{\partial\varphi}{\partial x}\Big)^2 + \Big(\frac{\partial\varphi}{\partial y}\Big)^2 + \Big(\frac{\partial\varphi}{\partial z}\Big)^2 \Big]\mathrm{d}\Omega \\
&\quad - \int_{\Omega} \frac{\rho}{\varepsilon}\varphi \mathrm{d}\Omega + \int_{\Gamma_3} \Big(\frac{1}{2}\gamma\varphi^2 - q\varphi\Big)\mathrm{d}\Gamma
\end{aligned}
$$

$$(6-11)$$

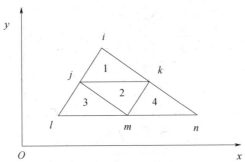

图 6.8　定义域的三角形网格结构

以二维问题为例,将泛函的数学离散化,如图 6.8 所示,求积分时可以将整个

电场区域离散成 n 个小三角形区域,用线性插值函数逼近单元内的电位函数:

$$u^e(x,y) = a^e + b^e x + c^e y \qquad (6-12)$$

式中:a^e、b^e、c^e 为单位区域内电场函数的待定常数,当单元足够小时可以认为单元内电场是常数,则系数 a、b、c 可用其顶点 i、j、k 表示:

$$u_i^e(x_i,y_i) = a^e + b^e x_i + c^e y_i$$
$$u_j^e(x_j,y_j) = a^e + b^e x_j + c^e y_j \qquad (6-13)$$
$$u_m^e(x_m,y_m) = a^e + b^e x_m + c^e y_m$$

从中解出 a^e、b^e、c^e 带入式(6-12),得

$$u^e(x,y) = \sum_{j=1}^{3} N_j^e(x,y) u_j^e \qquad (6-14)$$

式中

$$N_j^e = \frac{1}{2\Delta^e}(a_j^e + b_j^e x + c_j^e y), j=1,2,3 \qquad (6-15)$$

式中

$$a_i^e = x_j^e y_m^e - x_m^e y_j^e \quad b_i^e = y_j^e - y_m^e \quad c_i^e = x_m^e - x_j^e$$
$$a_j^e = x_m^e y_i^e - x_i^e y_m^e \quad b_j^e = y_m^e - y_i^e \quad c_j^e = x_i^e - x_m^e \qquad (6-16)$$
$$a_m^e = x_i^e y_j^e - x_j^e y_i^e \quad b_m^e = y_i^e - y_j^e \quad c_m^e = x_j^e - x_i^e$$

单元面积:

$$\Delta^e = \frac{1}{2} \begin{vmatrix} 1 & x_i^e & y_i^e \\ 1 & x_j^e & y_j^e \\ 1 & x_m^e & y_m^e \end{vmatrix} = \frac{1}{2}(b_i^e c_j^e - b_j^e c_i^e) \qquad (6-17)$$

将所有单元编码后带入式(6-14)可以得到所积分域内电场函数 φ 离散形式,将离散的电场函数(6-14)带入泛函(6-11)可以得到关于整体电场的矩阵方程:

$$k\varphi = f \qquad (6-18)$$

式中:K 为系数矩阵;φ 为节点电势函数矩阵;f 为激励矩阵,式(6-18)表示由各个单元的贡献叠加可构成整体矩阵。利用迭代的方法可求出式(6-18)的数值解,从而可得到整个区域的电场分布。

火花针紫外预电离放电过程中,火花针附近将感应产生较强的电场,火花针附近的强电场会对主放电区域内的电场均匀性产生扭曲影响。这里通过有限元法计算火花针附近电场对主放电区域电场的改变情况,以及火花针距离电极中心分别为5cm、6cm、7cm时的电极表面电场畸变情况。张氏电极及火花针间电场分布的仿真结果如图6.9和图6.10所示。

从图6.9和图6.10可以看出,火花针将导致张氏电极表面电场均匀性变

差,且火花针距电极中心距离越近电极表面电场均匀性越差。火花针距离电极中心 5cm、6cm、7cm 时电极表面电场在 $x = y_0$ 处的场强偏差分别为:0.0078、0.0054、0.0043。由此可知火花针距离电极中心大于 7cm 时,火花针尖端强电场对电极表面电场强度分布影响较小,此时可满足电极均匀场设计要求。

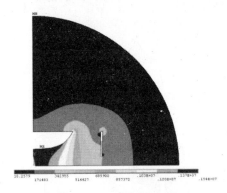

图 6.9　火花针距离电极中心
7cm 的电场分布图

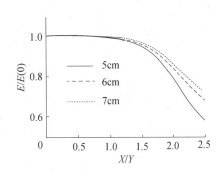

图 6.10　不同火花针间距时
电极表面相对场强

6.2.3　放电特性测量

激光器放电注入能量及其均匀性是影响激光输出性能的核心指标,描述该指标的参量主要包括电极间放电均匀性、放电电压、放电电流等,它们的测量称为放电特性测量。

电极间放电均匀性可由高速相机拍摄的电极间放电等离子体荧光图像来评估,通过图像亮度均匀性判定放电均匀性。为了防止激光谐振输出对高速相机造成损伤,将激光器输出镜替换为有机玻璃材料(中红外波段吸收率极高,透射率近似为零)的观察窗口,使用相机记录的电极间放电等离子体荧光图像如图 6.11 所示。

图 6.11 列出了不同充电电压时火花针紫外预电离 DF 激光器的电极间荧光图像,由此可知,随着充电电压的升高,储能电容内存储的能量逐渐增大,电极间放电先后经历亚正常辉光放电、辉光放电和弧光放电三个阶段。在充电电压小于 30kV 时,如图 6.11(a)和(b)所示只有火花针电极被击穿,火花放电发出明亮的白光,此时由于电压较低,主电极间没有形成放电击穿。充电电压大于 30kV 时气体被击穿进入亚正常辉光放电阶段,如图 6.11(c)和(d)所示,此时主电极刚好能够被击穿,放电集中在电极中心区域内,亚正常辉光放电发出紫色的荧光。随着充电电压的进一步升高,放电进入正常辉光放电阶段,如图 6.11(e)、(f)、(g)所示,工作气体大量解离,放电荧光越来越强,形成明亮的辉光放电区域,放电区域从电极中心开始随着电压升高逐渐占据整个电极区间。充电电压继续升高,放电进入弧光放电区域,如图 6.11(h)、(i)所示,此时在电

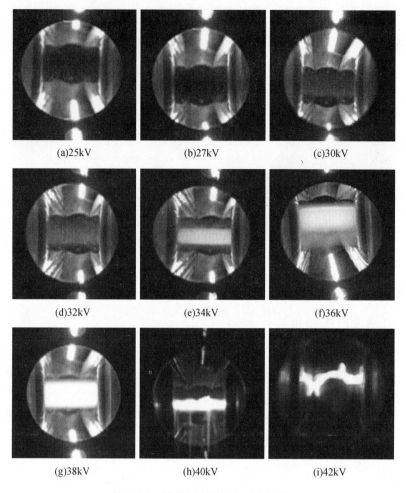

图 6.11　紫外预电离放电荧光图像

极间形成了非常明亮的弧光通道,电能通过弧光通道注入放电区,无法形成自持体放电。

　　非链式脉冲 DF 激光器放电击穿时间通常只有亚微秒量级,而击穿电压高达数万伏,对放电电压的测量需采用高分压比、高采样率探头。在激光器工作气体总气压 10kPa 时测量了正常辉光放电时的击穿电压,如图 6.12 所示。将两个 60kV 的高压探头分别接到高压测试点上,图 6.12 中通道 1 为主放电电压波形,高压探头 1000∶1,图中每格表示实际电压为 10kV,通道 2 为预电离放电电压波形,高压探头 2000∶1,图中每格表示实际电压也为 10kV。预电离火花针电极击穿电压 15kV,没有观察到典型的放电持续阶段。预电离放电结束后,经过 220ns 的延迟,主电极的端电压达到其临界击穿电压(35kV),击穿后主放电电压迅速下降到其维持电压(20kV),经历 100ns 的持续放电后,主放电电压经过 LC 谐振过程衰减。

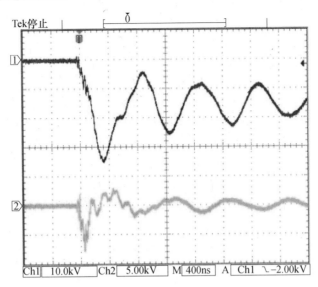

图 6.12　主放电及预电离放电电压波形

图 6.13 给出了不同充气压时的放电电压波形。总体上看,不同充气压时,预电离放电及主放电电压波形无显著变化,但主放电静态击穿电压有显著不同,总气压越高,击穿电压也越高,图 6.14 给出了静态击穿电压随工作气体总气压变化的拟合曲线。

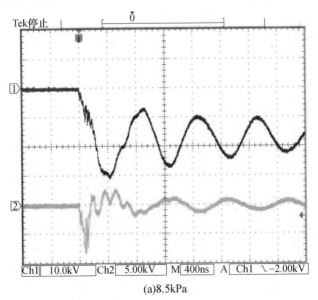

(a)8.5kPa

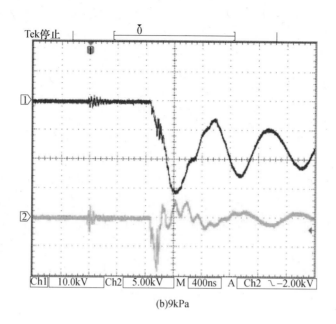

(b)9kPa

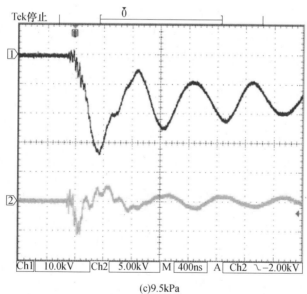

(c)9.5kPa

图 6.13　不同充气压时的放电电压波形

式(6-19)可以近似准确地计算准静态击穿电压 U_{st} 的数值:

$$U_{st} = (E/P) \cdot P \cdot d + U_c \tag{6-19}$$

式中: $U_c = 1.52kV$; $E/P = 84V/mPa$, 实测的准静态击穿 E/P 值与国外报道的 $89V/mPa$ 的理论值十分接近, 这对于放电电路参量设计具有重要的指导意义。

134

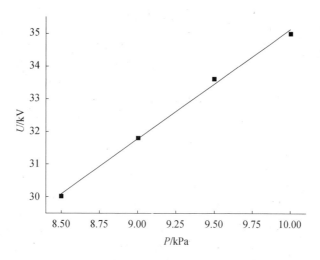

图 6.14　静态击穿电压随工作气体总气压的变化关系

6.3　自引发放电技术研究

俄罗斯科学院普通物理研究所的 Firsov 团队在研究大体积非链式脉冲 DF/HF 激光器放电过程中发现,当放电体积阴极面积不超过 $300cm^2$,放电电流持续时间不超过 150ns 时,由于阴极的光电效应,紫外预电离有助于阴极表面的电流密度趋于均匀化,最终形成稳定的自持体放电。但是当阴极放电面积超过 $300cm^2$,放电电流持续时间超过 150ns 时,由于紫外光在工作气体中吸收损耗严重,紫外预电离对主放电的贡献微乎其微。本节将重点阐述自引发放电技术。

6.3.1　自引发放电电路

采用紫外预电离放电引发方式中,火花针紫外预电离功能为在放电电极间形成一定浓度的初始电子,以降低主电极间阻抗,实现主放电电极迅速击穿。然而,由于紫外光在工作气体内传播时吸收衰减十分严重,且 SF_6 气体对紫外光辐照形成的初始电子具有强烈的吸附作用,因此在大体积(尤其是大间隙)放电时,紫外预电离对主放电的贡献越来越小。"自引发"放电技术采用毛化的阴极结构(阴极表面布满无规则的 $50\mu m$ 刻度的小毛刺),它无需预电离装置即可实现大体积均匀辉光放电,因而采用该放电引发方式在获得更大体积的均匀辉光放电方面更具有优势。

自引发放电电极采用平板铝电极,电极板四周边缘倒角半径为 1cm,阳极做抛光处理,阴极做喷砂处理,电极结构如图 6.15 所示。

在强电负性气体中实现自引发放电的核心组件为喷砂处理过的粗糙阴极。自引发放电阴极局部结构如图6.16所示,阴极表面布满刻度为 $50\mu m$ 左右的小毛刺。当电极两端加上高电压后,在电极边缘电场加强区将率先形成一个或若干个连接阴极毛刺尖端的放电通道。此时,电极间其他区域并没有出现放电通道。之后,在新形成的放电通道的诱发下,放电通道将沿着垂直于电场的方向逐步扩散,诱发更多连接到阴极斑点的放电通道,最终在整个电极间形成均匀的辉光放电。

图6.15　自引发放电电极结构照相图

图6.16　喷砂处理过的阴极照片

该平板电极边缘(倒圆角处理)的电场虽然较强,但该区域的放电均匀性与阴极其余部分并无不同,这主要得益于 DF 激光工作介质中存在电流密度限制机制[12]。电子碰撞 SF_6 的电离系数高于 SF_6 分子对电子的吸收系数,即多数电子能量将用于气体解离是维持放电通道导通的必要条件。在放电维持的纳秒量级时间内,SF_6 分子解离产生的 F 原子及五氟化硫和四氟化硫等分子无法逃逸出放电通道,从而导致该放电通道内气体数密度增加,电阻抗提升。能量继续注入到放电区,而最初形成的放电通道由于阻抗的增加而无法承载更大的电流,因而阴极表面毛刺尖端将被诱发出众多连接到阳极的放电新通道。此时初始形成的放电通道内的电流将随着新的放电通道的形成逐渐减小。自引发放电的这种特性称为电流密度限制机制,也正是由于该机制的存在,无需预电离装置,便可在粗糙的阴极间形成大体积均匀辉光放电。当然,并不是由于存在电流密度限制机制,自引发放电的电极间就不会出现弧光放电现象。若短时间内注入能量过大,且电极间的电压差随初始放电通道电导率的下降而升高,此时放电通道来不及扩散,便有演变为弧光放电的可能性。另外,当整个放电阴极表面布满辉光放电通道后,依旧无法满足能量注入的需求,个别放电通道也有演变为弧光放电的可能性。

自引发放电的均匀性并不依赖于电极边缘电场的不均匀性,随着注入到放电区能量的增加,边缘放电通道受挤压而逐渐向中心区发展最终消除了中心区与边缘区放电的差异。因此自引发放电与紫外预电离放电 DF 激光器输出的光斑能量密度的空间分布相似。

倍压式反转电路如图 6.17 所示。C_1、C_2 为主储能电容,C_3 为峰化电容。L_1、L_2 分别为 C_1、C_2 的充电电感。电路开关采用闸流管开关,A 点为电极两端电压测试点。CV 为高压电源,GV、HV 分别为闸流管栅极、阴极电阻加热电源。

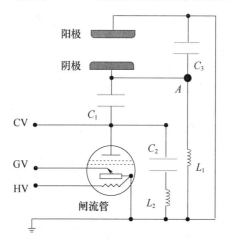

图 6.17　倍压电路原理图

倍压式反转电路工作过程为:直流高压电源首先分别通过 L_1、L_2 对电容 C_1、C_2 充电,充电结束后,在栅极点火电压触发控制下,闸流管被击穿导通,电流通过闸流管(它相当于电路的阀)。由于电容 C_2 的充电电感 L_2 特别小(远小于电感 L_1),在纳秒量级内,电容器 C_2 上的电压将迅速反转。电容 C_2 两端电压实现反转以后,闸流管阳极电压过低不足以维持闸流管导通,闸流管被关断。而电容 C_1 通过一个大电感 L_1 连接到地,在闸流管导通的时间内(数十纳秒),C_1 两端电势差基本保持不变(由于电路在反转过程中有损耗,C_1 两端的电势差稍微下降)。此时电容器 C_1、C_2 的串联电势差约为 2 倍的充电电压。进而储能电容 C_1、C_2 通过峰化电容 C_3 将高电压加到电极两端,喷砂处理后的放电阴极电场分布极不均匀,电极边缘毛刺尖端由于电场较强而率先实现放电击穿,进而放电通道迅速向整个阴极区扩展,最终完成整个放电区的自持体放电。

图 6.18 给出了倍压电路的等效电路图,图中箭头指明的方向为各支路电流的参考方向。其中闸流管开关等效为变值电阻,其工作过程为:栅极加上触发电压信号后,由阴极发射的电子开始向栅极运动,并迅速形成雪崩击穿,栅极与阴极率先导通;进而在阳极电压强电场作用下,栅阴极间的电子迅速穿过栅孔向阳极扩散,实现阳极与栅极间的雪崩击穿,此时闸流管导通,管间电阻值极

小,相当于短路;当阳极、阴极间电势差过低不足以维持正常的管压降时,闸流管经消电离过程停止放电,管间电阻值恢复无穷大,相当于断路。文献给出了闸流管脉冲放电电压波形[13],该波形与超高斯函数描述的波形相近,由于管电阻与管压降正相关,因而可用超高斯函数描述闸流管端电阻随时间变化关系,如式(6-20)所示。

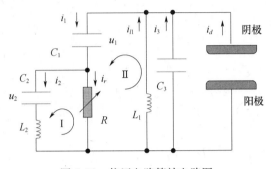

图6.18 倍压电路等效电路图

$$R = \{1 - \exp[-2(t-k_t)/R_n]^4\} \times R_{max} + R_{min} \qquad (6-20)$$

式中:R_{max} 为未击穿时闸流管两端电阻;R_{min} 为导通时闸流管两端电阻;R_n 为表征导通时间的量;k_t 为表征栅极触发信号零点偏移量。电阻随时间的变化关系如图6.19所示。

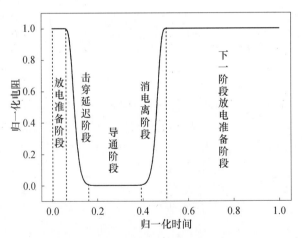

图6.19 闸流管两端电阻随时间变化关系

将闸流管视为理想器件,忽略它的击穿延迟时间及消电离时间,可将闸流管电阻随时间的变化关系用矩形函数表示:

$$R(t) = \begin{cases} 0.1\Omega, & t < a \\ 1e7\Omega, & 其他 \end{cases} \qquad (6-21)$$

式中:a 可取为电感的时间常数,即 $a = L/R$。

为了研究该电路的倍压特性,对图 6.14 中 Ⅰ、Ⅱ 回路进行了数值求解。回路 Ⅰ、Ⅱ 均为串联 RLC 电路,其闭合回路的电压方程为

$$Ri + L\frac{\mathrm{d}i}{\mathrm{d}t} + \frac{1}{C}\int_0^t i\mathrm{d}\tau = 0 \qquad (6-22)$$

对 t 微分并整理可得

$$\frac{\mathrm{d}^2 i}{\mathrm{d}t^2} + \frac{R}{L}\frac{\mathrm{d}i}{\mathrm{d}t} + \frac{i}{LC} = 0 \qquad (6-23)$$

式(6-23)的特征根为

$$s_{1,2} = -\gamma \pm \sqrt{\gamma^2 - \omega_0^2} \qquad (6-24)$$

式中:$\gamma = R/2L$ 为电路的耐培频率,$\omega_0 = 1/(LC)^{1/2}$ 为电路谐振角频率。依据 ω_0^2 与 γ^2 的关系,可以将该响应分为欠阻尼($\omega_0^2 > \gamma^2$)、临界阻尼($\omega_0^2 = \gamma^2$)、过阻尼($\omega_0^2 < \gamma^2$)响应,其解的表达式为

$$i(t) = B_1 \mathrm{e}^{-\gamma t}\cos(\omega_d t) + B_2 \mathrm{e}^{-\gamma t}\sin(\omega_d t) \quad (\text{欠阻尼}) \qquad (6-25)$$

$$i(t) = D_1 t\mathrm{e}^{-\gamma t} + D_2 \mathrm{e}^{-\gamma t} \quad (\text{临界阻尼}) \qquad (6-26)$$

$$i(t) = A_1 \mathrm{e}^{s_1 t} + A_2 \mathrm{e}^{s_2 t} \quad (\text{过阻尼}) \qquad (6-27)$$

式中:$\omega_d = (\omega_0^2 - \gamma^2)^{1/2}$ 为阻尼角频率。对于欠阻尼响应,开关闭合前,该回路电流为 0,因此 $B_1 = 0$。开关闭合瞬间,电阻上无压降,电感与电容两端的电压相等,即

$$\frac{\mathrm{d}i(0^+)}{\mathrm{d}t} = \frac{V_0}{L} \qquad (6-28)$$

将 $B_1 = 0$ 带入式(6-25),并对其微分整理可得

$$\frac{\mathrm{d}i}{\mathrm{d}t} = B_2 \mathrm{e}^{-\gamma t}[\omega_d\cos(\omega_d t) - \gamma\sin(\omega_d t)] \qquad (6-29)$$

将式(6-28)代入式(6-29),可得 $B_2 = V_0/L\omega_d$,欠阻尼电路电流表达式为

$$i(t) = \frac{V_0}{L\omega_d}\mathrm{e}^{-\gamma t}\sin(\omega_d t) \qquad (6-30)$$

将式(6-30)代入式(6-22),可得电容两端电压表达式为

$$V_c(t) = \frac{V_0 R}{L\omega_d}\mathrm{e}^{-\gamma t}\sin(\omega_d t) + \frac{V_0}{\omega_d}\mathrm{e}^{-\gamma t}[\omega_d\cos(\omega_d t) - \gamma\sin(\omega_d t)] \qquad (6-31)$$

同理,可推导出过阻尼响应电流、电容两端电压表达式为

$$i(t) = \frac{V_0}{2L\sqrt{\gamma^2 - \omega_0^2}}\left[\mathrm{e}^{(-\gamma + \sqrt{\gamma^2 - \omega_0^2})t} - \mathrm{e}^{(-\gamma - \sqrt{\gamma^2 - \omega_0^2})t}\right] \qquad (6-32)$$

$$V_c(t) = i(t)R + \frac{V_0}{\sqrt{\gamma^2 - \omega_0^2}}\left[\frac{(-\gamma + \sqrt{\gamma^2 - \omega_0^2})}{\mathrm{e}^{(\gamma - \sqrt{\gamma^2 - \omega_0^2})t}} + \frac{(\gamma + \sqrt{\gamma^2 - \omega_0^2})}{\mathrm{e}^{(\gamma + \sqrt{\gamma^2 - \omega_0^2})t}}\right]$$

$$(6-33)$$

临界阻尼响应电流、电容两端电压表达式为

$$i(t) = V_0 t e^{-\gamma t}/L \qquad (6-34)$$

$$V_c(t) = V_0 e^{-\gamma t}[(1-\gamma t)+Rt/L] \qquad (6-35)$$

若串联 RLC 电路中的电阻值为定值,则可以通过比较 ω_0^2 与 γ^2 的关系确定为某种响应。本电路中的电阻值为随时间变化的量,且变化范围很大,因而在求解该电路时三种响应均有可能涉及。运用 Matlab 软件,将闸流管端电阻按式(6-21)取一系列离散值,进而在每个离散的 R 值分别比较 ω_0^2 与 γ^2 的关系以确定电路响应方式。取 $C_1 = 60\text{nF}$, $C_2 = 60\text{nF}$, $L_1 = 80\mu\text{H}$, $L_2 = 30\text{nH}$, 充电电压 40kV,对 RLC 电路进行求解可得电容的端电压,它随时间变化关系如图 6.20 所示。

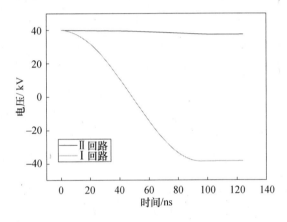

图 6.20　回路电压随时间变化关系

由图 6.20 可知,当闸流管被击穿后,回路 I 中电容两端的端电压快速反转,电容两端电势差由 40kV 下降到 -38.34kV,而此时回路 II 中电容两端的电势差仅由 40kV 下降到 37.42kV。此后,由于闸流管断开,回路中断,电容 C_1、C_2 的端电压维持不变。由倍压电路的等效电路图 6.18 可知,此时电容 C_1、C_2 串联,其串联电容为 $C_{12} = C_1 C_2/(C_1 + C_2) = 30\text{nF}$,串联电容 C_{12} 两端的电势差为 $Vc_1 - Vc_2 = 75.76\text{kV}$,电路实现倍压。理论分析结果表明:回路 I 电感值越小,电容两端的电压反转越快,电路反转过程中损耗的能量越低。因此该电路具有击穿更大放电间隙的潜力。

6.3.2　自引发放电 DF 激光器电极间静电场仿真

运用 6.2.2 节所述理论,对自引发放电电极间静电场分布进行仿真,以图 6.15 中垂直纸面方向为 Z 轴,竖直方向为 X 轴,水平方向为 Y 轴建立直角坐标系。在微米尺度下建立了平板电极模型(电极宽度 5cm,边缘倒圆角半径为 1cm)。喷砂处理的阴极表面布局大量的形状不规则的毛刺,为了简化计算,在建模的过程中,采用由圆弧连接形成的间隔 $50\mu m$、高 $15\mu m$ 的突起来模拟自引发放电阴极表面的毛刺。由于平板电极具有轴对称性,这里采用放电区域的一半来表征整个放电区的电场分布,电极间电场分布如图 6.21 所示。

图 6.21 给出了自引发放电放电区静电分布图,图中不同灰度值代表不同强度的电场,同种颜色覆盖区域电场强度相同,从图中可以看出电极边缘电场最强(直线和圆弧相交处),在电极中心区域内电场分布较均匀。结果显示,微米量级刻度的毛刺对于整个放电区电场分布均匀性的影响微乎其微,它只在微米量级的尺度上对电场有影响。放大后观察到毛刺周围的电场分布如图 6.22 所示。

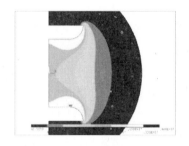 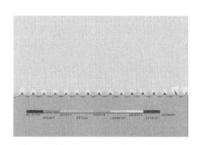

图 6.21　自引发放电 DF
激光器电极间电场分布

图 6.22　自引发阴极表面
毛刺周围的电场分布图

图 6.22 给出了自引发放电粗糙阴极表面的电场分布,从图中可以看出由于阴极上存在均匀毛刺,使电场在突起位置附近明显增大,在凹陷部分明显减小,但这类电场畸变在距离突起 $50\sim100\mu m$ 处明显减小,对于整个放电区电场均匀度的影响微乎其微,它只在电极表面形成一系列较高强度的电场区域。图 6.23 给出了光滑电极表面时电极间电场分布。

光滑阴极的电场分布与粗糙表面阴极的电场分布相比,在主放电区大致相同。光滑阴极的最大电场强度出现在圆弧位置处,而粗糙阴极的最大电场强度则出现在直线与圆弧相交位置附近的毛刺尖端,但粗糙阴极的最大电场强度是光滑阴极的 3 倍以上。粗糙阴极表面的毛刺会使电场明显地得到增强,有利于形成分立的放电通道,形成自引发体放电。

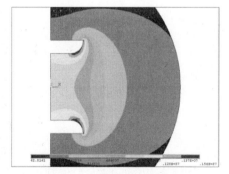

图 6.23　光滑阴极电场分布图

粗糙表面阴极的电场包括一系列交叉分布的强弱电场区域,在强电场区域内,阴极发射的电子可以获得更高的能量,它大大提升了 SF_6 等工作气体的电子解离的概率。从而在阴极表面形成许多分离的等离子体,这些等离子体中的电子在强电场作用下向阳极加速运动,通过碰撞电离过程形成电子崩,进而形成通向阳极的放电通道。由于 DF 激光工作气体在放电过程中存在电流密度限制机制,这些放电通道内的电流不会持续升高发展为弧光放电,而是会在这些放电通道附近纵向形成新的放电通道,同时初期形成的放电通道内的电流密度开始下降。随着时间的推移,各个放电通道内的电流趋于均衡,放电通道弥漫重叠并充满整个放电区域,此时整个放电区形成了稳定的自持体放电。

粗糙表面形成的一系列强电场不仅使电子获得更高的电场能量,以提高气体分子的电子电离概率,进而形成分立的放电通道,还会加强阴极表面的场致发射作用,从而进一步增加强电场区域内的电离概率。

金属表面的场致发射是由于外加电场的作用使金属表面势垒变薄,一部分导带中的电子克服表面势垒作用而穿过金属表面的现象。金属中的自由电子势能是受到多个原子核共同作用形成的,其势能如图 6.24 所示。图 6.24 中水平方向垂直于金属表面,竖直方向表示电子势能。无穷远处电子势能为零,自由电子的最低势能是 $-W_e$,小于这一势能的电子被束缚在金属原子里。可以自由运动的电子势能为 $-e\varphi$,它们可以在金属内自由运动,但不能脱离金属表面。电子要想脱离金属表面进入自由空间中,必须外界施加大于 $e\varphi$ 的能量,才能使电子克服金属表面势垒进入自由空间。

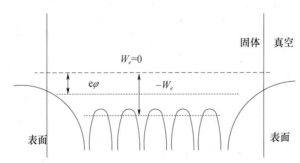

图 6.24　金属表面电子势能示意图

假设一个电子距离金属表面为 x,金属对它的作用力相当于它关于金属表面对称的位置处有一 $+e$ 电荷对它的库仑力:

$$F = \frac{e^2}{4\pi\varepsilon_0 (2x)^2} \tag{6-36}$$

式(6-36)从无穷远处积分,得到电子到金属表面的距离为 x 处的势能:

$$W_e = \frac{-e^2}{16\pi\varepsilon_0 x} \tag{6-37}$$

当外加电场幅值为 E,方向垂直于金属表面,电子的总势能就是:

$$W = -\frac{e^2}{16\pi\varepsilon_0 x} - eEx \qquad (6-38)$$

则电子在电场作用下的势能分布如图 6.25 所示。

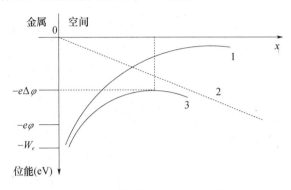

图 6.25　外电场作用下自由电子的势能

从图 6.25 可以看出在外电场作用下自由电子不需要获得 $e\varphi$ 的能量就能逸出金属表面,只需要得到 $e\varphi - e\Delta\varphi$ 的能量就可以脱离金属表面。由此可知,外电场作用下金属表面势垒降低了,外加电场越强势阱壁越薄。依据波动力学,电子在隧道效应的影响下可以穿过势垒,成为空间中的自由电子。换句话说,外加电场越强,金属表面电场变化越大,势阱壁越薄,则电子越容易逸出金属表面。

粗糙表面阴极正是在毛刺尖端附近形成强电场,减薄毛刺尖端附近金属的势垒壁,增强了这一区域的场致发射效应。导致在阴极表面形成的分立电场区域相对于周围区域有更多的自由电子,在放电过程中这些强电场区域内的 DF 激光工作物质的电离概率提高,成为自引发放电初始放电通道的起点。

6.3.3　放电特性测量

非链式脉冲 DF 激光器工作气体成分、配比、气压对放电特性具有较大的影响。通过增加氘气或碳氘化合物比例,可显著提升放电均匀性。图 6.26 为在同样存储能量和气压情况下拍摄的阴极放电图片,图 6.26(a)是纯 SF_6 气体的阴极放电图片,图 6.26(b)是 $SF_6 : D_2 = 10 : 1$ 时的阴极放电图片。从图 6.26 中可以看出 $SF_6 - D_2$ 混合气体中的阴极斑点密度要高于 SF_6 气体中的阴极斑点密度,与纯 SF_6 气体放电相比,从单个阴极斑点通过的电流会小一些。因此,在工作气体中适当提升 D_2 含量可提升放电稳定性。在 SF_6 及基于 SF_6 的混合气体中这两种方法形成的体放电稳定性相似,因而关于影响非链式 DF 激光中 D_2 对体放电(预电离、自引发放电情况)稳定性机理问题仍然没有解决。同 TEA CO_2 激光一样,我们假设这种影响与添加物的低电离系数有关,低电离系数决定了放电等离子体中电子能量将减小,从而提升放电的均匀性。

首先,自引发放电能够形成稳定的体放电,主要是由于在强电负性气体中存在某种机制限制了放电通道内的电流密度;其次是使用粗糙表面的阴极,气体放电时会在毛刺尖端形成通向阳极的放电通道。上述两点同时存在,各个放电通道内的电流密度被限制在辉光放电条件下,所有的放电通道最终相互重叠形成稳定的自持体放电。

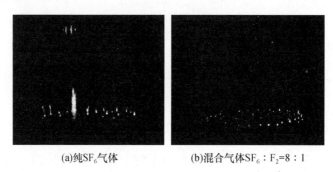

(a)纯SF$_6$气体   (b)混合气体SF$_6$:F$_2$=8:1

图 6.26   自引发放电照片

电流密度限制机制被认为是自引发放电能够形成稳定自持体放电的核心因素。Apollonov 等人使用不同电极对自引发放电演变过程进行了深入研究[12,14],它们采用刀口阴极和圆盘状阳极模拟一列放电通道,其电路结构如图 6.27 所示,使用条纹相机拍摄的放电照片如图 6.28 所示。

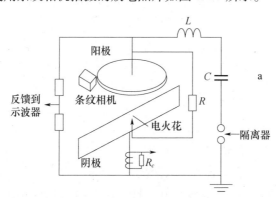

图 6.27   自引发放电实验结构示意图

该实验通过阴极中心处的电火花使初始放电通道确定在电极中心,从如图 6.28 所示的放电照片可以看出,初始时刻只有一个放电通道击穿气体,随着初始放电通道的发展,当初始放电通道亮度达到最大后,在初始放电通道两边出现新的放电通道。随着时间的推移,新的放电通道亮度逐渐升高,放电通道的数量也逐渐增多并向电极边缘扩展,最终充满放电区域。新出现的放电通道亮度依次达到初始放电通道的亮度,同时初始放电通道的亮度逐渐降低,边缘放电通道的亮度逐渐增强。但是当放电时间大于 210ns 之后,初始放电通道的亮度又会回升,整个放电区域的亮度趋于平均。该实验证实自引发体放电是通过大量放电通道的形成及扩散最终形成整个放电区域内的体放电,而且从初始放电通道辉光强度的变化过程可以说明放电通道中存在电流密度限制机制。

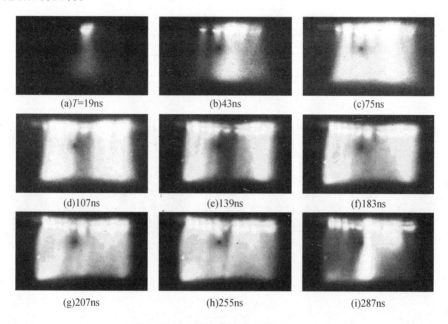

(a)7=19ns　　　　(b)43ns　　　　(c)75ns

(d)107ns　　　　(e)139ns　　　　(f)183ns

(g)207ns　　　　(h)255ns　　　　(i)287ns

图 6.28　不同时延的放电照片

在 DF 激光器放电条件下,负离子解离作用造成的电子增加并不明显,而电子碰撞产生的自由电子会和电子离子复合造成的电子减少相抵消。因此造成电流密度限制最主要的因素是电子轰击导致的 SF_6 分子及气体中其他分子的解离。

取六氟化硫与氘气的气体配比为 8∶1,总气压 8kPa,对自引发放电电极两端的电压进行测量。将 60kV 的高压探头接到图 6.17 所示的测试点 A 上,实验测量的电极两端放电电压波形如图 6.29 所示。高压探头 2000∶1,图 6.29 中每格代表实际电压 10kV;实测放电击穿电压为 37kV,击穿后电压略微下降,进而随着放电通道的扩散,维持电压先缓慢上升后下降,放电持续时间约为 150ns。

图 6.30 给出了不同充气压时的放电电压波形,总气压越高,静态击穿电压也越高。图 6.31 给出了静态击穿电压随工作气体总气压变化的拟合曲线。

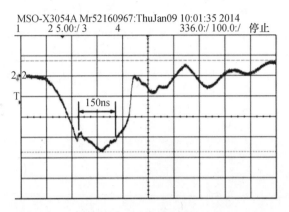

图 6.29　高压放电波形

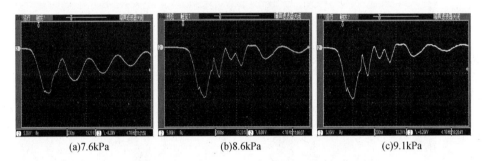

(a)7.6kPa　　　　　　(b)8.6kPa　　　　　　(c)9.1kPa

图 6.30　不同充气压时的放电电压波形

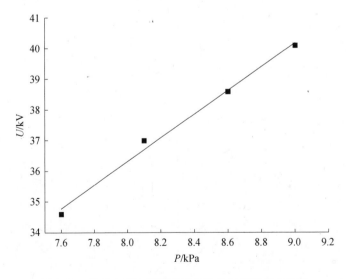

图 6.31　静态击穿电压随工作气体总气压的变化关系

下面的公式可以近似准确地计算准静态击穿电压 U_{st} 的数值：

$$U_{st} = (E/P) \cdot P \cdot d + U_c \qquad (6-39)$$

式中：$U_c = 0.26\text{kV}$；$E/P = 92\text{V/mPa}$，自引发放电的 E/P 值略高于紫外预电离放电的 E/P 值，说明强烈的紫外光照射能够在电极间形成初始的光电离电子，它可有效降低电极间的击穿电压。

参考文献

[1] Apollonov V V,Firsov K N,Kazantsev S Yu,et al. Scaling up of non – chain HF (DF) laser initiated byself – sustained volume discharge [J]. SPIE,2000,3886:370 – 381.

[2] Peng Ruan, Jijiang Xie, Laiming Zhang, et al. Computer modeling and experimental study of non – chain pulsed electric – discharge DF laser [J]. Optics Express,2012,20(27):28912 – 28922

[3] Aksenov Y N,Borisov V P,VBurtsev V,et al. A 400 – W repetitively pulsed DF laser [J]. Quantum Electronics,2001,31 (4):290 – 292.

[4] VApollonov V,Belevtsev AA,Firsov K N,et al. Advanced studies on powerful wide – aperture non – chain HF (DF) lasers with a self – sustained volume discharge to initiate chemical reaction [J]. SPIE,2003,5120:529 – 541.

[5] Butsykin I L,Velikanov S D,Evdokimov P A,et al. Repetitively pulsed DF laser with a pulse repetition rate up to 1200 Hz and an average output power of – 25W [J]. Quantum Electronics,2001,31(11):957 – 961.

[6] 李世明,李殿军,杨贵龙,等. 大功率 TEA CO_2 激光器旋转火花开关电极的烧蚀实验[J]. 中国光学与应用光学,2009,2(3):263 – 268.

[7] 罗敏,汪金生,常安碧,等. 高功率气体火花开关电极烧蚀机理研究[J]. 强激光与粒子束,2004,16(6):781 – 786

[8] 白峰,邱毓昌,姜惟. 气体火花开关电极材料的冲击电流侵蚀特性[J]. 电工技术学报,2001,16(4):76 – 80

[9] 张传胜,李殿军,杨贵龙,等. 大功率 TEA CO_2 激光器的脉冲激励电源[J]. 中国光学与应用光学,2009,2(3):243 – 247.

[10] Chang T Y. Improved Uniform – Field Electrode Profiles for TEA Laser and High – Voltage Applications [J]. Rev. Sei. histrum,1973,44(4):405 – 407

[11] 颜威利. 电气工程电磁场数值分析[M]. 北京:机械工业出版社,2005.

[12] Apollonov V V,Belevtsev A A,Kazantsev S Y,et al. Development of a self – initiated volume discharge in nonchain HF lasers [J]. Quantum Electronics,2002,32(2):95 – 100.

[13] 王庆峰. 紧凑型重复频率脉冲功率源的探索研究[D]. 成都:西南交通大学,2006.

[14] Apollonov V V,Belevtsev A A,Firsov K N,et al. High power pulse and pulsed periodic nonchain HF/DF lasers [J]. SPIE,2002,4747:31 – 43.

第7章 放电引发非链式脉冲 DF 激光器光学谐振腔技术

光学谐振腔是激光器中不可或缺的重要部件,在激光器增益介质两端设置两个共轴反射镜就可以构成一个最简单也是最常用的光学谐振腔。激光光波在谐振腔内振荡,其振幅将在增益区被加强。同时,腔镜对光波具有衍射损耗作用,经多次往返振荡后,光波将被明显地带上衍射痕迹。经足够多次往返振荡后,光波经过一次往返传播后其光波的场分布不再受腔镜的衍射作用影响,即光波往返传播一次后能够"自再现"。此时谐振腔内的光波将以某一特定的光束模式稳定振荡。因此,通过光学谐振腔类型的选择、参数的设计,可以提升激光器能量提取效率和光束质量。

光学谐振腔类型多种多样,依据是否可忽略谐振腔的侧面边界,将其分为开放式谐振腔(简称开腔)、闭腔和气体波导腔。通常情况下,高功率放电引发非链式脉冲 DF 激光器均采用开放式谐振腔。依据谐振腔内近轴光线几何衍射损耗的大小,又将光学谐振腔分为稳定腔、非稳定腔和临界腔。另外还有一类谐振腔,它对不同波数激光的几何衍射损耗具有显著的不同,该类谐振腔通常被称为色散腔,在激光器需要波长调谐时往往采用该类谐振腔。

本章将结合放电引发非链式脉冲 DF 激光器的总体结构和特点,分别阐述稳定谐振腔、非稳定谐振腔及色散腔的参数设计、模式分析及相关的应用等内容。

7.1 稳定谐振腔

稳定谐振腔由于几何偏折损耗较低、调试简单、抗失调灵敏度高等优点在工程领域具有广泛的应用,而平凹型稳定谐振腔相比于其他类型的稳定腔具有模体积大的优势,因而是包括放电引发非链式脉冲 DF 激光器在内的众多高功率激光器中最常用的谐振腔型,本节将以平凹型稳定腔为例进行详细地分析。

7.1.1 平凹型稳定谐振腔参数设计

平凹型稳定谐振腔主要包括谐振腔长度、凹面全反射镜曲率半径、谐振腔镜口径等参数,它们共同决定了激光器能量提取效率(有效增益体积)、光束质量(远场发散角)和抗失调灵敏度。优化设计谐振腔参数可在保证激光器环境适应性的同时提升激光器输出性能。

谐振腔长度由增益区长度及插入器件的尺寸决定,为了控制激光器体积,插入器件与增益区一般为相匹配的紧凑式设置。谐振腔长度确定后,影响平凹腔输出特性(光束发散角、束腰尺寸)及模体积的主要参数为凹面镜曲率半径。放电引发非链式脉冲 DF 激光器通常采用横向激励方式,其激励横截面较大,因而在该腔内传输的模式为高阶横模。高阶横模束宽、发散角为基横模对应参数的 $(2m+1)^{1/2}$ 倍[1],m 为横模阶数,因此可通过先计算基横模高斯光束相关参数,选择合适的凹面镜曲率半径,进而由基横模与高阶横模间参数转换关系估算得到高阶横模光束相关参数。

利用 $ABCD$ 定律和激光束特征参数的自再现条件,可建立两镜光学谐振腔的模式理论。

高斯光束可用复参数 q 表示为

$$\frac{1}{q} = \frac{1}{R} - i\frac{\lambda}{\pi\omega^2} \qquad (7-1)$$

式中:R 为高斯光束的等相面曲率半径;ω 为光束束宽。运用高斯光束的 $ABCD$ 定律和自再现条件,光束在谐振腔内往返振荡一周后其光波场不变,即

$$q = \frac{Aq+B}{Cq+D} \qquad (7-2)$$

对 q 求解可得

$$\frac{1}{q} = \frac{D-A}{2B} + i\frac{\sqrt{4-(A+D)^2}}{2B} \qquad (7-3)$$

如图 7.1 所示,以后反射镜为光束传播的起始点,高斯光束在谐振腔内往返振荡一周的矩阵为

$$\begin{bmatrix} A & B \\ C & D \end{bmatrix} = \begin{bmatrix} 1-4L/\rho & 2L \\ -2/\rho & 1 \end{bmatrix} \qquad (7-4)$$

将式(7-3)、式(7-4)代入式(7-1)可求得后反射镜面处的束腰宽度 ω_1 与等相面曲率半径 R_1:

$$\omega_1^2 = \frac{\lambda L}{\pi}\sqrt{\frac{\rho^2}{L(\rho-L)}} \qquad (7-5)$$

$$R_1 = \rho \qquad (7-6)$$

再次运用 $ABCD$ 定律,可求得后反射镜面处的高斯光束传播到束腰处的光束宽度及位置。此时高斯光束沿着谐振腔光轴传播,传播矩阵为

$$\boldsymbol{M}_0 = \begin{bmatrix} 1 & z_0 \\ 0 & 1 \end{bmatrix} \qquad (7-7)$$

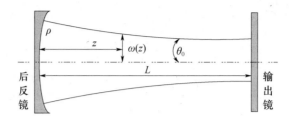

图 7.1　平凹型稳定谐振腔

由此可得 z_0 处 q_0 参数表达式为

$$\frac{1}{q_0} = \frac{1/q_1}{1 + z_0/q_1} \tag{7-8}$$

将表达式 (7-5)、式 (7-6) 代入到式 (7-8),且利用 z_0 处 R 趋于无穷大条件,整理可得束腰位置及束腰宽度表达式:

$$z_0 = L \tag{7-9}$$

$$\omega_0^2 = \frac{\lambda}{\pi} \sqrt{L(\rho - L)} \tag{7-10}$$

由式 (7-9) 可知,对于平凹型稳定谐振腔,其束腰位于输出镜上。高斯光束宽度 $\omega(z)$ 沿着光轴方向按双曲线扩展,因而距离束腰 ω_0 为 z 处光束束宽可表示为

$$\omega(z) = \omega_0 \sqrt{1 + (z/Z_0)^2} \tag{7-11}$$

式中:$Z_0 = \pi \omega_0^2/\lambda$ 为瑞利长度。高斯光束远场发散角定义为 z 趋于无穷大时束宽与 z 的比值。利用式 (7-11) 求 $\omega(z)/z$ 的极限可得远场发散角为

$$\theta_0^2 = \frac{\lambda}{\pi} \frac{1}{\sqrt{L(\rho - L)}} \tag{7-12}$$

对于平凹型稳定谐振腔,设其增益区长度为 l_0,增益区两端面距输出镜轴向距离分别为 z_1、z_2,则其模体积可近似表示为

$$V = \frac{1}{2}\pi l_0 \left(\frac{\omega'(z_1) + \omega'(z_2)}{2}\right)^2 \tag{7-13}$$

式中:$\omega'(z_1)$、$\omega'(z_2)$ 分别为在该谐振腔内传播的高阶模在 z_1、z_2 处的束宽。

光学谐振腔的失调是激光应用过程中必须面对的一大难题,无论采用何种手段都很难将谐振腔完全调准。另外,对于一个已经调好的光学谐振腔,机械振动、谐振腔支架热变形等因素也将引起谐振腔的失调。因而有必要引入一个表征谐振腔失调灵敏度的参量,它的值越小,腔镜失调引入的偏折损耗越小,抗外界干扰能力越强。图 7.2 给出了平凹型稳定谐振腔失调示意图。

图 7.2 中 ε_1 为后反射镜倾斜失调角,在后反射镜、输出镜处,它引起的线位移、角位移分别为 x_{11},θ_{11},x_{21},θ_{21}。后反射镜、输出镜上光束束宽分别为 ω_1、ω_2,

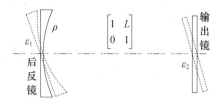

图 7.2　平凹型稳定谐振腔失调示意图

则后反射镜倾斜引入的失调灵敏度参量定义为

$$D_1^2 = \frac{1}{\varepsilon_1^2}\left[\frac{x_{11}^2}{\omega_1^2} + \frac{x_{21}^2}{\omega_2^2}\right] \tag{7-14}$$

腔镜倾斜后,光波将在倾斜的谐振腔内往返振荡,若经过多次往返振荡后能够实现激光输出,它必定在倾斜的谐振腔内满足自再现条件。采用失调光学系统的增广矩阵,以后反射镜为起始振荡点,光波在谐振腔内往返振荡一次时:

$$\begin{bmatrix} x_{11} \\ \theta_{11} \\ 1 \\ 1 \end{bmatrix} = \begin{bmatrix} 1 & 0 & 0 & 0 \\ -2/\rho & 1 & 0 & -2\varepsilon_1 \\ 0 & 0 & 1 & 0 \\ 0 & 0 & 0 & 1 \end{bmatrix} \cdot \begin{bmatrix} 1 & L & 0 & 0 \\ 0 & 1 & 0 & 0 \\ 0 & 0 & 1 & 0 \\ 0 & 0 & 0 & 1 \end{bmatrix}^2 \cdot \begin{bmatrix} x_{11} \\ \theta_{11} \\ 1 \\ 1 \end{bmatrix} \tag{7-15}$$

以输出镜为参考,光波在谐振腔内往返振荡一次时:

$$\begin{bmatrix} x_{21} \\ \theta_{21} \\ 1 \\ 1 \end{bmatrix} = \begin{bmatrix} 1 & L & 0 & 0 \\ 0 & 1 & 0 & 0 \\ 0 & 0 & 1 & 0 \\ 0 & 0 & 0 & 1 \end{bmatrix} \cdot \begin{bmatrix} 1 & 0 & 0 & 0 \\ -2/\rho & 1 & 0 & -2\varepsilon_1 \\ 0 & 0 & 1 & 0 \\ 0 & 0 & 0 & 1 \end{bmatrix} \cdot \begin{bmatrix} 1 & L & 0 & 0 \\ 0 & 1 & 0 & 0 \\ 0 & 0 & 1 & 0 \\ 0 & 0 & 0 & 1 \end{bmatrix} \cdot \begin{bmatrix} x_{21} \\ \theta_{21} \\ 1 \\ 1 \end{bmatrix}$$

$$\tag{7-16}$$

求解式(7-15)、式(7-16)可得:$x_{11} = x_{21} = \varepsilon\rho$。结合式(7-11),将之代入式(7-14)可得由后反射镜引起的失调灵敏度为

$$D_1^2 = \frac{\pi\rho(2\rho - L)}{\lambda} \sqrt{\frac{1}{L(\rho - L)}} \tag{7-17}$$

同样的方法可推导出由输出镜倾斜引起的失调灵敏度为

$$D_2^2 = \frac{\pi\rho(2\rho - L)}{\lambda L} \sqrt{L(\rho - L)} \tag{7-18}$$

谐振腔的后反射镜、输出镜均失调的总失调灵敏度参量为

$$D^2 = D_1^2 + D_2^2 \tag{7-19}$$

上述公式适用于基模高斯光束相关参数的计算,但是高功率、大增益口径的放电引发非链式脉冲 DF 激光器输出模式为高阶横模。实验中,可以采用光束质量分析仪等设备测试具体的光束模式。在设计阶段,可以采用谐振腔内孔径光阑的口径作为该处高阶模光束的束宽,进而运用高阶模与基模束宽的转换关

系估算高阶横模的阶数。图7.3 给出了 DF 激光器谐振腔及放电电极示意图。

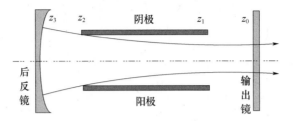

图7.3　DF 激光器谐振腔及放电电极示意图

如图7.3 所示,在平凹腔内传输的高斯光束,为了得到较大的模体积,限径光阑应该位于电极的一端。由于在平凹型稳定谐振腔内传输的光束束腰位于输出镜处,因此 z_2 处的光束宽度大于 z_1 处。若将 z_1 面作为限制光阑端口,必有部分边缘激光打在电极上,此时模体积虽大,但是打在电极上的部分激光折反输出后与主光束偏离,发散严重,它是应该被消除的杂散光。因此将 z_2 处电极端口尺寸作为限制光阑口径,利用基模与高阶模光束间换算公式,可以得到光束的阶数。

优化激光器谐振腔参数的主要目的为:①提高模体积利用率以获得更高的输出能量;②降低远场发散角以获得更好的光束质量、提升激光传输性能;③降低谐振腔的失调灵敏度以提高激光器抗干扰能力,提升其在恶劣环境中的工作性能。

依据上述设计原则,运用非链式脉冲 DF 激光器谐振腔及放电电极的实际参数(腔长 $L = 2.2\,\mathrm{m}$,放电电极长度 $l_0 = 1.2\,\mathrm{m}$,放电电极间距4cm,电极两侧端口距谐振腔腔镜距离均为50cm),计算在该谐振腔内振荡的高斯光束的束宽 ω、远场发散角 θ、失调灵敏度 D 以及模体积 V 随后反射镜曲率半径 ρ 的变化关系,其计算结果如图7.4 所示。由图7.4(a)可知,后反射镜上光束束宽随着后反射镜曲率半径 ρ 的变大而减小,输出镜上的光束束宽随着 ρ 的变大而增大,且当 $\rho > 15\mathrm{m}$ 时,两镜上的束宽随 ρ 的变化趋势逐渐变缓。根据后反射镜和输出镜上光斑尺寸可以确定所需镜片的口径。由图7.4(b)可知,光束远场发散角随着 ρ 的变大呈双曲线变化趋势减小,且 $\rho > 15\mathrm{m}$ 时发散角降低趋势变缓。由图7.4(c)可知,失调灵敏度随着 ρ 的升高呈线性上升。由图7.4(d)可知,有效模体积随着 ρ 的变大呈双曲线变化趋势增加,且 $\rho > 15\,\mathrm{m}$ 时有效模体积变化趋势变缓。综上所述,后反射镜曲率半径小于15 m 时,虽然谐振腔失调灵敏度较低,但是远场发散角较大、有效模体积较小,且光斑在后反射镜上尺寸过大,这样既不利于获得较好的光束质量和较高的输出能量,且增大了后反射镜的加工费用。后反射镜曲率半径处于 $15 \sim 30\,\mathrm{m}$ 之间时,远场发散角、有效模体积、腔镜上的光斑尺寸较曲率半径小于15 m 时有了较大的改善。继续增大后反射镜曲率半径(大于30 m),远场发散角、有效模体积、腔镜上的光斑尺寸改善不大,但失调灵敏度迅速提高,这极大地增加了腔镜失准直的危险。因此对于现有激光器参数,后反射镜曲率半径的最佳选择范围为 15 ~ 30 m,此范围内,后反射镜的有效通光口径不应小于 60 mm,输出镜的有效通光口径不应小于 55 mm。

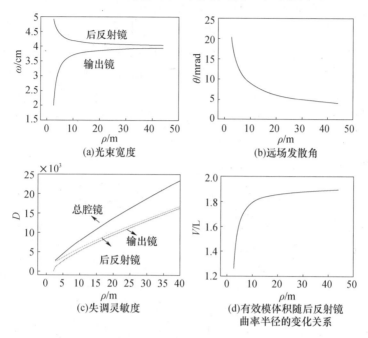

图 7.4　谐振腔内光束参数

7.1.2　稳定谐振腔模式分析

关于激光谐振腔理论,可以归结为以近轴光线近似处理的几何光学理论和波动光学的衍射理论,根据这两种理论均可得到谐振腔内场的本征态。几何光学理论通过将谐振腔内的光波进行光线近似来展开研究,该分析方法从宏观的角度对光波的特性进行分析,缺少了对光波波动特性的考虑,因而不能得到谐振腔的衍射损耗,也不能对光波模式的特性进行深入描述。而通常我们需要对光波模式特性进行深入的了解,因此以菲涅耳－基尔霍夫衍射积分为基础的衍射积分方程理论是研究光腔模式的首选,采用衍射积分方程原则上可以求得任意光腔的模参数,包括谐振腔模式的场振幅分布、相位分布、谐振频率及衍射损耗等,而以衍射理论为基础的腔模计算方法主要有 Fox – Li 数值迭代法、快速傅里叶变换法、有限差分方法和特征向量法。

1. Fox – Li 数值迭代法[2,3]

在 Fox 和 Li 首次采用数值迭代法对平行平面腔的模式进行计算之后,人们开始采用该方法计算其他多种激光谐振腔模式。所谓的数值迭代法就是给定一个初始场,利用迭代方程获得因初始场所引发的场分布,进而将迭代得到的场分布当作新的初始场重新代入迭代方程进行再次迭代,迭代多次直至第 $n+1$ 次场分布与第 n 次场分布仅相差一个常数为止,至此,第 n 次场分布即为自再现模积分方程的本征函数,即谐振腔的稳态场分布。

Fox – Li 数值迭代法具有重大意义,首先它采用逐渐逼近的方式直接得到一系列自再现模,从而首次证实了开腔模的存在;其次,该方法清晰地展现了自再现模形成的过程,这加深了对自再现模形成过程的理解,迭代的数学计算过程跟光波在谐振腔内往返渡越最终形成自再现模这个物理过程相应,且计算结果展示了模的各种特征;此外,该方法拥有普遍通用的优点,可认为它能够对任意形状开腔的稳定场分布进行计算,它还可以将一些如腔镜倾斜等因素考虑进去,从而确定在非理想情况下一些因素对光束模式所造成的扰动。但是该方法的缺点在于收敛性不是很好,特别是在非涅耳数较大的情况下,不易收敛,计算量极大。再者,该方法仅能给出较低阶模式的特征分析,而对于高阶模一般是无效的。

1)快速傅里叶变换法(FFT 法)

快速傅里叶变换法自 20 世纪 70 年代由 Siegman 提出以来,就开始被广泛用于光束传输和模式的相关计算中[4-6]。其基本原理如下。

(1) 将输入光场进行傅里叶变换,求得空间频谱如下:

$$P_0(\nu_x, \nu_y) = \iint u_0(x, y) \exp(j2\pi\nu_x x + j2\pi\nu_y y) \mathrm{d}x\mathrm{d}y \qquad (7-20)$$

(2) 将光波在空域的传输转换到频域内进行操作,就是在频域范围内对输入场频谱做等效传输计算,进而获得如下所示的输出光场频谱分布:

$$P(\nu_x, \nu_y) = P_0(\nu_x, \nu_y) \times H(\nu_x, \nu_y) \qquad (7-21)$$

式中:$H(\nu_x, \nu_y)$ 为光波在频域内的传输函数。

(3) 对根据式(7-21)得到的频谱做傅里叶逆变换,从而求出其在空域中的光场分布,如下所示:

$$u(x, y) = \iint P(\nu_x, \nu_y) \exp(-j2\pi\nu_x x - j2\pi\nu_y y) \mathrm{d}\nu_x \mathrm{d}\nu_y \qquad (7-22)$$

FFT 法使计算时间在很大程度上缩短,例如假定有 $N \times N$ 个光场采样点,采用 FFT 法计算一次衍射,只需要 $N^2 \log_2 N$ 次复数乘法,而采用 Fox – Li 法则需进行 N^4 次复数乘法。但该方法采用了傍轴近似,不适合宽角衍射的计算。另外在进行单元的划分时,为了满足"空间频率"的一致性,需确保在传输过程中所对应的两腔镜表面划分的单元大小相等,而对于复合腔,小尺寸同样要划分足够多的单元数目,那么相对应的大尺寸腔体在同样大小的单元尺寸下划分数目将成倍增加,则整体的计算单元数将增加,获得的计算效率将很低。此外,针对较复杂的谐振腔,该方法不能很完整地表征腔内的本征模。因此一般来讲,FFT 法只对中、小非涅耳数和非复合腔的激光谐振腔较适用。

另外,与 FFT 法类似的方法还有由其发展而来的快速汉克尔变换法(FHT 法)。

2）有限差分方法（Finite Difference Method——FDM）

有限差分光束传播法在 20 世纪 80 年代末由 Yevick 等人提出，其思想可简化如下：将波导横截面切割成许多个小网格，采用差分方程来描述每一个网格上的场，再利用上边界条件对差分方程进行依次求解，得到各个小网格上的场分布，从而获得整个波导横截面上的光场分布，在光的传播方向上依次取多个横截面，按照前述步骤进行重复操作，最终即可获得整个波导中的光场分布。

光场的传播即求解有限差分方程，因 x、y 极化的边界条件可被合并到有限差分方程中，FDM 是半矢量的，即可以处理一个极化分量和一个纵向分量，可分辨出 TE、TM 模，可很正确地估计散射损耗与传播损耗。在横截面的网格划分问题上，并不要求网格是完全一致的，可以考虑在不同横截面上选取不同大小的网格，再将弯曲波导等效成平板波导进行求解，因而可在光场强度大、变化剧烈的区域采取细网格划分，而在其他区域采取粗网格划分。从而相对于 FFT 法，该方法的精度及计算效率要高。

然而 FDM 法也有不足之处，假使进行弯曲曲面问题的解决，若选取的是方形网格进行操作将出现计算量比较大且效率不是很高的情况，而在计算光腔的模式时，腔镜一般为球面镜和复曲面镜，从而进行光腔模式的计算选用有限差分法不太适合。同时该方法算法本身也有缺陷，FDM 矩阵是非 Hermitian 的，其离散化矩阵的特征谱包含有复特征根，计算光场时可能会导致虚假增益，这些问题至今并未完全解决[7]。

3）特征向量法

1970 年 A. E. Siegman 和 H. Y. Miller 提出的 Prony 法、1978 年 W. D. Murphy 和 M. L. Bernabe 提出的本征值法，以及 1980 年 W. P. Latham 和 G. C. Dente 提出的改进的 Prony 法，这些方法本质上均属于矩阵分析方法，也有人称之为特征值法或者特征向量法，国内主要有华中科技大学的程愿应教授采用特征向量法对光腔模式及光束传输进行了相关研究。所提出的方法名称虽各不相同，且具体的数值求解过程也有所差异，但各方法的基本思想却是一致的。该方法的基本思想如下：将谐振腔腔镜划分为有限个单元，依据菲涅耳－基尔霍夫衍射积分方程，计算腔镜Ⅰ上的各划分单元到腔镜Ⅱ上的衍射积分，最终得到腔镜Ⅰ上的各个单元对腔镜Ⅱ上的各个单元的作用系数，即可得到光在腔内从腔镜Ⅰ到腔镜Ⅱ一次渡越的传输矩阵。将上述过程重复，只需将积分方向改为从腔镜Ⅱ到腔镜Ⅰ，此次得到腔镜Ⅱ上的各个单元对腔镜Ⅰ上的各个单元的作用系数，即可得到光在腔内从腔镜Ⅱ到腔镜Ⅰ反方向一次渡越的传输矩阵。最终将上述光在两个方向横越的传输矩阵相乘即可获得光在腔内往返渡越一次的传输矩阵。

特征向量法的重点在于获取可描述光束在腔内往返一次特性的传输矩阵，它是建立在衍射积分理论基础之上的，而要最终获得谐振腔内模式的振幅分布、相位分布及衍射损耗等相关信息只需对其进行特征值及特征向量的求解即可。特征值的大小表征各个模式存在可能性的大小,特征值越大,表明其对应的模式在腔内的损耗越小,存在的可能性越大;特征向量表征的是特定模式的振幅及相位分布情况。相较于数值迭代法,它与初始场无关,且无需反复的迭代过程,只需对自再现模的本征方程进行特征向量的求解即可,而对本征方程的求解,归根结底转换成对传输矩阵进行特征值和特征向量的求解即可。

基于选取的模式计算方法应最终能够体现模式间的鉴别能力,本书以特征向量法为例进行模式鉴别能力的计算。选取的考虑主要在于,该方法只需要对谐振腔的传输矩阵的本征值、本征向量进行求解,这与腔内可能存在的模式只和腔结构参数有关这一物理事实相对应;另外,该方法可一次性计算出多个模式的特征值,可迅速判断腔内最易存在的模式情况。

下面重点介绍特征向量法中最重要的关于传输矩阵的建立。

腔镜Ⅱ上的光场分布 U_2 可根据菲涅耳 – 基尔霍夫衍射积分通过腔镜Ⅰ上各单元在其上的积分作用得到,即

$$U_2 = \frac{\mathrm{i}k}{4\pi} \iint U_1 \frac{\mathrm{e}^{-\mathrm{i}k\rho}}{\rho} (1 + \cos\theta)\, \mathrm{d}s_1 \qquad (7-23)$$

式中: U_1 为腔镜Ⅰ上的光场分布; ρ 为源点与目标点的距离,且

$$\rho = \sqrt{L^2 + (x_1 - x_2)^2 + (y_1 - y_2)^2} \qquad (7-24)$$

如图7.5所示,将腔镜Ⅰ根据某个顺序划分成 $1\sim mm$ 单元,则其镜面上的复振幅分布函数 $U_1(x,y)$ 将被离散成复振幅分布向量,即 $U_1 = \{U_1(1), U_1(2), \cdots, U_1(mm)\}$,同理将腔镜Ⅱ依据某个顺序划分成 $1\sim nn$ 单元,则腔镜Ⅱ上的复振幅分布向量 $U_2 = \{U_2(1), U_2(2), \cdots U_2(nn)\}$ 。

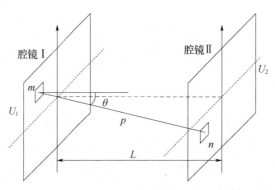

图7.5　腔镜划分

若已知腔镜Ⅰ上的复振幅分布向量 U_1 ,经过腔内的一次渡越可得到腔镜Ⅱ上的复振幅分布向量 U_2 。对腔镜Ⅱ上的任意元素 n ,其中心位置 (x_n, y_n) 由腔镜类型和划分的单元决定,其复振幅 $U_2(n)$ 可看作是腔镜Ⅰ上 $1\sim mm$ 单元各

自作用叠加后的结果,据菲涅耳 – 基尔霍夫衍射积分公式,先给出腔镜 I 上第 m 个单元对 $U_2(n)$ 的作用,记作

$$U_{12}(m,n) = \frac{\mathrm{i}k}{4\pi} \iint_{S_m} U_1(m) \frac{\mathrm{e}^{-\mathrm{i}k\rho}}{\rho}(1 + \cos\theta)\mathrm{d}s \qquad (7-25)$$

式中:$U_1(m)$ 为第 m 个单元的复振幅分布;S_m 为第 m 个面积单元。

当划分的单元数足够大时,可认为 S_m 上的复振幅变化不大,即 $U_1(m)$ 为常数,它与面积单元 $\mathrm{d}s$ 无关,可将 $U_1(m)$ 从积分号中提出,进而得

$$U_{12}(m,n) = A_{12}(n,m) \times U_1(m) \qquad (7-26)$$

$$A_{12}(n,m) = \frac{\mathrm{i}k}{4\pi} \iint_{S_m} \frac{e^{-\mathrm{i}k\rho}}{\rho}(1 + \cos\theta)\mathrm{d}s \qquad (7-27)$$

m 从 $1 \sim mm$ 取值,则腔镜 II 上的 $U_2(n)$ 可表示为

$$U_2(n) = \sum_{m=1}^{mm} A_{12}(n,m)U_1(m)(n = 1,2,\cdots,nn) \qquad (7-28)$$

n 从 $1 \sim nn$ 取值,则腔镜 II 上的复振幅分布向量 U_2 可表示为

$$\begin{pmatrix} U_2(1) \\ U_2(2) \\ \vdots \\ U_2(nn) \end{pmatrix} = \begin{pmatrix} A_{12}(1,1) & A_{12}(1,2) & \cdots & A_{12}(1,mm) \\ A_{12}(2,1) & A_{12}(2,2) & \cdots & A_{12}(2,mm) \\ \cdot & \cdot & \cdots & \cdot \\ A_{12}(nn,1) & A_{12}(nn,2) & \cdots & A_{12}(nn,mm) \end{pmatrix} \begin{pmatrix} U_1(1) \\ U_1(2) \\ \vdots \\ U_1(mm) \end{pmatrix}$$

$$(7-29)$$

式(7-29)给出了光由腔镜 I 至腔镜 II 的一次渡越,可简单表示为:$U_2 = A_{12} \times U_1$,而一次渡越矩阵 A_{12} 具体如下:

$$A_{12} = \begin{pmatrix} A_{12}(1,1) & A_{12}(1,2) & \cdots & A_{12}(1,mm) \\ A_{12}(2,1) & A_{12}(2,2) & \cdots & A_{12}(2,mm) \\ \cdot & \cdot & \cdots & \cdot \\ A_{12}(nn,1) & A_{12}(nn,2) & \cdots & A_{12}(nn,mm) \end{pmatrix} \qquad (7-30)$$

$A_{12}(n,m)$ 的具体含义为:腔镜 I 上的第 m 个单元对腔镜 II 上的第 n 个单元的作用系数。将腔镜 I、II 交换位置,可得到光从腔镜 II 渡越到腔镜 I 的一次渡越矩阵 A_{21}。则在腔内往返一次后光的复振幅可表示为:$U_{11} = A_{21} \times A_{12} \times U_1 = A \times U_1$,且根据模式的自再现原理,有

$$U_{11} = \gamma U_1 \qquad (7-31)$$

则可得关于 U_1 的方程:

$$\gamma U_1 = A U_1 \qquad (7-32)$$

由式(7-32)可知,表征各个模式本征值的 γ 即为矩阵 A 的特征值,而各个模式的场分布由 γ 所对应的特征向量表征,易知矩阵 A 囊括了对谐振腔内存在的模式及其光束特性的描述,从而将其称作传输矩阵。

通过以上分析可知,谐振腔内模式的求解过程分解为以下几个步骤:首先进行腔镜的划分,其次进行传输矩阵 A 的计算,再对传输矩阵 A 进行特征值和特征向量的求解,最后根据特征向量进行腔内模式场分布的模拟。归根到底,谐振腔内模式分布的计算关键是传输矩阵 A 的建立及其特征值、特征向量的求解。

该方法较其他方法有诸多优点:①仅需要建立传输矩阵进行其特征值、特征向量的求解就可得到模式的场分布情况,无需假定一初始场进行多次迭代去获取稳定的场分布;②对两点间距离 ρ 并未进行傍轴近似,从而可进行宽角衍射的计算;③特征值的大小 γ 表征谐振腔内各个模式存在可能性的大小,对各个模式的单程损耗可根据公式 $\delta = 1 - |\gamma|^2$ 计算,进而可容易地对谐振腔的模式鉴别能力进行判断。

这里对平凹稳定腔展开模式计算,通过传输矩阵的建立,本征值的计算,获取各个模式的损耗关系。表 7.1 给出了绝对值较大的前几个特征值及其所对应的模式。

表 7.1 平凹稳定腔绝对值较大的特征值及其对应模式

编号(No.)	γ	特征值(γ)	模式
1	$-0.966 - 0.225i$	0.9921	TEM_{13}
2	$0.319 + 0.939i$	0.9917	TEM_{12}
3	$-0.943 + 0.306i$	0.9914	TEM_{15}
4	$-0.339 - 0.929i$	0.9888	TEM_{00}
5	$0.965 - 0.098i$	0.9702	TEM_{31}
6	$-0.549 - 0.788i$	0.9602	TEM_{14}
7	$0.299 + 0.912i$	0.9595	TEM_{24}
8	$-0.571 + 0.767i$	0.9562	TEM_{22}

图 7.6 给出了平凹稳定腔腔本征值较大模式的相对振幅分布的计算机模拟三维图形。

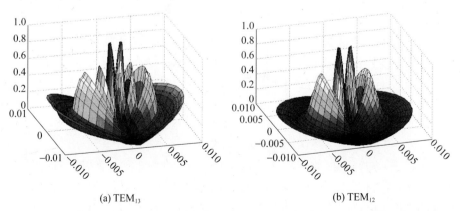

(a) TEM_{13} (b) TEM_{12}

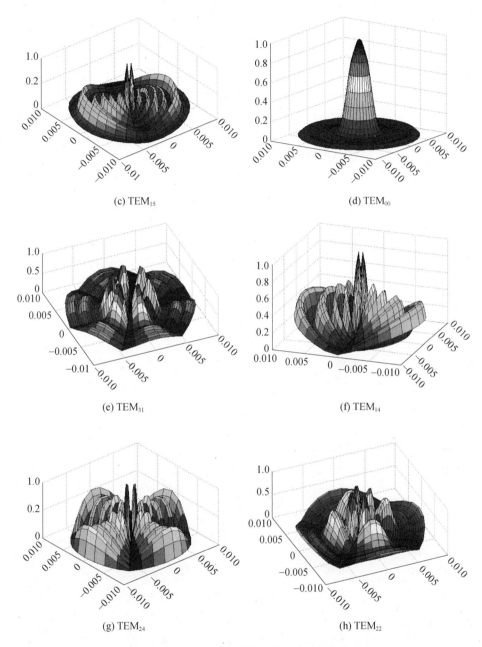

(c) TEM$_{15}$　　　　　　　　　　　　(d) TEM$_{00}$

(e) TEM$_{31}$　　　　　　　　　　　　(f) TEM$_{14}$

(g) TEM$_{24}$　　　　　　　　　　　　(h) TEM$_{22}$

图 7.6　平凹稳定腔本征值较大模式的相对振幅分布

　　由图 7.6 平凹稳定腔模式计算结果可看到,本征值最大的激光模式不再是
基模 TEM$_{00}$ 模,而是高阶模 TEM$_{13}$ 模。另外本征值较大的前三个模式分别为
TEM$_{13}$、TEM$_{12}$、TEM$_{15}$ 模,周向较径向方向对于损耗更为敏感。

7.2 非稳定谐振腔

1965 年,斯坦福大学西格曼教授首次提出非稳定腔概念,理论上分析了非稳定腔应用于高增益激光器的可行性,并将之成功地应用到红宝石激光器上[8]。

非稳定光学谐振腔虽然几何偏折损耗较高(单程损耗高),但是它凭借如下三个优点在高增益激光器上获得了广泛的应用。

(1)模体积大,增益提取效率高。

(2)衍射耦合输出,远场发散角接近衍射极限。

(3)较高的横模鉴别能力,能够抑制高阶横模的振荡。

7.2.1 非稳定谐振腔参数设计

工程上,较常用的一种非稳定腔为非对称共焦腔(望远镜腔),该类非稳定腔可分为腔内有焦点的负分支非稳定共焦谐振腔和腔内无焦点的正分支非稳定共焦谐振腔。负分支非稳定共焦谐振腔内有实焦点,焦点处激光功率密度集中将导致工作气体光电离,这将破坏增益区放电的均匀性,降低激光输出性能,不适合高功率激光器应用。正分支非稳定共焦谐振腔结构如图 7.7 所示,球面镜 1 为凹面反射镜,曲率半径为 ρ_1,直径为 D;球面镜 2 为凸面反射镜,曲率半径为 ρ_2,直径为 d。球面镜 1 和球面镜 2 的虚焦点位于谐振腔外。

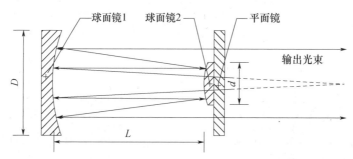

图 7.7 正分支非稳定共焦谐振腔结构图

在正分支非稳定共焦谐振腔系统中,谐振腔放大系数 $M = D/d$ 只与 g 参数有关[9]:

$$M = 1/(2g_1 - 1), M = 2g_2 - 1 \qquad (7-33)$$

式中:$g_i = 1 - L/\rho_i (i = 1,2)$,正分支非稳定共焦谐振腔条件为:$g_1 g_2 > 1$。将 g 参数代入到式(7-33)中,可得谐振腔反射镜曲率半径的表达式为

$$\rho_1 = 2ML/(M-1), \rho_2 = -2L/(M-1) \qquad (7-34)$$

有效菲涅耳数是表征谐振腔衍射特性的一个重要参数,它的表达式为

$$N_{eq} = (M - 1) d^2 / 8\lambda L \tag{7-35}$$

由图 7.7 可知,非稳定光学谐振腔的远场发散角包括光线偏离光轴引起的几何分量和腔镜衍射作用引起的衍射分量两部分。针对正分支非稳定共焦谐振腔,其输出光线与光轴近似平行,因此其几何分量可以忽略,其远场发散角近似为平行光束经环孔衍射后的中央亮斑角半径。依据夫琅禾费衍射理论,谐振腔放大系数为 M 的正分支非稳定共焦谐振腔的远场光强角分布为

$$I(\theta) = I_0 \left\{ \frac{M^2}{M^2 - 1} \left[\frac{J_1(2\pi M\theta d/\lambda)}{\pi M\theta d/\lambda} - \frac{J_1(2\pi \theta d/\lambda)}{\pi M^2 \theta d/\lambda} \right] \right\}^2 \tag{7-36}$$

式中:I_0 为 $\theta = 0$ 时远场光强峰值;J_1 为一阶贝塞尔函数。通过求解表达式(7-36),找到其第一个光强极小值点即可获得正分支非稳定共焦谐振腔的远场发散角。另外,由于该谐振腔输出的激光为近似平行光,因而其耦合输出系数可表示为[10]

$$\tau = 1 - 1/M^2 \tag{7-37}$$

由于 M 是腔长 L 与腔镜曲率半径 ρ 的函数,因此可以通过调整谐振腔的光学参数获得不同的耦合输出系数。对于给定的激光器存在最佳的光学耦合输出系数[11],它主要由激光器增益损耗比所决定。因而对于给定的谐振腔长度与耦合输出系数,可由式(7-34)、式(7-37)计算非稳定共焦腔的腔镜曲率半径。

非稳定腔镜失调示意图如图 7.8 所示。图 7.8 中 o_1、o_2 分别为球面镜 1 和 2 的曲率中心,曲率半径分别为 ρ_1、ρ_2,口径分别为 D、d。设球面镜 1 的失调角为 θ,其曲率中心由 o_1 移动到 o_1',此时,非稳定腔的光轴由 o_1o_2 变为 $o_1'o_2$,二者间的夹角为 γ。光轴 $o_1'o_2$ 与球面镜 1、2 的交点距光轴 o_1o_2 的距离分别为 H、h。微小角度 γ 与 θ 间的关系式为

$$\gamma = \frac{\theta \rho_1}{\rho_1 + \rho_2 - L} \tag{7-38}$$

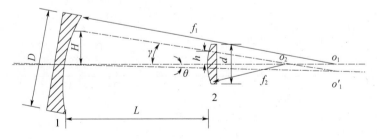

图 7.8　非稳定腔失调示意图

非稳定腔角失调灵敏度定义为[12]

$$\xi = \gamma / \theta \tag{7-39}$$

将式(7-34)、式(7-38)代入式(7-39),可得正分支非稳定共焦谐振腔失调灵敏度为

$$\xi = \frac{2M}{M-1} \qquad (7-40)$$

失调临界角定义为倾斜后的光轴与腔镜一端相交时原光轴与倾斜后的光轴间的夹角。如图 7.8 所示,当 $h = d/2$ 时,对应的 θ 角即为该非稳定腔的临界角。图 7.8 中 h 可表示为:

$$h = \frac{\theta \rho_1 \rho_2}{\rho_1 + \rho_2 - L} \qquad (7-41)$$

将 $h = d/2$ 代入式(7-41),整理可得正分支非稳定共焦腔失调临界角表达式为

$$\theta' = dL/2\rho_1 \rho_2 \qquad (7-42)$$

针对放电引发非链式脉冲 DF 激光器,为了便于正分支非稳定共焦腔调节,采用全外腔结构,增益区采用布什窗封装。设定非稳腔腔长 2.6m,运用式(7-33)~式(7-42),计算可得不同耦合输出系数时正分支非稳定共焦腔的光学参数。结果如表 7.2 所列。

表 7.2　正分支非稳定共焦腔设计参数

τ	L/m	D/mm	M	ρ_1/m	ρ_2/m	d/mm	N_{eq}	ξ	$\theta'/mrad$
60%	2.6	40	1.58	14.165	-8.965	25.3	4.70	5.44	0.268
70%	2.6	40	1.82	11.542	-6.342	22.0	5.01	4.44	0.378
80%	2.6	40	2.24	9.393	-4.193	17.9	5.00	3.61	0.572

7.2.2　非稳定谐振腔模式分析

7.1.2 节采用特征向量法分析了稳定腔可能存在的模式,这里采用相同的理论,对非稳定腔模式进行分析,设定的正支虚共焦非稳腔相关参数如下:腔长 $L = 2.88m$,波长 $\lambda = 3.8\mu m$,前凸反射镜的曲率半径为 10m,其口径大小为 25.38mm,后凹反射镜的曲率半径为 15.76m,其口径大小为 40mm。表 7.3 给出了绝对值较大的前几个特征值。

表 7.3　正分支虚共焦非稳腔绝对值较大的特征值

编号(No.)	Γ	特征值(γ)
1	$0.995 + 0.041i$	0.9958
2	$0.494 + 0.858i$	0.9902
3	$0.725 - 0.668i$	0.9855
4	$0.785 - 0.580i$	0.9762
5	$0.159 - 0.955i$	0.9683
6	$-0.528 + 0.810i$	0.9667
7	$0.085 - 0.940i$	0.9438
8	$-0.398 + 0.855i$	0.9432

图 7.9 给出了正支虚共焦非稳腔本征值较大模式的相对振幅分布的计算机模拟三维图形。

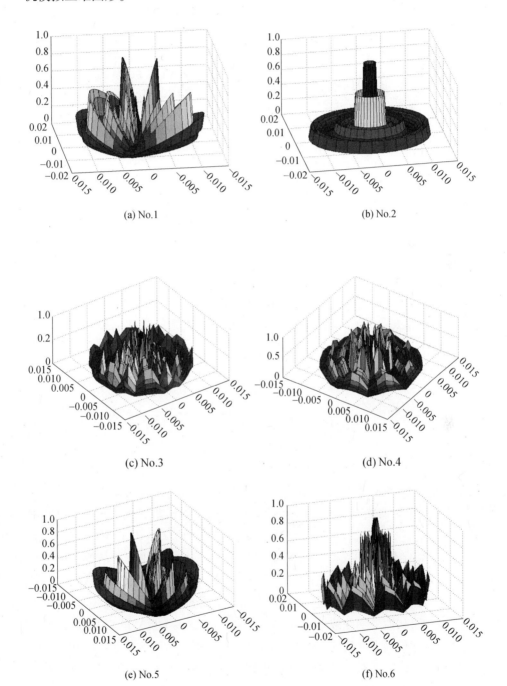

<table>
<tr><td>(a) No.1</td><td>(b) No.2</td></tr>
<tr><td>(c) No.3</td><td>(d) No.4</td></tr>
<tr><td>(e) No.5</td><td>(f) No.6</td></tr>
</table>

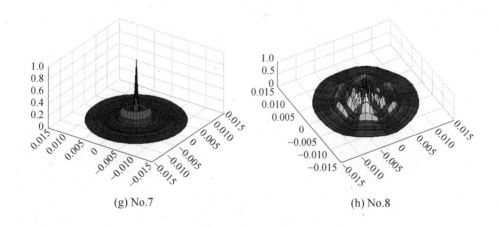

(g) No.7 　　　　　　　　　　　　　(h) No.8

图 7.9　正支虚共焦非稳腔本征值较大模式的相对振幅分布

非稳腔计算结果并不如稳定腔那样可以清晰地看到具体输出的为哪个模式,因而在图 7.9 中并未给出具体的模式类别。

依照特征向量法可以计算得到各个模式的本征值 γ,其模表征了自再现模在腔内往返渡越一周引起的功率损耗,这里的损耗指的是几何损耗和衍射损耗,但主要是衍射损耗,即为 δ,且 $\delta = 1 - |\gamma|^2$。

进行相对损耗 δ_r 的定义:

$$\delta_r = \frac{|\delta_m - \delta_{m+1}|}{\delta_m} \qquad (7-43)$$

式中:δ_m 为第 m 个模式的衍射损耗。

相邻模式间相对损耗 δ_r 可体现相邻模式竞争的"激烈"程度。δ_r 越大,说明相邻的两模式其中之一的模式竞争力很强,即模式鉴别能力强;而 δ_r 越小,则说明相邻两模式损耗相差不大,模式竞争力相差不大,即模式的鉴别能力弱。

表 7.4 给出的是稳定腔和非稳腔两种腔型下本征值较大的前四个激光模式及相邻模式间的相对损耗,由此可看出稳定腔前几个可能出现模式间的损耗相差不大,相对损耗值都不是很大,则前几个模式的竞争力都比较强,模式的鉴别能力较差,从而最终获取的激光输出模式可能是多个模式的组合;而对非稳腔而言,本征值最大的模式与其次大的模式间的相对损耗值比之稳腔相差二十几倍,而其他两个相对损耗相较稳腔也略大,这充分展现了非稳腔相对于稳定腔具有更强的模式鉴别能力。

表 7.4　稳定腔和非稳腔模式计算结果对比

腔型	编号	特征值(γ)	δ	δ_r/%
稳定腔	1	0.9921	0.0157	—
	2	0.9917	0.0165	5.1
	3	0.9914	0.0171	3.64
	4	0.9888	0.0223	30.4
非稳腔	1	0.9958	0.0084	—
	2	0.9902	0.0195	132.1
	3	0.9855	0.0288	47.69
	4	0.9762	0.0470	63.19

7.2.3　非稳定谐振腔的实验研究与参数优化

正分支非稳定共焦腔实验装置如图 7.10 所示,激光从前反射镜外围输出。前后布氏窗呈镜像布置以抵消激光传播过程中由布氏窗引起的垂直于光轴方向的偏移,保证非稳腔准直时前后腔镜的几何中心仍在光轴上。

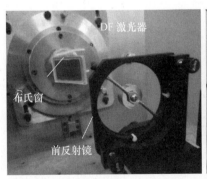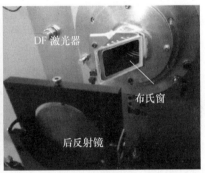

(a)前视图　　　　　　　　　　　(b)后视图

图 7.10　放电引发非链式脉冲 DF 激光器非稳定光学谐振腔实物图

进行各组腔镜实验前,首先进行共焦腔的调节,调腔过程如下:摆放与放电电极同轴的指示光,利用指示光指示光轴安装后反镜、前反镜,使两镜满足同轴条件。由于腔长难以精确调节到使两腔镜满足共焦条件,因而需要在发射激光的同时进行腔长的微调,直至观测到输出光斑形状对称为止。

实验自放大率由大到小、后反射镜口径由大到小的顺序进行,首先进行近场光斑形状的观察记录,通过光斑形状来判断腔的调节情况。在获得均匀的激光光斑后,再进行激光能量与远场发散角的测量记录。

图 7.11 给出了不同放大率条件下激光输出能量随后反射镜口径变化的实

验结果[13]。

由图 7.11 可以看出,在同一放大率下,后反射镜 $D = 38$mm 较 36mm、40mm 输出能量偏大。根据激光光学理论,后反射镜口径越大,模体积越大,得到的输出激光能量越大,而实验中激光脉冲能量在 $D = 38$mm 时达到最大值,这可能是由于电极间工作气体放电不均匀以及电极边缘未完全放电等离子对激光的屏蔽造成的[14]。实验中采用的电极间距为 40mm,当后反射镜口径 $D = 40$mm 时,在同一放大率条件下,前反射镜口径也偏大,此时激光靠近电极边缘输出,而电极边缘未完全放电等离子体对激光屏蔽作用严重,另外放电区边缘的增益系数也较低,而后反射镜口径 $D = 38$mm 所对应的腔镜组合正好限制了电极边缘的激光振荡,消除了电极边缘未完全放电等离子体对激光的屏蔽作用,因此 $D = 40$mm 整体输出能量低于 $D = 38$mm 整体输出能量。

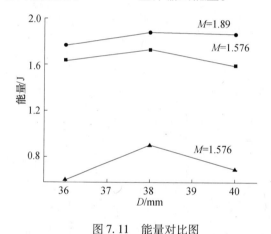

图 7.11 能量对比图

同一后反射镜口径下,放大率 $M = 1.89$ 时能量最高,而 $M = 1.576$ 时相对其他两组能量下降很多,出现该现象的原因主要是受腔长和可获取总增益的影响。腔长越短,损耗越小,输出能量越高;放大率越大,输出耦合率 $1 - 1/M^2$ 越大,偏折损耗越大,可获取总增益越小,输出能量越小。腔长和可获取总增益二者的影响情况无法量化,而从实验结果看,腔长对于能量的影响作用较大。放大率 $M = 1.89$ 时腔长最短,放大率居中,相对其他两组能量最高;放大率 $M = 1.576$ 时腔长最长,虽然放大率较小,腔长带来的损耗大于可获取的总增益,从而输出能量最小。放大率 $M = 1.89$ 时极间距限制造成的反射镜片尺寸限制不如其他两组明显,这可用放电电极间等离子体的吸收饱和来解释,该组激光输出能量高,等离子体对激光的吸收易达到饱和,那么电极边缘未完全放电等离子体对激光的屏蔽作用将减弱,从而该放大率下 $D = 40$mm 时能量下降不如其他两组明显。

图 7.12 给出理论计算与实验发散角对比图。可以看出,实验得到的远场发散角随放大率的增大而减小,这与理论计算结果相符;在同一放大率下,理论

计算结果显示远场发散角随后反镜口径的增大而减小,且具有线性下降趋势,实验得到的远场发散角与理论远场发散角有相同的下降趋势,但并不与后反射镜口径成反比,二者的偏差应考虑到理论计算同实际情况之间的差距。理论计算过程中,假定的是远场光强分布在同一放大率下完全相同;而在实际情况中,从实验结果可以很明显地看到,采用不同后反射镜口径时的输出能量不一,如 $D=40\text{mm}$ 时有能量下降趋势,这将使得最终获得的远场光强分布不可能完全相同,从而远场发散角不再与理论计算规律一致,其不是仅跟后反射镜口径成反比关系,进而远场发散角变化趋势将偏离线性下降走势。理论上,非稳定腔可得到平行光输出,远场发散角的理论计算也是基于平面波经环形光阑后的夫琅禾费衍射得到的,而实际激光在腔内经多次往返振荡输出的并非是平行光,这是除实验过程中非稳腔腔镜失调外实验值较理论值高的另一主要原因。总之,实际测量的远场发散角与理论计算的远场发散角变化规律基本一致。

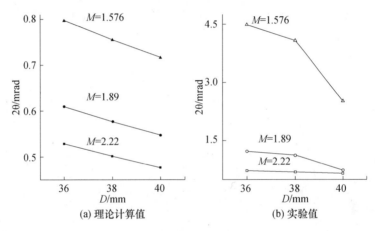

图 7.12　理论、实验发散角对比图

表 7.5 给出了根据实验测得的激光输出光束发散角 θ 计算得出的衍射极限倍数 β。

表 7.5　衍射极限倍数 β 值

M	β		
	$D=36\text{mm}$	$D=38\text{mm}$	$D=40\text{mm}$
1.576	5.63	5.41	3.51
1.89	2.01	1.96	1.35
2.22	1.36	1.39	1.37

由表 7.5 可知,随着放大率的增大,衍射极限倍数大体呈下降趋势,因而在非稳腔研究中应尽可能选取放大率较大的腔镜组合。综合考虑上述能量、远场

发散角、β 值等激光输出参数，$M=1.89$，$D=40\text{mm}$ 组腔镜为九组中输出性能最佳的非稳腔腔镜组合。

7.3 色 散 腔

DF 化学激光器在 $3.5 \sim 4.1\mu\text{m}$ 范围内拥有数十条谱线，而不同的谱线对应不同气体的吸收峰，例如：SO_2 气体对 $3.98\mu\text{m}$ 附近的 $P_3(9)$、$P_3(10)$ 线具有较强的吸收；H_2S 气体对 $3.70\mu\text{m}$ 附近的 $P_1(9)$ 线具有较强的吸收；N_2O 对谱线 $P_2(10)$、$P_3(7)$ 吸收较强；CH_4 对谱线 $P_1(9)$ 有超强吸收；CO_2 气体仅对 $P_3(9)$、$P_3(10)$、$P_3(11)$ 有微弱吸收。另外，不同谱线在大气中的穿透能力也不同，其中 $P_2(8)$ 线在大气中的衰减系数最小。面对不同的应用需求应选择合适的谱线，采用色散腔是实现 DF 激光选定谱线输出的常用技术。

色散腔利用了色散元件对不同波长的激光束具有不同的衍射角这一特性，即激光以不同角度入射到色散元件上时，不同波长的激光具有不同的腔内非输出损耗系数 K_{loss}，因而通过调整激光入射角降低某一波长的非输出损耗系数便可实现该波长的输出。

棱镜和光栅是工程上常用的两类色散元件。棱镜的色散曲线可由柯西方程给出：

$$n = a + \frac{b}{\lambda^2} + \frac{c}{\lambda^4} \tag{7-44a}$$

式中：a,b,c 均为正的常量，它们由材料的性质决定。对式(7-44a)求导可得材料的色散关系：

$$\frac{\mathrm{d}n}{\mathrm{d}\lambda} = -\frac{2b}{\lambda^3} - \frac{4c}{\lambda^5} \tag{7-44b}$$

式(7-44b)表明，棱镜色散与波长的高次方成反比，且波长越长，角色散分辨率越低。因此它不是中长波段理想的分光元件。光栅分光特性可由光栅方程给出：

$$d(\sin\alpha + \sin\beta) = m\lambda \tag{7-45}$$

式中：d 为光栅常数，即光栅的刻槽间距；α 和 β 分别为激光束的入射角和衍射角；m 为衍射级次；λ 为激光波长。由此可知，波长越长，光栅角分辨率越高，即采用光栅分光更易分开相邻的激光波长。为了设计合理的光栅色散腔，首先在理论上分析非链式脉冲 DF 激光的谱线分布。

DF 激光谱线由 DF 分子的振转能级间辐射跃迁输出，因而其输出谱线位置由 DF 分子的上下振动、转动能级能量差决定。DF 为双原子分子，其振动能量表达式为[15]

$$G(\nu) = \sum_{l=1} Y_{l0}(v+1/2)^l \qquad (7-46)$$

式中:v 为振动量子数;Y_{lj} 为 Dunham 系数。同一振动能级上又有若干转动能级,其转动能为振动、转动量子数的双重展开式:

$$E_{\nu,j} = \sum_{j=1} \sum_{l=0} Y_{lj}(\nu+1/2)^l [J(J+1)]^j \qquad (7-47)$$

式中:J 为转动量子数。此时,振转跃迁谱线可由式(7-48)给出:

$$\omega_c(\nu,J) = G(\nu+1) - G(\nu) + E_{\nu+1,J+1} - E_{\nu,J} \qquad (7-48)$$

计算结果以波数(cm^{-1})为单位。表 7.6 给出了 DF 激光器可能输出的各振转能级跃迁谱线的计算结果。

表 7.6　DF 激光器振转跃迁谱线

振动谱带	转动谱带	波数/cm^{-1}	波长/μm
1→0	P(5)	2791.66	3.5821
	P(6)	2766.25	3.6150
	P(7)	2743.41	3.6451
	P(8)	2717.39	3.6799
	P(9)	2691.79	3.7150
	P(10)	2665.20	3.7520
	P(12)	2611.10	3.8298
2→1	P(3)	2750.05	3.6363
	P(4)	2727.38	3.6665
	P(5)	2703.98	3.6983
	P(6)	2680.28	3.7310
	P(7)	2655.97	3.7651
	P(8)	2631.09	3.8007
	P(9)	2605.87	3.8375
	P(10)	2580.16	3.8757
	P(11)	2553.97	3.9155
	P(12)	2527.47	3.9565
	P(13)	2500.32	3.9995
3→2	P(3)	2662.17	3.5763
	P(4)	2640.04	3.7878
	P(5)	2617.41	3.8206
	P(6)	2594.23	3.8547
	P(7)	2570.51	3.8903
	P(8)	2546.37	3.9272
	P(9)	2521.81	3.9654
	P(10)	2496.61	4.0054
	P(11)	2471.34	4.0464
	P(12)	2445.29	4.0895

由表 7.6 可知,DF 激光谱线在 3.5～4.1μm 范围内具有条数多,相邻谱线波长差小的特点,因此 DF 激光光栅色散腔需在 3.5～4.1μm 全波段内具有非

常高的分辨率。

光栅和全反射镜(或透镜)构成的谐振腔,通常选择工作在 Littrow 自准直条件下,即使光栅的一级振荡方向与光轴重合,此时由于入射角 α 与衍射角 β 相等,光栅式(7-45)则变为

$$2d\sin\alpha = m\lambda \tag{7-49}$$

式(7-49)表明,在 Littrow 自准直条件下,只有满足该方程的谱线才能在腔内建立振荡,其他波长的光则因光栅衍射角度的不同造成较大的损耗而无法形成振荡。$\alpha(\beta)$ 仅由光栅的刻槽间距 d 决定,每一级次的相对光强分布,即衍射效率则取决于光栅刻槽的形状、光栅的入射面特性、入射光的偏振特性等因素。因此,为提高衍射效率,就要减少衍射级数。通过限制刻槽间距,就能使正一级衍射级次外其他的衍射级次所对应的衍射角超出光栅的反射面,因而实际上都不存在。要满足这样的条件,在所选择的激光波长 λ 对应的光栅刻槽数应该满足下述关系:

$$0.5\lambda < d < 1.5\lambda \tag{7-50}$$

由此,可得到 DF 激光波长调谐范围对应的 d 值为 $2.05 \sim 5.25\ \mu m$,相应的光栅刻线数为 $190 \sim 487$ 线/mm。另外,由式(7-49)可知,d 值越小,角分辨率越大,因此可采用 200 线/mm 的金属原刻光栅,采用 1 级振荡 1 级输出的色散方式,对于 $3.8\ \mu m$ 激光输出,由表达式(7-49)计算可得此时激光入射角应为:$22.3337°$。对于闪耀光栅,当光束认 Littrow 自准直条件入射时,衍射光强 I 可表示为

$$I = \frac{\sin^2\left[\dfrac{d\pi}{\lambda}(\sin(\alpha-\theta)+\sin(\beta-\theta))\right]}{\left[\dfrac{d\pi}{\lambda}(\sin(\alpha-\theta)+\sin(\beta-\theta))\right]} \times \frac{\sin^2\left[\dfrac{Nd\pi}{\lambda}(\sin\alpha+\sin\beta)\right]}{\left[\dfrac{d\pi}{\lambda}(\sin\alpha+\sin\beta)\right]} \tag{7-51}$$

式中:N 为光栅刻槽总数;d 为光栅常数;θ 为光栅闪耀角。

对于放电间隙 $d_0 = 40mm$ 的正方形激光放电腔,光栅尺寸必须大于 $d_0/\cos(a)$,此时光栅的有效宽度为 44mm,即 $N = 44 \times 200 = 8800$。取 $\alpha = \beta = 22.337°$,波长 $\lambda = 3.8\ \mu m$,光栅常数 $d = 5\ \mu m$。由式(7-49)可得各设计谱线的激光入射角,结果如图 7.13 所示。

由图 7.13 可知,当各设计激光谱线对应特定的激光入射角,当激光在 $3.5 \sim 4.1\mu m$ 范围内变化时,光栅面旋转角度范围为 $20.5° \sim 24.5°$。进而通过旋转改变光栅反射面角度,计算了在设计波长时,全谱段激光的衍射光强,结果如图 7.14 所示。

由图 7.14 可知,对于特定的入射角,只有一条谱线衍射效率高且陡峭,其他波长处光谱衍射效率接近为零,输出受到抑制,从而可通过旋转光栅改变激

光入射角实现非链式脉冲 DF 激光单谱线输出。

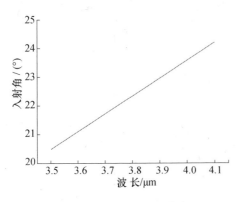

图 7.13　色散腔激光入射角
随谱线的变化关系

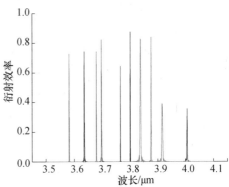

图 7.14　各设计波长条件下的
激光衍射效率

参考文献

［1］吕百达. 激光光学［M］. 北京:高等教育出版社,2003.

［2］张骁. 基于差分方程的激光谐振腔模式快速算法及其应用研究［D］. 长沙:国防科技大学,2011.

［3］刘泽金,陆启生,李文煜,等. 有源腔内位相光阑改善腔模的数值分析［J］. 应用激光,1997,19(3):97－99.

［4］王晓峰,康冬丽,树俊波,等. 激光形成过程和谐振腔自再现模的数值分析［J］. 大学物理,2011,30(11):10－13.

［5］吕百达,冯国英,蔡邦维. 板条激光器用光腔的模式计算:快速傅里叶变化法［J］. 激光技术,1993,17(6):335－339.

［6］杜燕贻. 无源虚共焦非稳腔光束特性模拟［J］. 强激光与粒子束,2000,12(2):164－168.

［7］徐明兰. 正方形光学微腔模式的 FDTD 计算［D］. 呼和浩特:内蒙古大学,2009.

［8］A E Siegman. Unstable optical resonators for laser application［C］. Pittsburgh:IEEE,1965:277－287.

［9］程成. 气体激光动力学及器件优化设计［M］. 北京:机械工业出版社,2008.171－188.

［10］Siegman A E. Unstable optical resonators［J］. Applied optics,1974,13(2):353－367.

［11］Xie J J,Pan Q K,Guo R H,et al. Dynamical analysis of acousto－optically Q－switched CO_2 laser［J］. Optics and Lasers in Engineering,2012,50:159－164.

［12］Krupke W F,Sooy W W. Properties of an Unstable Confocal Resonator CO_2 Laser System［J］. IEEE Journal of quantum electronics,1969,5(12):575－586.

［13］谭改娟. 非链式脉冲 DF 激光器谐振腔研究［D］. 北京:中国科学院大学,2013.

［14］Aksenov Y N,Borisov V P,Burtsev V V,et al. A 400－W repetitively pulsed DF laser［J］. Quantum Electronics,2001,31(4):290－292

［15］尹厚明,谢行滨,罗静远. 化学激光手册［M］. 北京:科学出版社,1987.

第8章 放电引发非链式脉冲 DF 激光器放电生成物处理技术

在放电引发非链式脉冲 DF 激光器中激发态的 DF 分子通过能级间的跃迁,产生光子,并通过谐振腔的振荡增益形成激光输出。而正如本书前面介绍的那样,在这一过程中混合气体中的其他分子或原子也会对激发态的 DF 分子产生碰撞弛豫,使其降到低能态,形成无辐射跃迁,从而导致激光输出能量快速降低。另一方面,处于激发态的 DF 分子将会在受激辐射出激光后回落到基态的位置,形成的基态 DF 分子同样具有消激发的作用。为解决这些问题,通常需要利用分子筛材料对放电生成物中的有害污染物(主要为基态的 DF 气体分子)进行吸附,从而使激光器在一次充气条件下能够长时间稳定工作。

同其他的化学激光器一样,对放电引发非链式脉冲 DF 激光器工作中产生的尾气进行处理是必须考虑的一个重要技术环节。这里所说的"尾气"为未消耗的工作物质与其放电产物组成的混合气体,当工作物质内由于饱含放电产物(消激发粒子)而使得激光器无法正常工作时,必须将它从激光器腔体内经排气管道排出,之后充入新鲜的工作物质,使激光器继续工作。激光器实物尾气内含有大量的有害气体,它直接危害到操作激光器的人、耐酸性较差的设备以及生态环境。因此,激光器工作尾气排向大气之前,必须对其进行无害化处理,使其符合大气安全排放标准,这也是该激光器运行和实际应用的前提条件。

因此,放电引发非链式脉冲 DF 激光器放电生成物处理技术主要分为两方面的内容,一是如何利用分子筛吸附技术将放电产生的消激发物质(主要为基态 DF 气体)去除,二是利用尾气处理技术将激光器排放的有害废气去除,本章将对此进行详细阐述。

8.1 放电生成物的主要成分及其危害

放电引发非链式脉冲 DF 激光器常用的工作物质为 SF_6 和 D_2,激光器工作时,激光腔体内的气体主要包括工作物质、工作物质的放电解离产物以及它们之间的化学反应产物,这里统称为放电生成物。

8.1.1　工作物质的放电产物

D_2 具有较强的还原性,它在适当的条件下,极易与卤族单质(F、Cl、Br 等)发生强烈的化学反应,生成较稳定的酸性化合物,并释放大量的热量。D_2 的电离能较高,在 DF 激光器放电电极间很难被解离为 D 原子,它将仍以 D_2 形式存在。

SF_6 的化学性质比较稳定,在常温常压下很难与其他物质发生化学反应。在高压脉冲放电时,放电阴极释放的电子经电场加速后具有较高的能量,高能电子碰撞 SF_6 分子将导致其裂解分离出 F 原子与低氟化物,低氟化物的具体形式主要由高能电子能量所决定,表 8.1 给出了不同电子能量碰撞 SF_6 分子时的电离产物。

表 8.1　SF_6 分子电离产物[1-3]

编号	化学反应	电子能量/eV
1	$e + SF_6 \rightarrow SF_6^-$	<0.5
2	$e + SF_6 \rightarrow SF_5^- + F$	0.5
3	$e + SF_6 \rightarrow SF_5 + F^-$	2.9
4	$e + SF_6 \rightarrow SF_4^- + F_2$	5.4
5	$e + SF_6 \rightarrow SF_4 + F^-$	5.7
6	$e + SF_6 \rightarrow SF_4^- + 2F$	6.0
7	$e + SF_6 \rightarrow SF_3 + F^- + 2F$	9.3
8	$e + SF_6 \rightarrow SF_3^- + 3F$	11.2
9	$e + SF_6 \rightarrow SF_2 + 3F + F^-$	11.8
10	$e + SF_6 \rightarrow SF_5^+ + F + 2e$	15.9
11	$e + SF_6 \rightarrow SF_4^+ + 2F + 2e$	18.7
12	$e + SF_6 \rightarrow SF_3^+ + 3F + 2e$	20.1
13	$e + SF_6 \rightarrow SF_2^+ + 4F + 2e$	26.8

电子在气体中的平均自由程为[4]

$$\bar{\lambda} = kT / \pi r^2 p \qquad (8-1)$$

式中:$k = 1.38 \times 10^{-23}$ 为波尔兹曼常数;T 为热力学温度;r 为气体半径;p 为气压。SF_6 分子半径为 $2.28 \times 10^{-10}\,m$[5],SF_6 分压为 8kPa,放电区温度取 300K,则电子在 SF_6 气体中的平均自由程为 3.17μm。运用 DF 激光器放电电压及电极间距数据估算得电极间电子的平均能量约为 3eV[6]。由于电极间电子的能量统计规律服从波尔兹曼分布,因而在非链式脉冲 DF 激光器的放电电极间 SF_6 分子可发生的解离反应为表 8.1 中的反应过程 2~6,其中,反应 3 发生的概率最大。此时,工作气体的电离产物主要为:SF_5^-,SF_5,SF_4^-,SF_4,F,F_2,F^-。

8.1.2 放电产物间的化学反应

SF_6分子具有较强的电负性,因而电极间少量存在的 F 负离子携带的负电荷将转移到 SF_6 分子上,形成 SF_6 负离子,F 负离子变成中性的 F 原子。放电产物中的 F 原子、F_2 具有较强的氧化性,而工作物质中的 D_2 具有强烈的还原性,在脉冲放电激励下,它们将发生激烈的化学反应,并释放大量的热量,该反应即为非链式脉冲 DF 激光器的泵浦反应,其放热量如表 8.2 所列。

表 8.2 DF 激光器泵浦反应[7,8]

化学反应	反应热
$F + D_2 \rightarrow DF^* + D$	$\Delta H = -128kJ/mol$
$D + F_2 \rightarrow DF^* + F$	$\Delta H = -416kJ/mol$

由于放电生成的 F_2 与 F 原子量较少,因而最终它们将被工作物质 D_2 消耗殆尽,生成 DF 分子及少量的 D 原子。

放电产物中的 SF_5 负离子通过与 SF_6 分子碰撞失去负离子变为中性的 SF_5 分子。SF_5 分子在常温下化学性质较为稳定,但在环境温度大于 150℃ 时,它将发生化学反应 $SF_5 + SF_5 \rightarrow SF_4 + SF_6$[9-11]。这里根据第 5 章中介绍的自引发放电非链式脉冲 DF 激光器的实际结构参数来计算激光器放电区温度能否达到 SF_5 裂解所需的温度。激光器放电体积为:$0.5 \times 0.5 \times 6.5 = 1.625L$;$SF_6$ 充气压 8kPa;D_2 气充气压 800Pa;初始温度为 300K。理想气体状态方程表达式为

$$pV = mRT/M \qquad (8-2)$$

运用式(8-2)计算可得 SF_6、D_2 在放电区的充气质量分别为:760mg,2.1mg。SF_6、D_2 的比热容分别为 $0.665J/(g \cdot k)$,$7.2J/(g \cdot k)$,此种状况下,两种气体的混合比热容为 $0.683J/(g \cdot k)$。一次放电注入到放电区的能量约为 96J,在放电结束后,这些能量全部转化为热量,由此引起的放电区温升 $\Delta t = 184K$。另外,由于 DF 激光器的泵浦反应为放热反应,反应热中只有一小部分能量转化为 DF 激光输出(10% 左右),残余反应热也将导致气体升温。因此,放电结束后,放电区的温度超过 210℃,此时 SF_5 将裂解为 SF_4 与 SF_6。而 SF_4 和 SF_6 由于热分解温度均超过 600℃,它们能够稳定地存在于放电区[12]。如果工作物质中混入少量的水蒸气和空气时,还会发生如下反应:

$$SF_4 + H_2O \rightarrow SOF_2 + 2HF \qquad (8-3)$$

$$2SOF_2 + O_2 \rightarrow 2SO_2F_2 \qquad (8-4)$$

如果水分含量较多时,还可能发生以下反应:

$$SF_4 + 2H_2O \rightarrow SO_2 + 4HF \qquad (8-5)$$

所以非链式脉冲 DF 激光器腔体中放电生成物的主要成分为 DF、SF_4，剩余的反应气体为 SF_6 和 D_2，还可能有少量的水蒸气、SOF_2、SO_2F_2、SO_2 以及 HF。

8.1.3　气体放电生成物的危害

SF_6，六氟化硫，是一种无色、无味、无毒性气体。由于 S－F 键较强，它具有良好的稳定性和绝缘性，但当空气中 SF_6 浓度较大时，容易导致操作人员窒息，美国、德国等颁布的国家安全规则规定空气中 SF_6 的最高含量为 $6g/m^3$[12]。因此该工作尾气排向大气时，应保证大气流通，避免向封闭空间排放。

D 是 H 的一种同位素，D_2 的理化性质与 H_2 类似，为无色、无味、无毒性气体，但是 D_2 为易燃易爆性气体，它在空气中的爆炸界限为 5%～75%，因此非链式脉冲 DF 激光器排气口必需远离明火与热源。

HF 是一种无色有刺激性气味的气体，水溶液称为氢氟酸。HF 气体和氢氟酸均具有毒性，容易使骨骼、牙齿畸形。吸入较高浓度的氟化氢，可引起眼及呼吸道黏膜刺激症状，严重者可发生支气管炎、肺炎或肺水肿，甚至发生反射性窒息。眼接触局部剧烈疼痛，重者角膜损伤，甚至发生穿孔。氢氟酸可以透过皮肤被黏膜、呼吸道及肠胃吸收，导致人体灼伤。工作场所中的允许含量为 $3\mu L/L$[13]。

DF 是一种具有刺激性气味的毒性气体，其理化性质与 HF 类似，对皮肤、黏膜有强烈刺激作用，并可引起肺气肿和肺炎等。DF 能强烈地溶于水形成氘氟酸，对玻璃具有独特的腐蚀作用，并能与绝大多数金属发生化学反应。中国安全标准规范规定，空气中允许的最高 DF 含量为 $1mg/m^3$[14]。表 8.3 给出了人类接触不同浓度 DF 气体时的反应。

表 8.3　人类吸入 DF 后的反应[12]

吸入浓度/（mg/L）	吸入时间	吸入后反应
0.025	1h	可感受到刺激作用，不愉快
0.05	30min	强烈刺激皮肤和黏膜，有明显的嗅味，咳嗽不止
0.1	1min	人类最大忍受浓度，胃难受，呕吐不止
0.4	6min	引起中毒，上呼吸道溃疡，化脓性气管炎，肺水肿
0.01	长期	牙齿脱落，骨质硬化，眼角膜穿孔引起失明

SF_4 是一种无色有毒气体，有类似 SO_2 的刺激性气味，常用作氟化剂。遇水蒸气将产生剧毒的烟雾，对玻璃、金属等具有强烈的腐蚀作用，燃烧后将生成氟化氢、二氧化硫等有害气体。空气中能与水分生成烟雾，产生 SOF_2（氟化亚硫酰）和 HF，在常温下可被碱液、活性氧化铝吸收。人类吸入 SF_4 后易引发肺炎、上呼吸道炎等，类似光气对人的损伤。SF_4 气体在工作环境中的最高允许含量

为 0.1 μL/L[13]。

SOF$_2$，氟化亚硫酰，是无色气体，有臭鸡蛋味，化学性质稳定，剧毒，可造成严重的肺气肿。SOF$_2$气体在工作环境中的最高允许含量为 2.5mg/m^3[13]。

SO$_2$F$_2$，氟化硫酰，无色无味，化学上极稳定，剧毒，容易导致痉挛而窒息，侵害肺部。在工作环境中的最高允许含量为 5μL/L[13]。

SO$_2$，强刺激性气体，易溶于水，损害黏膜和呼吸系统，容易引起疲劳等症状。在工作环境中的最高允许含量为 2μL/L[13]。

遇紧急情况发生排气管道泄漏时，工作人员必须尽快撤离至安全区域，脱去污染的服装，用清水清洗裸露的皮肤及眼镜，之后应立刻就医。维修人员需带自给式呼吸器、安全防护眼镜及橡胶手套方可前去抢修。

8.2 分子筛吸附技术在 DF 激光器中的应用

放电引发非链式脉冲 DF 激光与脉冲 CO$_2$ 激光产生的机理不同，前者所消耗的电能主要用来产生中性 F 原子，而形成粒子数反转的能量来源于化学反应；后者所消耗的电能主要用来泵浦激光，发生的主要过程为

$$SF_6 + e \rightarrow F + e \qquad (8-6)$$

$$F + D_2 \rightarrow DF + D \qquad (8-7)$$

$$DF(\nu) + M \rightarrow DF(\nu-1) + M \qquad (8-8)$$

$$DF(\nu) \rightarrow DF(\nu-1) + h\nu \qquad (8-9)$$

反应式(8-6)是利用脉冲放电生成激光泵浦所需的 F 原子，属于吸热反应，是决定激光输出的主要反应。为了得到尽可能多的 F 原子，必须保证放电的稳定，稳定放电的引发技术有电晕预电离、紫外光预电离、半导体预电离和新型的自引发放电技术等，采用自引发放电技术，能够在没有预电离的情况下输出高功率、高能量激光。反应式(8-7)也称激光泵浦反应，用于产生有效的粒子数反转，属于放热反应，DF(ν)为 DF 的振转激发态，在非链式反应中 $\nu=1,2,3$。反应式(8-8)是激发态 DF 消激发过程，M 是引起消激发的粒子，可为 DF、D$_2$、SF$_6$等粒子，其中基态 DF 分子的消激发作用最强。此过程中激发态 DF 分子通过碰撞弛豫跃迁回到低能态而形成无光子辐射，因而该过程不利于激光输出。而这些消激发粒子同时都是 DF 激光器正常工作所必需的物质，因而该过程无法避免。由于每次放电生成的激发态 DF 分子最终都将通过各种方式回到基态，在封闭循环运转条件下，随着放电次数的增多，工作物质中基态 DF 分子的含量也将递增，这势必会增大消激发作用，降低激光器输出能量。因此采取必要措施清除储气腔内的基态 DF 分子，这将有利于激光器稳定运转。而反应式(8-9)就是形成激光的跃迁过程。

式(8-8)表示的消激发过程是影响 DF 化学激光器稳定工作的重要原因，因此美国[15]、法国[16,17]、英国[18]、俄罗斯[19]等在开展该类激光器研究伊始，就在激光器中设计加入了各种吸附装置，填充各种固体吸附剂，以实现对消激发物质(主要是基态 DF 气体)的吸附，从而实现激光器的重频运转。我国对非链式脉冲 DF 激光器的研究起步较晚，但已开展的激光器研究中，也非常重视这方面的研究和应用。中国科学院北京电子学研究所的柯常军团队研制了一台 DF 激光器，获得了最大能量 1.2J 的脉冲 DF 激光输出。运用该激光器在准封离状态下完成 1~3Hz 重频运转，采用碱性分子筛作吸附剂，其单次充气累积输出1000 个激光脉冲后能量仅下降了 20%[20,21]。

根据以往国内外研究，在各种固体吸附剂中，分子筛的应用最为广泛，但针对该激光器如何选用吸收效率最高的分子筛材料，如何构建吸收效果好又对气体流速影响较小的吸附剂应用方式，如何实现吸附剂的重复利用等问题目前并没有系统地实验研究。本节将首先详细介绍分子筛吸附的基本原理，以及针对该激光器的专用分子筛材料的设计和制造过程，然后介绍分子筛吸附装置的具体设计方法及分子筛在激光器中的实际应用情况。

8.2.1 分子筛吸附的基本原理

通常，人们把尺寸范围在 2nm 以下的孔道称为微孔(Micropore)，具有微孔孔道结构的物质称为微孔化合物(Microporous Compounds)，孔道尺寸范围在2~50nm 间的物质称为介孔材料(Mesporous Materials)，孔道的尺寸大于 50nm的就属于大孔(Macropore)范围了。具有规则单一的微孔孔道，对小分子具有一定的筛分功能，因此又称为分子筛(Molecule Sieve)材料。最早被发现的天然微孔材料是天然的微孔硅铝酸盐，是在 1756 年被瑞典的 Cronstedt 男爵发现的。他针对这些材料在试管中加热后充满泡沫的特征，将之取名为 Zeolites，即沸石。在随后的 150 年里，人们对沸石材料进行了很多的观察和研究，发现了许多漂亮的晶体，但是只是作为一种自然的神奇证明，而并没有引起专业人士的重视。早期的人们只认识到它们可以吸附水、乙醇和甲酸蒸汽，然而几乎不吸附丙酮、乙醚和苯，开始把它们当作吸附与干燥剂使用。人们也利用它们来分离某些气体分子，如空气的分离等，获得了良好的结果。直到 20 世纪 50 年代，人们才开始对这类材料进行详细的研究，这是因为 X 射线衍射技术的应用使得人们认识到了这类材料具有 90% 以上的单一规则的孔道结构。随着地质勘探工作和矿物研究工作的逐步展开，人们发现的天然沸石的品种越来越多，到目前为止，天然沸石已发现有 40 余种，然而经结构测定的还不及 30 种。并且，大型的沸石矿在日本和新西兰被发现，并且人们也第一次人工合成了沸石，工业上对 A 型分子筛和 X 型分子筛的兴趣也增大。沸石在石油化工等领域的重要性被认识以后产生了巨大的市场价值,人们对沸石的研究日益深入,在过去的50年里取得很大的发展。据国际分子筛学会(IZA)委员会的统计,到2003年,分子筛的结构总数已达145种。由于微孔化合物合成化学与合成技术的进步,大量具有不同组成元素与基本结构单元的微孔化合物被合成与开发出来。即使按2003年IZA的官方统计,145种独立微孔结构的分子筛,由于骨架组成元素从以沸石的组成元素Si与Al扩展到包括大量过渡元素在内的几十种元素,骨架的调变与二次合成方法的进步,使具有上述百余种独立的微孔骨架结构的各类微孔化合物超过数万种[22-24]。

据不完全统计,我国已经发现的沸石矿床有丝光沸石和斜发沸石、方沸石、片沸石、钠沸石、杆沸石、辉沸石以及浊沸石等许多品种。随着我国地质勘探工作的进一步发展,必将会有更多的发现。随着人们对天然沸石的认识不断深入,其应用范围越来越广,使用天然沸石也取得良好的结果。我国也较早地进行了沸石的人工合成工作,在1959年成功地合成了A型分子筛和X型分子筛,不久后又合成了Y型分子筛和丝光沸石,并迅速地投入了工业生产。虽然合成的沸石在纯度、孔径的均一性、离子交换性能等方面要优于天然沸石,但是价格要高于天然沸石,这是因为很多天然沸石的矿床都位于地表附近,很容易开采,经过简单的工序后就可以投入使用。在需求量大,对质量要求不高的情况下,天然沸石具有很大的应用优势,目前已广泛应用于农业、轻工业、环境保护等方面。

作为一种具有严格化学计量比的晶态无机聚合物材料,沸石分子筛每多一个Al原子就会给骨架带来一个负电荷,从而骨架就需要一个正电荷的离子来平衡。因此,沸石分子筛在很多应用领域都具有很强的吸引力,这主要是由于它具有以下特点:

(1)沸石分子筛具有孔径单一有序的孔道结构。

(2)有些分子可以进入沸石分子筛的孔道,有些分子不能,因此具有选择性吸附的能力。

(3)沸石分子筛具有很好的离子交换能力。

(4)通过离子交换酸可以使沸石骨架具有很强的布朗斯特酸性,有很好的催化能力。

(5)沸石分子筛具有很好的稳定性,可以在很高的温度下使用。

分子筛与多孔材料半个世纪以来围绕着多孔物质的三大传统应用领域的需要:①吸附材料,用于工业与环境上的分离与净化、干燥领域;②催化材料,用于石油加工、石油化工、煤化工与精细化工等领域中大量的工业催化过程的需要;③离子交换材料,大量应用于洗涤剂工业、矿厂与放射性废料与废液的处理等;这是分子筛与多孔物质久用不衰且至今尚在继续发展的原因。随着材料与科学领域上的交叉与渗透的日益广泛与深入,多孔物质在高新技术先进材料领域上的应用(诸如微电子学、分子器件等)与发展也正蓄势以待,前景无限。

多孔材料的最大的特点在于它具有"孔"。由于其具有与普通固体材料相比要大得多的内表面积,因此具有非常强的吸附能力。微孔材料由于孔径大小合适,对气体分子的吸附更加有效。沸石分子筛吸附现象的基本原理与其他固体类似,都是基于固体的界面(表面),实际上可以认为是与本体性质不同的切面,因为暴露在表面受到内向力,化学性质活泼,容易对其他分子具有一定的作用力。如果固体的表面存在很多羟基、氨基、羰基、羧基等官能团,它们可以成为吸附气体分子的吸附位点,或者形成氢键等相互作用。可以根据吸附量、吸附作用力、吸附层的结构表征等研究吸附状态。吸附量是表征吸附状态的最基本参数,也是对于应用最有意义的参数。

分子筛的吸附行为与水吸收溶解气体、浓硫酸吸收溶解水等不同。那些现象都是一个相的物质穿过界面溶解到另一相中,实际上形成了一个新的相,因此称为吸收或扩散。吸附和吸收有时候同时发生。对于氧化钙与二氧化碳反应形成碳酸钙,由于发生了化学变化,所以不叫吸附。但是也有反应和吸附同时产生,或者吸附力很强已经与化学键相当,被称为化学吸附。吸附质离开界面引起吸附量减少的现象叫脱附,动力学观点认为,被吸附分子在界面上是不停地在进行吸附和脱附的,当吸附的量和脱附的量在统计学上相等时,或者经过无限长时间不发生变化时,就叫做吸附平衡。如果在与吸附相同的物理、化学条件下,让被吸附的分子发生脱附,脱附量与吸附量相等,这种吸附行为称为可逆吸附。对于作用力不是很强的吸附,有时候需要稍微提高一下温度就可以完全脱附,虽然不是严格的可逆吸附,被称为准可逆吸附。一般把可逆的吸附和准可逆的吸附,也就是弱的吸附称为物理吸附,而化学吸附由于作用力较强,都是不可逆的吸附。氢键吸附属于物理吸附还是化学吸附目前还不是很明确,因情况而异。对于物理吸附,可以通过高温低压处理对分子筛进行脱附,从而提高分子筛的再生活化能力。

分子筛材料的吸附行为,与分子筛的孔道表面和被吸附分子之间的作用有很大的关系。由于种类繁多,它们的性质各不相同。根据相关文献,它们之间的吸附作用可以大致分为以下几种。①色散力,是指被吸附分子在靠近分子筛表面的原子时,由于同周围轨道的电子产生相对振动,发生瞬间的极化,并诱导邻近原子也产生极化,极化的原子之间存在弱的相互作用。色散力的数据量大概在 10^4 J/mol。②偶极子相互作用,是指具有键距的被吸附分子以及电负性不同的表面原子都存在电荷分布的不均,由此产生的偶极子之间会发生相互作用。这种作用比色散力要弱。③四极子相互作用,有的非极性的分子的电荷分布使得其还可能具有四极矩,具有四极矩的被吸附分子和具有四极矩的表面原子之间可以发生相互作用。这种作用比偶极子相互作用更弱。以上三种作用通称为范德华力。另外,吸附作用还有能量较强的电荷相互作用,包括:④氢键,是指固体表面存在氢原子的极性官能团,如羟基、硫基、羧基、磺酸基、氨基等的时候,这些基团的氢原子可以和被吸附分子中的氧、硫、氮、氟、氯等的孤独电子发生作用,氢键的强度大概是范德华力的 5~10 倍,在室温的情况下很难脱附,因此一般认为氢键的吸附属于准可逆的吸附;⑤酸碱相互作用,是指吸附表面的原子存在电子过剩或者不足时,会形成路易斯酸或布朗斯特碱,与具有吸电子或给电子性质的被吸附气体之间就会产生酸碱的相互作用,这种作用一般在表面具有杂原子或者被吸附分子酸碱性较强时存在。另外,吸附作用还包括分子筛孔道因为孔径大小引起的变化,如毛细管凝聚等。

如何描述和表征分子筛材料的孔道特征,属于多孔材料研究的最基本和重要的工作之一。描述多孔材料的宏观参数很多,如固体材料的内表面积、外表面积、微孔孔容、微孔孔径分布、吸附脱附等温线、吸附特性、孔几何学,以及孔道的连通性等。很多的孔的性质都是通过物理吸附来测定的,因为氮气、氧气和氩气的惰性,其通常被用作探针吸附质,可以得到吸附等温线,从而计算分析出多孔物的比表面积、孔体积、孔径的大小和分布等。在测试之前,需要对样品进行预处理,一般是加热和抽真空处理,在不破坏骨架的情况下除去样品中的客体分子,包括有机模板剂、水、空气等。测试的方法有重量法和量压法。重量法是将样品放到微量天秤上,在温度固定的情况下改变吸附质的压力,并跟踪样品的重量变化。压力从大到小得到吸附等温线,然后再从小到大,得到脱附等温线。量压法是将样品放在一个恒温的已知体积的封闭系统中,每次定量地加入或抽掉吸附质气体,当压力平衡后测定压力的变化,根据压力的变化计算样品的吸附量。压力一般从真空开始,逐渐升压到一个大气压后再降低到较低的压力(由于脱附的最后部分比较难以完全脱附,因此难以达到起始的真空度),记录压力和计算的吸附量,可以得到吸附和脱附的等温线。实际上,量压法只有在低温(多为液氮温度)下才能得到比较精确的结果。不论哪种方法,必须严格地控制温度、气体的纯度等,认真仔细地操作,才能得到可靠的数据,分析出真实的孔道信息。氮气是最常用于测试分子筛材料的探针吸附质分子,因为它价格便宜,性质惰性,但是并不是最好的选择,因为氮气是双原子分子,形状扁长,具有一定的极性,会使等温线经常显示复杂的变化。氩气为单分子球形的分子,大小与氮气相似,更适合用于分子筛材料的探针吸附质分子。

通过吸附等温线的分析,可以建立理论模型解释实验数据。虽然多数的模型和公式都只适用于一定孔径和形状及一定的条件(吸附质、温度和压力等)下,现有的理论和模型还不能非常准确地解释实验数据,但是,仍然可以得到如比表面积、孔容、吸附量等对分子筛材料进行评估。吸附等温线通常有六种,如

图8.1所示。沸石和类沸石分子筛等微孔材料的吸附等温线通常为Ⅰ型。吸附在较低的压力就开始,并急剧增加,在低压区就基本达到饱和。这是因为被吸附的分子在一定温度下与微孔材料的孔壁具有很强的相互作用形成的。而且由于微孔孔道较小,其填充在低压区($P/P_0 < 0.3$)不会观察到毛细管凝聚的现象。微孔材料在高压区的吸附,一般认为是外表面的吸附,与其他固体材料没有太大区别。在一定的条件下,微孔固体的吸附等温线为Ⅵ型。这是因为孔道的内表面有几组能量相差较大的吸附位点,吸附过程将分步完成,吸附等温线也就呈现出台阶形状,每一个台阶代表一组能量相同的吸附位点。例如:C_2HCl_3、C_2Cl_4和C_6D_6在纯硅的silicalite-1上的吸附,分别表现出了0、1、2个台阶的Ⅵ吸附行为。这是因为,C_2HCl_3的吸附是没有选择性的吸附,C_2Cl_4的吸附在孔道的交叉处与其他地方能量差别较大,而C_6D_6除了吸附能量在孔道交叉处不同外,在孔道其他部分还生成双聚体,最后形成单分子链,这一变化体现在曲线上就是又有了一个吸附量上的突变[25]。

　　为通过吸附等温线研究分子筛材料的孔道大小和结构,Langmuir提出了吸附等温式的基本假设:①固体表面均匀;②被吸附的气体分子之间没有相互作用;③吸附是单分子层;④在特定的条件下吸附和脱附之间可以建立动态的平衡。因此Langmuir吸附模型又称为单分子吸附模型,它适用于理想的Ⅰ型吸附等温线。通过建立模型,经过简单的计算可以得到分子筛材料的比表面积、孔容和孔道分布直径等参数。而实际的情况是,单分子层的吸附是非常理想化的,对于物理吸附可能产生第二层、第三层分子的吸附,形成多分子层的吸附。BET吸附理论是在认为其他假设成立的情况下,将Langmuir单分子层吸附理论扩展到多分子层吸附,可以用来解释Ⅰ型和Ⅱ型的吸附等温线。但是,

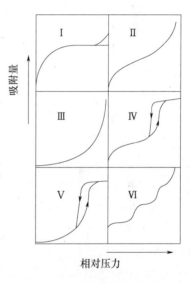

图8.1　国际理论和应用化学联合会(IUPAC)吸附等温线的分类

BET方法也并非永远准确,对于沸石分子筛来说,由于常常存在着尺寸小于7Å的超微孔,如果利用氮气分子(尺寸为3.54Å)可能很难达到单分子层的吸附。微孔的孔壁也并非绝对的平坦均匀,孔壁与被吸附分子之间的作用可能十分强烈。由于微孔的吸附发生在非常低的压力下,微孔内分子扩散速度又慢,在测量时必须确保微孔的高真空,确保达到吸附平衡。由于微孔材料吸附的复杂性,目前对其研究的方法还处于发展的过程中。随着计算机的发展,利用计算

软件计算各种分子的吸附反应也得到显著的发展。不过,虽然做了很大努力,但取得的成果并不令人满意。

8.2.2 专用分子筛的设计和制造

在前面的章节中我们已经知道,放电引发非链式脉冲激光器的原理是基于工作气体在放电引发条件下的非链式化学反应。在许多情况下需要脉冲激光器重复频率运转,而随着每个激光脉冲的产生,不可逆的化学反应一方面会导致激活介质的成分减少,另一方面会生成其他气体,产生消激发的作用。这些因素都会引起后续激光脉冲能量的下降。因此,利用分子筛等多孔材料对工作气体中生成的有害污染物进行有效的吸附,可显著延缓激光器中激活介质的消耗,尽可能多地重复利用工作气体,从而延长激光器的激光工作时间。

放电引发非链式脉冲 DF 激光器的主机部分主要由真空腔体、主放单元、气体循环冷却系统、分子筛吸附阱和光学谐振腔组成。分子筛吸附阱放置在气体循环回路上风速最慢的地方,通常被设计成一个矩形的不锈钢盒子,里面填充了分子筛等吸附材料,使用一个粗糙的不锈钢网封住,并安装在激光器侧壁上。在整体激光系统中,利用分子筛等多孔材料将工作气体中生成的有害污染物进行有效地吸附是一个关键的技术性问题,通常使用的分子筛材料为 5A 和 13X。它们是传统的分子筛材料,虽然由于发展历史久,具有稳定性好、价格便宜等优点,已经被广泛的应用于冶金、化工、电子、石油化工、天然气等工业领域,但是,沸石分子筛这类晶体材料也有自己的缺点,主要包括:①沸石分子筛的种类有限,孔径范围较窄,孔道的可调节性受到很大的限制,在孔道大小和表面性质的设计合成上选择性有限;②晶体的可设计性不强,由于构成沸石的次级结构单元很难在合成中控制,所以设计的结构很难在合成中实现,另外,比表面积的高低可以在很大程度上说明一个材料的吸附能力,沸石分子筛材料虽然属于比表面积较高的微孔材料,但是其比表面积和吸附能力还有待提高;③具有特定结构在合成中遇到很大的困难,有些需要昂贵的有机模板剂,难以实现大规模工业生产。这些挑战鼓励研究者尝试发展新型的微孔材料,期望满足非链式脉冲气体激光器更广泛、更有效率、更方便的需求。

经过人们对分子筛材料几十年的研究发展,微孔材料的研究逐渐突破以硅铝沸石为代表的微孔晶体的局限,人们进一步开发了杂原子分子筛材料,主要包括磷酸铝,锗酸盐等,可以说遍布元素周期表中的元素。近年来基于配位聚合物,金属有机化合物、无机有机杂化物质等概念为主体的金属有机骨架材料(Porous Metal – Organic Frameworks,MOFs)的大量兴起,且在结构与功能上显示出这类材料的特色,这又为多孔材料的多样化与组成的复杂性增添了新的领域,且为多孔材料的进一步发展拓宽了视野。金属有机骨架化合物,是一种金属离子或金属簇和有机配体通过配位键形成的具有三维周期拓扑结构的材料。由于组成中的有机组成部分,这类材料表现出更好的可设计性、可修剪性以及可裁剪性,从而得以迅速发展起来。与传统的沸石分子筛材料相比,它最显著的特点还是由于其在多孔性质上的优异功能,如大比表面积和低密度,可调节的孔道大小和孔壁性质,更丰富的结构,使其在气体吸附分离方面具有很大的优势。下面将通过简单的介绍来说明这类材料结构和气体吸附方面的优势。

　　1999 年,美国作者以对苯二甲酸为配体,合成出了孔径为 12.9Å 的 MOF - 5,消除了多年来存在于微孔分子筛领域的“微孔分子筛的有效直径能否突破 12Å”的疑问。MOF - 5、的比表面积可以达到 $2900m^2/g$,远远高于沸石分子筛材料(图 8.2)[26]。MOF - 5、二氯甲烷、三氯甲烷、四氯化碳、苯、正己烷等都具有很强的吸附能力。2002 年,作者又通过调控官能团的拓展程度,利用一系列对苯二甲酸的类似物成功地合成了孔径跨度从 3.8 ~ 28.8Å 的 IRMOF 系列材料[27]。孔道还可以通过利用有官能团的对苯二甲酸衍生物进行修饰。这两项研究表现出了这类材料具有良好的可设计性及可裁剪性,从而得以迅速发展起来。随后,为解决环境与能源问题而发展起来的 H_2、CH_4、CO_2 存储方面的研究迅速兴起,人们对其给予了厚望。美国作者合成的金属有机框架材料 NU - 100 在 77K,1atm(1atm = 101.325kPa)条件下氢气吸附量达到 1.86wt% ,而在 77K,56bar(1bar = 10^5Pa)条件下其氢气吸附量能够达到非常可观的 9.95wt% ,该结果大大优于传统的物理吸附储氢材料碳纳米管[28]。由于 MOF 材料可以通过对金属中心以及有机配体的选择系统地调控孔道的大小、孔道表面的性质,这也给了气体分子分离提供了广阔的应用前景。2006 年,Chen 等人报道了一个微孔 MOF 材料,MOF - 508。该化合物也具有因为孔道的大小形状分离烷烃的能力。这个化合物可以作为气相分离柱的填充材料来分离烷烃[29]。MOF - 508 也是首次报道的可以作为分离柱填充材料的 MOF,具有很重要的实际应用意义。2007 年,作者研究小组报道了一个非常有趣的具有三层堆积结构的微孔 MOF 材料——MAMS - 1[30]。该化合物具有两种孔道,一种是亲水的开放孔道,可以让气体进入 MOF 的骨架材料;一种是疏水的存储孔道,占整个骨架孔体积的大部分,可以作为气体的存储室。有趣的是,开放孔道与存储孔道的入口的大小可以通过温度来调节,这样就可以通过温度控制材料根据分子的大小吸附分离动力学直径在 2.9 ~ 5.0Å 气体分子。MOF 材料的丰富性还使动力学直径非常接近而在实际应用中又有着非常重要的意义的分子分离成为可能,如 2005 年,Kitagawa 研究小组报道了一个对乙炔和二氧化碳具有很强的分离能力的微孔 MOF 材料——$Cu_2(pzdc)_2(pyz)$[31]。该化合物之所以可以对乙炔具有很强的吸附能力,一方面是孔道的大小与乙炔分子非常的吻合,另一方面骨架内表面中的未配位的氧原子正好可以和乙炔分子的氢原子形成氢键,这与中子衍射实验的结果吻合。

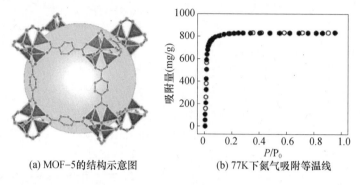

(a) MOF-5的结构示意图　　　　(b) 77K下氮气吸附等温线

图 8.2　MOF-5 的结构与吸附特性

此外,金属有机骨架材料作为一种新型的微孔晶态材料在气体选择性分离方面的表现以及温和多样的合成方法,给了人们一个新的机会去制备气体分离膜材料。金属有机骨架膜材料也在近年发展起来。2009 年,朱广山等人通过"双铜源"的方法成功制备了 HKUST-1 膜,该方法利用与金属有机骨架组成相同的金属 Cu 网作为载体,大大提高了多孔金属有机骨架材料与载体之间的作用力,提高了膜材料的稳定性[32]。HKUST-1 膜对氢气有很高的选择性和渗透率。随后它们又通过聚合物涂抹和金属有机框架配体修饰的方法分别在中空陶瓷纤维和玻璃载体成功合成了具有氢气分离效果的金属有机骨架膜材料。同时,德国 J. Caro 等人制备了一系列,沸石咪唑骨架(Zeolitic imidazolate frame-works,ZIF)膜,通过孔道的大小和内表面修饰得到了很好的氢气分离效果,展现了金属有机框架材料的易修饰性在气体分离膜领域的应用潜力。

金属有机骨架材料发展到现在,在人们不断的努力下,在材料的定向合成、孔道尺寸、孔壁性质等的调控、裁剪等取得了许多重大的研究成果,也积累丰富的研究经验。研究者从各自不同的角度,特别是功能性,对金属有机框架材料和有机微孔材料进行设计合成的探索,又增强了人们对这两类化合物的合成规律的认识。但是,在实际的气体吸附分离的应用中,它们还面临着众多的问题,主要包括以下几方面:①成本问题,因为金属有机骨架材料由有机配体构筑而成,而很多有机配体的成本较高;②稳定性问题,通过配位键构筑的金属有机骨架材料虽然孔隙率较大,但是当除去孔道的客体分子之后,其骨架可能会发生坍塌;③材料的千克级合成和特定的形貌的合成。目前已经商业化的只有五六种,而价格都非常昂贵。因此,如果想要将新型的金属有机骨架材料应用到脉冲 DF 激光器中,首先必须将目前上千种的具有多孔材料的金属有机骨架材料从成本、稳定性、合成条件上进行筛选。综合考虑,初选以下有可能作为激光器应用备选的几种材料,分别是 HKUST-1、MIL-53(Al)、MIL-101(Cr)、Cu(bipy)$_2$(SiF$_6$)和 ZIF – 8 等。

　　HKUST – 1 是由金属铜与均苯三甲酸构筑而成的,是一种经典的金属有机骨架材料,具有较方便的合成过程和较好的稳定性,比表面积大约为 900m^2/g。其孔道结构为三维笼状,尤其是其在活化后具有不饱和的金属位点,对气体等小分子具有较强的作用,可以提高气体吸附能力。MIL – 53(Al)由金属铝与配体对苯二甲酸构筑而成,是一种柔性的金属有机骨架材料,具有一维的开放孔道结构,其比表面积最大可以达到 1500m^2/g 左右。MIL – 101(Cr)是由金属铬与配体对苯二甲酸构筑而成,是一种具有分子筛拓扑的金属有机骨架材料,具有三维的孔道结构,孔道的尺寸达到 3nm 左右,比表面积最大可以达到 5900m^2/g。MIL – 53(Al)与 MIL – 101(Cr)这两种化合物的特点是金属和配体的成本不高,合成方法属于水热合成,通常需要较高的温度(220℃),其中 MIL – 53(Al)的纯度较高,MIL – 101(Cr)孔隙率较大,都比较有利于气体的吸附。Cu(bipy)$_2$(SiF$_6$)是一个具有高孔隙率的新型微孔材料,同时其配体 4,4'–联吡啶可以通过更小的哌嗪或者更大的 2,2'–乙烯二吡啶代替,金属 Cu 也可以替换成 Ni、Co、Zn 等,因此它的孔道尺寸和孔壁可以一定程度的调控。它不但具有 F 原子形成的孔壁,而且其孔径可以通过配体的长度进行调节。这类材料对极性的气体具有很好的选择性,如二氧化碳等。而且,在多孔玻璃的载体上,利用氟化载体的方法,可以制备出非常致密的、与载体有很强作用力的薄膜材料,有利于气体的吸附和分离(图 8.3)[33]。ZIF – 8 是一种经典的具有分子筛拓扑结构的金属有机骨架材料,具有较高的比表面积(1900 m^2/g 左右)和三维的孔道性质,而且 ZIF – 8 具有非常稳定的化学结构,可以在沸水和碱性的溶液中稳定数天。ZIF – 8 的合成方法很多,也都比较简单,但是产率一般不高,需要大量的溶剂。近期作者报道了一条简单、易行、快速的低共融物合成 ZIF – 8 的绿色方法,可以节省大量的溶剂,而且可以通过浓度等条件控制晶体的大小[34]。

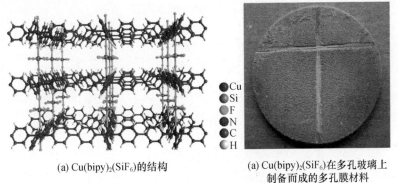

Cu
Si
F
N
C
H

(a) Cu(bipy)$_2$(SiF$_6$)的结构　　　(a) Cu(bipy)$_2$(SiF$_6$)在多孔玻璃上
　　　　　　　　　　　　　　　　　制备而成的多孔膜材料

图 8.3　Cu(bipy)$_2$(SiF$_6$)的结构及多孔膜材料

以上研究只是说明这些材料只是初步筛选,在非链式脉冲 DF 激光器上的应用还需要更多条件的需求,如不同气流速度下的吸附能力、对多种气体吸附的选择性、特殊气体中的稳定性,如 HF 等。近期有研究发现,以上材料在吸附干燥的 HF 气体后,只有 MIL－53、MIL－101 能重新活化后,保持着 50％以上的吸附能力,HKUST－1、13 X 分子筛以及 Al_2O_3 等基本上都只能有 10% 以上的吸附能力。相信通过研究的进一步的深入,针对脉冲 DF 激光器的具体应用环境,进一步的筛选报道的新型微孔材料——金属有机骨架材料,可望达到提高非链式脉冲 DF 激光器性能的最终目标。

8.2.3 分子筛吸附装置设计

针对放电引发非链式脉冲 DF 激光器的工作原理和结构,分子筛吸附装置主要有两种布置形式,一种是放置在放电区前端,另一种是放置在放电区的后端。前端布置形式可以使净化后的气体直接进入到放电区而不会受风机、换热器等其他因素的影响,但由于分子筛的阻力较大,气体通过时动量大幅度减小,以致达不到激光器重频运转的流速要求。后端布置形式则避免了上述缺点。分子筛的吸附效率与气体的速度、压力、温度等有关。为使气体与分子筛充分接触,保证较高的吸附效率,应使气体以尽可能小的速度通过,因此分子筛的迎风面积应足够大,其位置应在换热器与风机之间。为方便分子筛的更换,在真空腔体的侧面加设一个大的法兰口。当更换分子筛时,只需要拆卸法兰即可,而不需要拆卸真空腔的端盖,这有利于腔内结构的稳定和真空腔的密封性能。

根据第 5 章中介绍的 DF 激光器主机结构,设计成一种两层、分子筛交错填装的安装夹具(图 8.4)。两层的设计是为提高分子筛与被吸附气体之间的接触面积;交错填装是为了尽量降低每一层对气体循环风速的影响。如上所述,吸附剂应安置在放电电极下风口换热器后。工作气体经过换热器后,气体温度与流速均有大幅下降,这有利于延长吸附时间,提升吸附效果。该夹具在激光器真空腔体中的安装位置如图 8.5 所示。

图 8.4　分子筛安装夹具结构图

整个夹具分为两层,两层之间的间距为 60mm,通过螺栓连接起来。每层平面由方条分割成多个格子,构成网状结构。每层厚度为 8mm,两侧用金属网封堵,两层金属网之间的空间用来填装分子筛。填装分子筛时,填充一格空一格,如

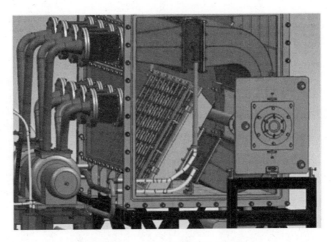

图 8.5　激光器内部结构图

图 8.6(a) 所示。另外一层也是填充一格空一格,整体上与第一层交错布置,如图 8.6(b) 所示。这种填装方式既可以增加腔内气体与分子筛的接触面积,加强分子筛的吸附作用,又可以降低加入装置后对循环气体风速的影响,从而降低其对激光输出的影响。填装分子筛的步骤为:①在法兰的一侧用金属网封堵;②按照间隔方式填装分子筛;③在法兰另一侧用金属网封堵;④用压条将金属网与中间的方格压紧,以阻止分子筛颗粒窜动。因为分子筛对空气中的水蒸气等会产生吸收作用,影响其在激光器中的吸附效果,所以在填装分子筛的过程中,需始终用加热器进行烘烤,如图 8.7(a) 所示。分子筛填装完成后,将其放入激光腔体中,如图 8.7(b) 所示。将激光器完全封闭后,反复多次抽真空,将腔体里的空气和分子筛吸附的气体抽出。

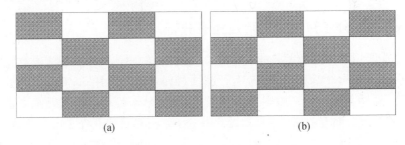

(a)　　　　　　　　　　　　　　(b)

图 8.6　分子筛安装方式模拟图

　　为进一步增大分子筛与被吸附气体的接触面积,可对上述设计进行改进,图 8.8 即为改进的分子筛安装夹具。该结构由三层组成,层与层之间的距离为 50 mm,其中,每一层的迎风面积又被划分为多个小矩形框。该结构尺寸是根据激光器的实际结构进行设计,最大程度地利用腔体空间,增加分子筛的填装量。对于每一层结构,上下两面都装有金属网,分子筛通过交错的方式装填在两层金属网之间。但这种改进会增大气体循环的阻力,对驱动气体的风机性能提出了更高的要求。

(a)   (b)

图 8.7 分子筛安装夹具实物图

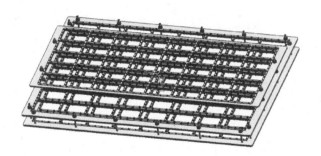

图 8.8 改进的分子筛安装夹具结构图

8.2.4 分子筛吸附实验及结果分析

目前常用于放电引发非链式脉冲 DF 激光器的固体吸附材料主要有 3A、5A 和 13X 等天然分子筛材料和 Al_2O_3 等碱性材料。通过选用 3A 和 5A 两种材料对基态 DF 等消激发气体吸附作用的实验证明,分子筛可显著提升激光器重频运转的稳定性,而专门用于 DF 激光器的分子筛材料目前还处于研究阶段,该分子筛的使用必将会使基态 DF 分子等消激发气体的吸附效率得到显著提升,进一步提高激光器的输出稳定性,延长连续重频运转时间。

3A 分子筛又称 KA 分子筛,为白色粉状颗粒,是一种碱金属硅铝酸盐,硅铝比为 $SiO_2/Al_2O_3 \approx 2$,有效孔径约为 3Å,可用于吸附水,不吸附直径大于 3Å 的任何分子,适用于气体和液体的干燥、烃的脱水,可广泛应用于石油裂解气、乙烯、丙烯及天然气的深度干燥。5A 型分子筛一般称为钙分子筛,硅铝比为 $SiO_2/Al_2O_3 \approx 2$,有效孔径约为 5Å,可用于吸附小于该孔径的任何分子,适用于天然气干燥、脱硫、脱二氧化碳、氮氧分离、氮氢分离、石油脱蜡等。图 8.9 是这两种分子筛的实物图。利用这两种分子筛对不同气体分子的选择吸附性,可以除去该 DF 激光器气体放电生成物中有害的基态 DF 气体,延缓激光器中激活介质的消耗,重复利用工作气体,从而延长激光器的激光工作时间,提高激光脉冲能量。

为了对比检验分子筛的吸附效果,首先检测一下激光器在没有应用分子筛时的工作情况。然后在相同实验条件下加入分子筛材料,检测激光器的工作情况。根据激光器实际情况,为得到最优化的输出结果,选择实验条件:①总充气气压 8.1kPa,工作气体 SF_6 和 D_2 的比例为 8:1;②充电电压 43kV。

(a)3A分子筛　　　　(b)5A分子筛

图 8.9　分子筛实物图

1. 无分子筛材料进行吸附

实验中,首先使激光器进行单脉冲运转,多次运转测量后取平均值。然后使激光器以 10 Hz 重频运转,每次运转 6s,即 60 个脉冲,同时测量其输出功率。进行 28 次重频运转后,以能量计更换功率计,重新进行单脉冲运转,多次测量后取平均值。结果表明,重频运转后单脉冲能量下降为初始能量的 32.93%。激光器重频运转脉冲个数与输出功率之间的关系如图 8.10 所示。从图 8.10 中可以看出,激光器的输出功率随着脉冲个数的增加迅速下降,当脉冲个数达到 1000 时,输出功率下降至初始功率的 56%,当脉冲个数达到 1700 时,输出功率下降到初始功率的 31%。由此可知,随着放电次数的增加,放电产生的基态 DF 气体分子对激发态的 DF 分子产生了很强的消激发作用,同时工作气体的消耗也造成了输出能量的下降。因此当该激光器不使用分子筛进行吸附的时候,其单次充气的工作寿命十分短暂,工作稳定性很差,不能满足实际应用的需求。此外,实验前后单脉冲能量和输出功率的变化趋势基本相同,两者可以等效作为衡量激光器运转性能的标准。

2. 利用 3A 分子筛材料作吸附剂

按照 8.2.3 节中的方法装填 3A 分子筛,然后封闭腔体抽真空,以前面设定的固定条件充气,调节充电电压,进行单脉冲和重频实验。激光器重频运转脉冲个数与输出功率之间的关系如图 8.11 所示。从图 8.11 中可以看出,加入 3A 分子筛后,激光器的输出功率下降速度明显减慢,当脉冲个数小于 3000 时,激光器输出功率几乎没有下降。当脉冲个数达到 5000 时,输出功率也只下降了初始功率的 20%。与不加分子筛相比,激光器的稳定工作时间大大增加,说明

3A 分子筛对产生消激发作用的基态 DF 分子产生了吸附作用。最终脉冲个数约 9000 时,输出功率下降到初始功率的 40%。重频工作前后分别测量单脉冲能量,下降为 36%,与功率输出的结果基本符合。

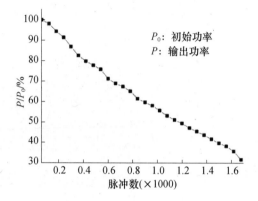

图 8.10 激光器输出功率随重频运转脉冲个数的变化

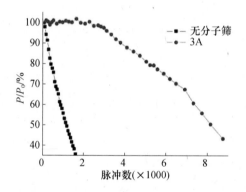

图 8.11 3A 分子筛加入前后激光器输出功率随重频脉冲个数的变化

为检验 3A 分子筛的重复利用率,又以相同实验条件先后进行了几次单脉冲和重频实验。重频运转结果如图 8.12 所示。由图 8.12 可知,3A 分子筛在多次使用后,其吸附效果逐渐下降,但是激光器的输出功率仍然远远高于不加分子筛的情况。在第四次使用 3A 分子筛进行重频实验时,当脉冲个数达到 4000 时,激光器输出功率下降幅度仍不超过 20%。

3A 分子筛多次使用后仍然具有较好吸附能力,说明每次实验前对激光器进行抽真空处理时,3A 分子筛吸附的部分基态 DF 气体分子发生了脱附,使 3A 分子筛重新具备活性,即 3A 分子筛对 DF 气体分子的吸附作用中存在物理吸附。而多次实验后 3A 分子筛的吸附效果逐渐下降,吸附能力逐渐饱和,也说明简单的抽真空方式不能使 3A 分子筛吸附的基态 DF 气体分子完全脱附,即 3A 分子筛对 DF 气体分子的吸附作用中存在化学吸附。

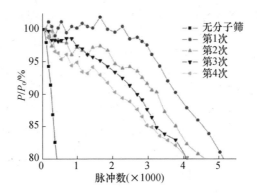

图 8.12　多次使用 3A 分子筛时激光器输出功率的变化

3. 利用 5A 分子筛材料作吸附剂

类似地,按照 8.2.3 节中的方法装填 5A 分子筛,进行重频实验。激光器重频运转脉冲个数与输出功率之间的关系如图 8.13 所示。从图 8.13 中可以看出,加入 5A 分子筛后,当脉冲个数小于 6000 时,激光器输出功率几乎没有下降。当脉冲个数达到约 9000 时,输出功率下降了初始功率的 20%。激光器输出功率远远大于不加分子筛的情况,说明 5A 分子筛吸附效果非常明显。

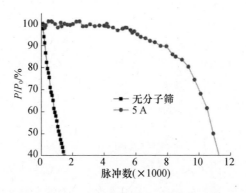

图 8.13　5A 分子筛加入前后激光器输出功率随重频脉冲个数的变化

为检验 5A 分子筛的重复利用率,又以相同实验条件先后进行了多次重频运转实验。其结果如图 8.14 所示。由图 8.14 可知,5A 分子筛在多次使用后,其吸附效果逐渐下降,但是激光器的输出功率仍然远远高于不加分子筛的情况。在第四次使用 5A 分子筛进行重频运转实验时,当脉冲个数达到 6800 时,激光器输出功率的下降幅度仍不超过 20%。由此可知,5A 分子筛的重复利用率非常好。与 3A 分子筛类似分析可知,5A 分子筛对基态 DF 气体分子的吸附作用中,既包括物理吸附,也包括化学吸附。

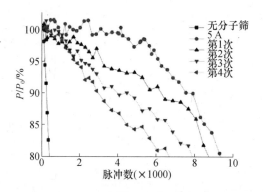

图 8.14　多次使用 5A 分子筛时激光器输出功率的变化

　　将第一次使用 3A 和 5A 分子筛进行重频实验的结果进行比较,激光器的输出功率随脉冲个数的变化如图 8.15 所示。从图 8.15 中可以看出,5A 分子筛的吸附效果要好于 3A 分子筛。对于该激光器,放电后储气腔内的气体成分主要为 SF_6、D_2、SF_4 和 DF,这四种气体分子的直径在表 8.4 中列出。3A 分子筛的有效孔径为 3Å,5A 分子筛的有效孔径为 5Å。因为分子筛只能吸附直径小于其有效孔径的分子,从理论上讲,3A 分子筛可以对 D_2 分子和 DF 分子产生吸附,而 SF_4、SF_6 分子由于粒径大而无法进入分子筛孔道。而对于 5A 分子筛,几种气体分子直径都小于分子筛孔道的有效孔径,都有可能被吸附。因为影响激光器稳定工作的最重要原因是基态 DF 分子的消激发作用,可知相对于 3A 分子筛,5A 分子筛对基态 DF 分子的吸附效率更高一些。这是因为 DF 气体分子直径为 2.98Å,与 3A 分子筛的有效孔径非常接近,一部分 DF 气体分子不能进入 3A 分子筛的孔道,因而不能产生吸附作用。而 5A 分子筛的有效孔径较大,DF 分子可以全部进入孔道,因而吸附效率更佳。

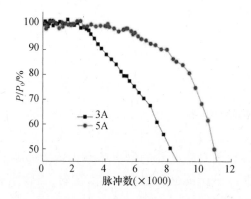

图 8.15　第一次使用 3A 和 5A 分子筛时激光器输出功率的变化

表 8.4　气体分子直径

分子	SF₆	SF₄	D₂	DF
分子直径/Å	4.56	3.6	2.4	2.98

在第一次使用 3A 分子筛进行重频实验后,测得激光器腔压下降 1.3kPa,这说明分子筛材料在吸附基态 DF 气体的同时,还吸附了大量的工作气体。这也是造成激光器输出功率下降的一个重要原因。使用 5A 分子筛后,激光器腔压下降更为明显,这是因为 3A 分子筛只对工作气体 D_2 产生了吸附,5A 分子筛对工作气体 D_2 和 SF_6 都产生了吸附,这是由两种分子筛的有效孔径决定的。为解决工作气体的消耗问题,对激光器按原始比例进行充气,补充到原始腔压,使激光器重新工作。以 5A 分子筛为例,其实验结果如图 8.16 所示。可以看出,补充气体前,当脉冲个数达到 11330 时,激光器输出功率下降到初始功率的 39%。而补充气体后,输出功率迅速提高了约 50%,说明如能对激光器进行实时充气,激光器的稳定工作时间将进一步增加。

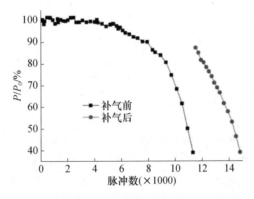

图 8.16　激光器补气前后输出功率随脉冲个数的变化

8.3　非链式脉冲 DF 激光器尾气处理技术

在 8.1 节中,已讨论了放电引发非链式脉冲 DF 激光器的气体放电生成物种类和危害,在本节中,将具体讨论如何利用尾气处理技术消除这些危害。

8.3.1　激光器尾气成分的采集

为了明确尾气排放对环境的影响和经过尾气处理后有害气体的含量,需要对气体放电生成物中的 DF 等气体的含量进行检测。为此专门设计的气体放电生成物收集装置如图 8.17 所示。该气体收集装置通过充气阀和导气管与激光器腔体连接在一起,激光器抽真空时,打开充气阀,使集气瓶内气体抽为真空状态。激光器工作时,关闭充气阀。激光器工作完成后,打开阀门,气体进入集气瓶,集气瓶内的气体即为放电生成物气体。瓶内气压与激光器腔内气压相同,约为 0.1 大气压,在进行气体成分与浓度检测时,需要充入一定惰性气体,以达到相应的气压要求。

图 8.17　气体放电生成物收集装置

8.3.2　激光器尾气成分的测试方法

针对放电引发非链式脉冲 DF 激光器的主要尾气成分,常用的检测方法主要有以下几种:气相色谱、气相色谱 - 质谱联用、红外吸收光谱、气相色谱 - 傅里叶变换红外光谱联用、气体检测管、气体传感器法和电化学传感器法等。

气相色谱法[35](Gas Chromatography,GC)是一种重要的分离分析方法。其中,色谱柱有高选择性的高效分离作用,而且检测器可以灵敏地检测出不同物质。气相色谱法就是把两种技术完美结合为一体。当两相(固定相、流动相)作相对运动时,利用不同物质在两相中分配系数(或吸附系数、渗透性)不同,使这些物质在两相中进行多次反复分配而实现分离,最后这些分离开的物质分别被检测器检测出来并记录。利用气相色谱仪可以检测激光器放电尾气中的 SF_6、SOF_2、SO_2F_2、H_2O、SO_2 等多种气体,但是由于没有 DF 气体的标准物质,致使色谱法存在一定的局限性,同时需要现场采集样品回化学实验室进行富集处理后,利用色谱仪进行分析检测,测试过程比较复杂、烦琐。同时由于尾气中的气体成分具有毒性,操作过程中一旦发生气体泄漏对实验人员的人身安全危害较大。

气相色谱 - 质谱联用(Gas Chromatography - Mass Spectrometry, GC - MS)[13]是一种把气相色谱和质谱结合起来的方法。气相色谱仪分离能力强,但定性较差,而质谱仪可以对物质进行定性而无法分离混合物,两者结合起来,可以使分离和鉴定同时进行。质量谱是物质的固有特性之一,质谱仪就是利用这一固有特性对物质进行鉴定和确认的;且谱峰强度与化学物的含量有关,也可以用于定量分析。但是气相色谱 – 质谱联用仪器价格昂贵,且和气相色谱仪一样,它对周围环境要求高,不适合于现场和长期监测,目前广泛应用于实验室的常规分析中。

红外吸收光谱(Infrared Absorption Spectroscopy,IR),是利用红外光谱对物质分子进行的分析和鉴定。将一束不同波长的红外射线照射到物质的分子上,某些特定波长的红外射线被吸收,形成这一分子的红外吸收光谱。每种分子都有由其组成和结构决定的独有的红外吸收光谱,据此可以对分子进行结构分析和鉴定。红外法可以用来测试激光器放电尾气中的 SF_4、SOF_2、SO_2F_2、DF、HF、SO_2 等多种气体,但是同样存在现场取样回实验室进行分析检测的复杂过程。最常用的红外光谱仪为傅里叶变换红外光谱仪。

气相色谱 – 傅里叶变换红外光谱联用(Gas Chromatography – Fourier Transforminfrared spectroscopy,GC – FTIR),是将气相色谱的分离作用和傅里叶变换红外光谱的鉴定作用合二为一。GC – FTIR 的主要优点是检测时间短,可同时完成定性定量,形成在线监测系统。

气体检测管法,以化学显色反应(如酸碱反应、氧化还原反应、络合反应等)为基础的化学方法,用于检测激光器尾气中可能含有的 DF、SO_2、HF 等成分的含量。

气体检测管是在一个固定长度和内径的玻璃管内,装填一定量的检测剂(即指示剂),用塞料加以固定,再将玻璃管两端熔封加工而成。使用时将管子两端割断,让含有被测物质的气体定量地通过管子,被测物质即和检测剂发生定量化学反应,部分检测剂被染色。染色的长度与被测物浓度成正比,从检测管上已印制好的刻度即可得知被测气体的浓度。三种气体的反应机理如下:

$$DF + NaOH \rightarrow NaF + HDO \tag{8-10}$$

$$HF + NaOH \rightarrow NaF + H_2O \tag{8-11}$$

$$SO_2 + I_2 + 2H_2O \rightarrow H_2SO_4 + 2HI \tag{8-12}$$

DF 和 HF 都是强酸性气体,化学性质极为相似,都与 NaOH 发生反应使指示剂从紫红色变为黄色,因此只能检测其总量,不能区分。SO_2 气体与碘发生氧化还原反应促使指示剂从蓝色变成白色,与其他两种气体的反应机理不同,变色也不同,因此检测时不需要分离气体。目前检测管已经被成功投入商业应用,它能够检测到其体积分数 10^{-6} 级的 DF、HF 和 SO_2 气体,检测限很低,具有量程范围大、操作简单、分析快速、携带方便、不需维护等优点,在现场检测中应用较广。但是这种方法容易受到周围环境的影响,如温度、湿度等。检测之后还需要测定当时的温度和气压,然后对数据进行校正。而且检测管法只能检测这三种气体,而对于激光器中可能存在的其他重要气体组分,如 SF_4、SOF_2、SO_2F_2

等则无能为力[13,36]。图 8.18 为日本"瓦斯技术"(GASTEC)公司生产的 HF 气体检测管。该检测管对 HF 的检测限范围为 $0.25 \times 10^{-6} \sim 100 \times 10^{-6}$。

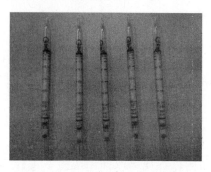

图 8.18　氟化氢(HF)气体检测管

气体传感器法,是利用化学气敏器件检测气体组分。化学气敏传感器是利用对被测气体的形状或分子结构具有选择性俘获的功能(接受器功能)和将俘获的化学量有效转换为电信号的功能(转换器功能)来工作的。当被测气体被吸附到气敏半导体表面时,其电阻值会发生变化。它具有检测速度快,效率高,可以与计算机配合使用从而实现自动在线检测诊断等突出优点,但也存在检测气体组分单一等缺点[13,36]。目前国内外采用气体传感器法可以检测的气体主要是比较常见的气体如 SO_2、HF,而对 DF 激光器排放的其他气体组分 SO_2F_2,SOF_2、SF_4 等则无能为力。

电化学传感器方法是被测气体在高温催化剂作用下发生化学反应,改变传感器输出电信号,确定被测气体成分及其含量。该方法具有检测速度快、操作简单、易实现等优势,但存在交叉干扰、零漂及温漂、寿命短等问题,而且电化学传感器法检测成分太过单一。传感器可用来检测激光尾气中的 SO_2 和 HF,但 DF 和 HF 缺乏标气,定性和定量存在困难。

此外,还有离子色谱法、光声光谱法等,都可对 DF 激光器放电生成物中的部分气体进行检测。针对第 5 章介绍的放电引发非链式脉冲 DF 激光器,研究人员先后利用气相色谱 – 质谱联用和气体检测管法对放电尾气进行了测试,结果表明,通过尾气吸收装置后排放的气体中,有害气体含量均小于 10^{-6} 级,符合安全排放的标准。

8.3.3　激光器尾气处理方法

激光器尾气处理方法分为两种,一种是以液体为吸收剂的吸收净化法,化工领域称为湿法洗消,另一种是以固体为吸附剂的吸附净化法,化工领域称为干法洗消。

湿法洗消指利用气体在液体中的溶解效应,或是根据被吸收气体的不同,在中性液体中添加酸性或碱性溶质来中和被吸收气体。在利用湿法洗消的吸收器中,化学反应是在气液两相接触表面上进行的,因此,吸收设备应尽可能地增大气液接触表面。相应地,按照气液接触面的形式不同,传统的湿法吸收器可以分为以下三类[37]:

(1) 鼓泡吸收器:在这种吸收器中,被吸收气体从吸收塔底部吹入吸收液中,利用气体在吸收液中形成的大量气泡增加两种介质的接触表面。鼓泡吸收器中两相接触面积是由流体动力状态(气体和液体的流量)所决定的。

(2) 表面吸收器:在这种吸收器中,通过人为地在吸收塔中填充大量复杂表面形状的填料,或利用机械转盘快速旋转,在填料或转盘表面形成一层薄液膜,利用液膜增加两相间的接触面积。此类设备的两相接触表面在相当大的程度上决定于吸收器构件的几何表面。

(3) 喷洒吸收器:在这种吸收器中,利用喷雾喷嘴将吸收液雾化,形成大量的微小液滴,以增大两相之间的接触面积。这类设备的两相接触表面取决于喷雾喷嘴的性能和吸收液的供应压力。

运用湿式洗消法处理激光器尾气中的 DF 和 SF_4 等有害含氟废气,吸收剂可采用碱性溶液,最终生成无害的盐类。DF 分子在水中存在如下两个平衡反应[38]:

$$DF + H_2O \rightleftharpoons DH_2O^+ + F^- \qquad (8-13)$$

$$DF + F^- \rightleftharpoons DF_2^- \qquad (8-14)$$

DF_2^- 是由 F^- 与未解离的 DF 分子通过氢键连接形成,存在大量该离子(浓度大于 5mol/l)的氘氟酸酸性非常强。

SF_4 溶于水后将发生下列化学反应[39,40]:

$$SF_4 + H_2O \rightarrow SOF_2 + 2HF \qquad (8-15)$$

$$SOF_2 + H_2O \rightarrow SO_2 + 2HF \qquad (8-16)$$

$$SO_2 + H_2O \rightarrow H_2SO_3 \qquad (8-17)$$

$$HF + H_2O \rightleftharpoons H_3O^+ + F^- \qquad (8-18)$$

$$HF + F^- \rightleftharpoons HF_2^- \qquad (8-19)$$

由上述化学反应过程可知,SF_4 溶于水后将生成酸性极强的硫酸以及氢氟酸,而 DF 溶于水后将生成氘氟酸。因此,将激光器工作尾气通入碱性溶液中,DF、SF_4 首先与溶液中的水发生化学反应,其生成物将与碱性溶液发生中和反应。常用的碱性吸收剂有氨水($NH_3 \cdot H_2O$)、石灰乳($CaOH_2$)、纯碱(Na_2CO_3)和烧碱溶液(NaOH)。碱液吸收法脱氟效率较高,能将有害物质转化为有用物质,吸收液可再生循环使用。但碱液使用一段时间后需要重新配置,还会带来腐蚀和废水处理的问题,同时液体也不容易存储和运输,在天气寒冷的情况下还存在保温防冻的问题。

干法洗消,又称干法中和,其基本原理是利用固态碱性物质(如 NaOH、Ca(OH)₂等)与尾气中的 DF 和含氟酸性物质发生中和反应,生成无害的中性盐类,除掉这些有毒的酸性气体,使尾气达到大气的排放标准。常用的吸附剂有活性炭、活性氧化铝、分子筛、硅胶、硅藻土、沸石等。脱氟吸附剂的选择,主要是看对氟有较强吸附能力或亲和力,比表面积大,并且固体表面微孔不易被堵塞等。活性氧化铝是一种极性吸附剂,白色粉末状,无毒,不导电,机械强度好,且对蒸汽和多数气体稳定,循环使用后其性能变化很小。氧化铝在将 DF 或 SiF₄吸附下来后,生成三氟化铝等氟化物,或仅将其吸附于自身表面,再生后可循环使用。干式洗消法中为了提升吸附效果,常将吸附剂安置在多层吸收塔内以延长吸附剂与被吸附气体的作用时间。

针对放电引发非链式脉冲 DF 激光器,其工作气压一般低于 1 个标准大气压,工作尾气的排放需借助真空抽气系统。采用固态吸附剂的干式洗消法将增大工作尾气排放阻力,延长排放时间,且其吸附效率低于湿法洗消。

8.3.4　激光器尾气处理装置

针对 8.3.3 节中提到的两种尾气处理方法,需要设计相应的尾气吸收装置。首先介绍两种碱液吸收装置。

适用于非链式脉冲 DF 激光器尾气处理的碱液吸收装置应满足如下三个条件:

(1) 所排放的尾气必需与碱液有足够长的反应时间。若尾气中有害成分与碱液发生化学反应的时间太短,气体很快从碱液中排出,这将导致化学反应不充分,处理后的工作尾气仍旧无法达到安全排放标准。为了延长工作气体与碱液的作用时间,目前工业中应用的废气处理装置一般采用多级处理的方案[41-43]。

(2) 所排放的尾气必需与碱液充分接触。气体在碱液中流动,接触面积为气泡的表面积,气泡内部的气体很难与碱液接触并发生反应,因此很难达到良好的去除尾气中有害成分的目的。目前,增大气液接触面积一般采用液体喷淋装置或流道中设置堆积物的方法[44-46],即 8.3.3 中介绍的喷洒吸收器和表面吸收器。

(3) 尾气处理装置体积不宜过大。此为满足 DF 化学激光器尾气处理装置实用化需求。图 8.19 为实际用于脉冲 DF 激光器尾气处理的第一种碱液吸收装置。该装置包括带有进(出)气口、进(排)液口、密封盖的碱液箱体,以及与其连接的进(排)气管。其中排液口装有手动密封阀。使用时通过进液口注入吸附溶液(常用的 NaOH 为溶液),含氟废气的产生过程和吸附溶液的吸附过程如下:

$$SF_6 + e \rightarrow SF_5^- + F \qquad (8-20)$$

$$SF_6 + e \rightarrow SF_5^+ + 2e + F \qquad (8-21)$$

$$SF_5^+ + SF_5^- \rightarrow SF_6 + SF_4 \qquad (8-22)$$

$$2F + D_2 \rightarrow 2DF \qquad (8-23)$$

$$SF_4 + H_2O \rightarrow SOF_2 + 2HF \qquad (8-24)$$

$$SOF_2 + H_2O \rightarrow SO_2 + 2HF \qquad (8-25)$$

$$2NaOH + SO_2 \rightarrow Na_2SO_3 + H_2O \qquad (8-26)$$

$$NaOH + HF \rightarrow NaF + H_2O \qquad (8-27)$$

$$NaOH + DF \rightarrow NaF + HDO \qquad (8-28)$$

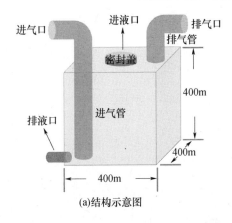

(a)结构示意图　　　　　　(b)实物图

图 8.19　碱液吸收装置

假设工作气体完全反应生成有害含氟废气,则根据式(8-20)~式(8-28),1mol SF_6 产生的放电尾气需溶质为 8mol 的 NaOH 溶液进行中和反应,则需要的固体 NaOH 的物质的量为

$$n_{\text{NaOH}} = \frac{8PV_0 a}{RT(a+b)} \qquad (8-29)$$

式中: R 为气体常数; T 为气体温度(室温); P 为激光器工作腔压(约 0.1 个大气压); V_0 为激光腔容积(约 1.6 m³); $a:b$ 为 SF_6 : D_2 工作气体配比。碱液吸收装置的有效容积为 40L,则所需固体 NaOH 的浓度和体积可根据实际情况计算得到。通过理论计算该装置可达到完全去除激光器尾气中的有害含氟废气的目的。

图 8.20 为另一种碱液吸收装置的结构图。DF 激光器工作尾气处理液(碱液)由进液口注入,注入体积可由式(8-29)计算。同时根据需要注入碱液的体积灵活调节模块化单层净化单元的层数(其层数越多,能够容纳的碱液体积越大),最终层数以碱液淹没最上层净化单元为宜。激光器工作尾气经双侧进气管进入碱液处理装置,在储液槽内陶瓷碎片的阻挡下,尾气较均匀地进入模块

化单层净化单元组成的矩形通道内。模块化单层净化单元上有上矩形槽、下矩形槽及通气孔,其结构如图8.21所示。任意两个模块化单层净化单元的装配规则为下方单层净化单元的上矩形槽与上方单层净化单元的下矩形槽合成矩形管道,且上下两个模块化单层净化单元的通气孔分布在矩形通道的两端。此时,工作尾气将在多个模块化单层净化单元合成的矩形通道内呈"弓"字形流动排出,最后工作尾气由排气管排放到大气。双侧进气管的手动调节阀可控制进气速率,以避免瞬时进气速率过大导致碱液由排气口向外喷出。同时,该小型化尾气处理装置所需填充的碱液体积可由碱液浓度调整,所需碱液体积较大而小型化处理装置安装空间较狭隘时可适当增大碱液浓度。在矩型通道内添加少量的陶瓷碎片可进一步提升碱液与工作尾气的接触面积及时间,提高工作尾气的净化效果。

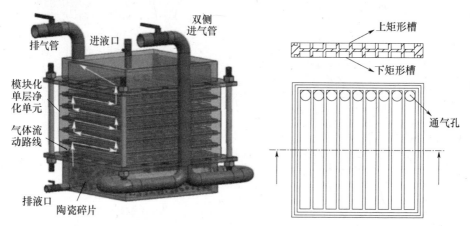

图8.20 放电生成产物小型化处理装置结构图　　图8.21 模块化单层净化单元

　　该设计可实现工作尾气在放电产物处理装置内呈"弓"字形流动,在有限的碱液体积内,大大增加了碱液与工作尾气的作用时间。同时,流道内布置了大量的陶瓷颗粒可增大气液两相的接触表面积,加快碱液与工作尾气中有害成分的反应速率。另外,单层净化单元实现了模块化设计,可根据非链式脉冲DF激光器工作方式灵活改变处理装置存储碱液的体积。因此,该小型化放电产物处理装置可满足非链式脉冲DF激光器的应用需求。

　　利用固体吸附原理的干法处理装置如图8.22所示。该装置为圆柱体,由四个均匀排布的具有扇形结构的净化单元组成,它们之间由隔离仓隔开。每个净化单元都包括进气管、排气管、三层吸附剂仓室。放电尾气由进气管从净化单元底部进入,依次经过三层吸附剂仓室,可以由上部排气管排出,也可以经过隔离仓中的导气管进入到下一净化单元。具体应用几个净化单元由实际工作排放的气体量而定。三个吸附剂仓室各有一个填料口和密封盖,由下往上依次装填生石灰、活性氧化铝和活性炭。每种吸附剂的装填量由实际工作排放的气体量而定。生石灰对 DF 主要发生化学吸附,化学反应如下:

$$CaO + 2DF \rightarrow CaF_2 + D_2O \tag{8-30}$$

同时生石灰还会除去放电生成物中可能含有的少量水蒸气和 HF。放电生成物气体在通过装填有活性氧化铝的仓室时,对 SF_4 发生物理吸附作用,对 DF 的吸附主要是化学吸附,化学反应式如下:

$$Al_2O_3 + 6DF \rightarrow 2AlF_3 + 3D_2O \tag{8-31}$$

同时活性氧化铝还会除去放电生成物中可能含有的 SOF_2,化学反应如下:

$$3SOF_2 + Al_2O_3 \rightarrow 2AlF_3 + 3SO_2 \tag{8-32}$$

放电生成物气体在通过装填有活性炭的仓室时,主要是进一步对 DF 和 SF_4 进行物理吸附,以及对可能产生的 SO_2 进行物理吸附。干法处理装置具有生成物处理彻底,设备体积小、重量轻,易于操作,方便维护,没有二次污染的废水,冬季防冻,便于工程化应用的优点。相应于不同放电生成物中废气的含量可以方便地改变净化单元的使用个数和物料的添加量,以满足净化的要求。通过使用不同的净化单元,可以同时进行吸附剂装卸和生成物净化。相比碱液吸收装置,该方法吸附速率较低,需要进一步改善。

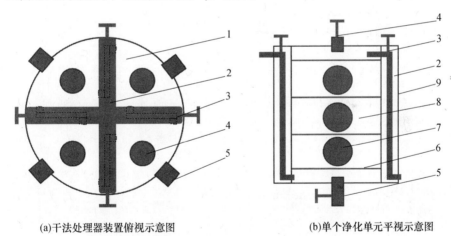

(a)干法处理器装置俯视示意图　　　　(b)单个净化单元平视示意图

图 8.22　干法处理装置示意图

1—单个净化单元;2—隔离仓;3—导气管及阀门;4—排气管和阀门;5—进气管及阀门;
6—不锈钢过滤网;7—填料口和密封盖;8—吸附剂仓室;9—金属壳。

参考文献

[1] Lyman J L. Computer model of the $SF_6 - H_2$ electrical discharge chemical laser [J]. Appl Opt,1973,12 (11):2736 - 2747.

［2］Bernal M T,Mosquera C F,Raffo C A,et al. Model of pulsed discharge – iniciates HF chemical laser using SF$_6$ and C$_3$H$_8$ mixture［J］. SPIE,1999,3572:434 – 440.

［3］Christophorou L G,Olthoff J K. Electron interaction with SF$_6$［J］. J Phys ChemRef Data,2000,29(3):267 – 330.

［4］杨津基. 气体放电［M］. 北京:科学出版社,1983:105 – 125.

［5］丁小林. SF$_6$气体的处理作业［J］. 高压电器技术,1996,23(2):39 – 57.

［6］潘其坤. 放电引发非链式 DF 激光器关键技术研究［D］. 长春:中国科学院长春光学精密机械与物理研究所,2014.

［7］尹厚明,谢行滨,罗静远. 化学激光手册［M］. 北京:科学出版社,1987.

［8］苏毅,万敏. 高能激光系统［M］. 北京:国防工业出版社,2006.

［9］Sauers I,Harman G. Gaseous dielectrics VI［M］. New York: Plenum press,1991. 553 – 561.

［10］Sauers I,Votaw P C,Griffin G D. Production of S$_2$F$_{10}$ in sparked SF$_6$［J］. J Phys D: Appl Phys,1988,21:1236 – 1238.

［11］王景儒. 十氟化二硫的分析及去除方法［J］. 有机氟工业,1994:24 – 27.

［12］王景儒. 六氟化硫中的有毒物质及其防护［J］. 黎明化工,1995(2):6 – 9.

［13］阮永菲. 气相色谱法用于 SF$_6$ 主要分解产物检测条件的研究［D］. 武汉:华中科技大学,2012.

［14］中国国家标准化管理委员会. GB 7744—2008 工业氢氟酸［S］. 北京:中国标准出版社,2009.

［15］Rudko R I,Drozdowicz Z,Linhares S. High – repetition – rate, recirculating hydrogen fluoride/deuterium fluoride laser［J］. Rev Sci Instrum,1982,53(4): 452 – 457.

［16］Brunet H. Improved D F performance of a repetitively pulsed HF/DF laser using a deuterated compound［J］. SPIE,1997,3092:494 – 497.

［17］Brunet H,Mabru M,Voignier F. High energy – high average power pulsed HF/DF chemical laser［J］. SPIE,1995,2502:388 – 392.

［18］Harris M R,Morris A V,Gorton E K. A closed – cycle,1khz pulse repetition frequency,HF(DF) laser［J］. SPIE,1998,3268:247 – 251.

［19］Borisov V P,Burtsev V V,Velikanov S D,et al. Pulse – periodic electric discharge DF laser with pulse repetition frequency up to 50 Hz and energy per pulse ~1 J［J］. Quantum Electronics,1995,25(7):617 – 620.

［20］柯常军,张阔海,孙科,等. 重复频率放电引发的脉冲 HF(DF)激光器［J］. 红外与激光工程,2007,36:36 – 38.

［21］柯常军,李晨,谭荣清,等. 电引发非链式脉冲 DF 激光器实验研究［J］. 光电子·激光,2010,21(2):172 – 174.

［22］近藤精一,石川达雄,安部郁夫,等. 吸附科学［M］. 北京:化学工业出版社,2006.

［23］徐如人,庞文琴,霍启升,等. 分子筛与多孔材料化学［M］. 北京:科学出版社,2014.

［24］于吉红,闫文付. 纳米孔材料化学［M］. 北京:科学出版社,2013.

［25］Floquet N,Coulomb J P,Weber G,et al. Structural Signatures of Type IV Isotherm Steps:Sorption of Trichloroethene,Tetrachloroethene,and Benzene in Silicalite – I［J］. J. Phys. Chem. B,2003,107 (3):685 – 693.

［26］Li H,Eddaoudi M,O' Keeffe M,et al. Design and synthesis of an exceptionally stable and highly porous metal – organic framework［J］. Nature,1999,402 (6759): 276 – 279.

［27］Eddaoudi M,Kim J,Rosi N,et al. Systematic design of pore size and functionality in isoreticular MOFs and their application in methane storage［J］. Science,2002,295 (5554):469 – 472.

［28］Farha O K,Yazaydin A O,Eryazici I,et al. De novo synthesis of a metal – organic framework material featuring ultrahigh surface area and gas storage capacities［J］. Nature Chemistry,2010,2 (11):944 – 948.

[29] Chen B L, Liang C D, Yang J, et al. A microporous metal – organic framework for gas – chromatographic separation of alkanes [J]. Angewandte Chemie – International Edition, 2006, 45 (9):1390 – 1393.

[30] Ma S Q, Sun D F, Wang X S, et al. A mesh – adjustable molecular sieve for general use in gas separation [J]. Angewandte Chemie – International Edition, 2007, 46 (14):2458 – 2462.

[31] Matsuda R, Kitaura R, Kitagawa S, et al. Highly controlled acetylene accommodation in a metal – organic microporous material [J]. Nature, 2005, 436 (7048):238 – 241.

[32] Guo H L, Zhu G S, Hewitt I J, et al. "Twin copper source" growth of metal – organic framework membrane: $Cu_3(BTC)_2$ with high permeability and selectivity for recycling H_2 [J]. Journal of the American Chemical Society, 2009, 131 (5):1646 – 1647.

[33] Fan S J, Sun F X, Xie J J, et al. Facile synthesis of continuous thin $Cu(bipy)_2(SiF_6)$ membrane with selectivity towards hydrogen [J]. Journal of Materials Chemistry A, 2013, 1 (37):11438 – 11442.

[34] Liu C, Sun F X, Zhou S Y, et al. Facile synthesis of ZIF – 8 nanocrystals in eutectic mixture [J]. CrystEngComm, 2012, 14 (24):8365.

[35] 刘虎威. 气相色谱方法及应用 [M]. 北京:化学工业出版社, 2000.

[36] 张晓星, 姚尧, 唐炬, 等. SF_6放电分解气体组分分析的现状和发展 [J]. 高电压技术, 2008, 34(4):664 – 669.

[37] 范志刚. 含氟废气处理系统装置研究[D]. 长沙:国防科学技术大学, 2006.

[38] 北京师范大学等无机化学教研室. 无机化学下册[M]. 4版. 北京:高等教育出版社, 2003:439 – 482.

[39] Sauers I, Ellis H W, Christophorou L G. Neutral decomposition products in spark breakdown of SF6 [J]. IEEE Trans Electr Insul, 1986, 21(2):111 – 120.

[40] Piemontesi M, Pietsch R, Zaengl W. Analysis of decomposition products of sulfur hexafluoride in negative DC corona with special emphasis on content of H_2O and O_2 [C]. Pittsburgh:IEEE, 1994:499 – 503.

[41] 徐全海. 废气处理系统:CN101254395A[P]. 2008:09 – 03.

[42] 郑用琦. 一种含工业氟离子废气处理的有效方法:CN102389698A[P]. 2012:03 – 28.

[43] 冯金之, 夏磊, 付长红. 处理萘系高效碱水剂生产中废气的方法和其专用设备:CN102489121A[P], 2012:06 – 13.

[44] 汪前军, 吴宗斌, 童健, 等. 一种含酸性气体的氮氧化物废气处理装置及工艺:CN101543723A[P]. 2009:09 – 30.

[45] 明添, 明智, 明雯, 等. 一种处理氟化物废水废气的方法:CN102350176A[P]. 2012:02 – 15.

[46] J P 菲利普斯, K J 马林斯. 一种废气处理系统:CN1090524C[P]. 2002:09 – 11.

第9章　激光器输出参量测试技术

激光参数表征了激光自身及其在时域、空域和频域的特性,其测试技术是激光及其应用技术中的基础,由于激光及其应用技术的快速发展,激光各种参数的测试技术当然也就成为激光及其应用技术中不可缺少的重要部分。由于表征激光特性及应用需求的不同,各种激光器所需重点测试的激光参数也不同。本章重点介绍的是基于对放电引发非链式脉冲 DF 激光器及其输出参量的测试技术,包括激光功率、激光能量、激光器效率、激光光谱、激光脉冲宽度、激光光束发散角、激光小信号增益等参量的测试,以及对测量结果进行数据处理的相关技术。

9.1　激光功率

对于脉冲 DF 激光器而言,输出功率检测包括平均功率检测和脉冲功率检测及功率不稳定度检测。国家标准[1,2]在激光功率、脉冲功率等激光术语及功率的检测方法上都作了明确的说明。平均功率检测可采用相应的激光功率计,经国家计量部门校准过的激光功率计可精确测量激光输出平均功率。对于高平均功率的激光器,尤其是高功率脉冲激光器,适用的功率计较少,且其标定十分困难。脉冲功率检测一般是通过单脉冲能量除以激光脉冲宽度进行计算;功率不稳定度可由多次采样激光输出平均功率的标准差与激光输出功率的平均值的比来表征。

9.1.1　平均功率检测

国家标准详细阐述了高功率脉冲激光器平均功率的检测方法。对于中低平均功率激光的检测,可直接将激光功率计放置在待测激光光路中测试,而对于高平均功率激光的检测一般采用脉冲能量 Q 与脉冲重复频率 f_p 的乘积的方法检测。对于非链式脉冲 DF 激光器而言,由于气体劣化、工作气体消耗、气体热效应等因素的影响,重复频率运转条件下,其单脉冲能量一般是逐渐下降的,因此采用脉冲能量 Q 与脉冲重复频率 f_p 的乘积的方法检测的激光平均功率值偏高。因而对高功率激光衰减后测量是非链式脉冲 DF 激光平均功率测试的常用方法。图 9.1 给出了激光平均功率测试示意图。当有合适量程的激光功率计时可直接测量激光平均功率,激光输出功率超出功率计量程时,必须采用已知透过率的衰减片对激光功率进行衰减,衰减后的激光功率一般需小于激光功率计量程的90%方可进行直接测量。

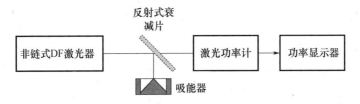

图 9.1　激光器平均功率检测示意图

　　激光功率计是激光平均功率测量的必备设备,按工作原理可分为光敏二极管功率计、LED 功率计、热辐射功率计。高功率激光测量通常采用热辐射功率计,其核心为一系列的金属连接点组成的温差电堆传感器,原理如图 9.2 所示。在任何两个连接点间的温度差都将引起两个节点间的电压差。由于这些金属连接点是连续的,并且热连接点总是在内部(热辐射侧),冷连接点总是在外部(冷辐射侧),热量从热连接点到冷连接点的方向流动将引起电压随入射激光功率成比例变化。热电偶阵列测量温度梯度,它与入射或吸收的功率成比例。理论上,平均功率测量精度并不依赖于环境温度,因为只有热、冷连接点间温差可产生电压,且电压差仅仅由热流量决定,它与环境温度无关。只要激光光斑入射到热连接点形成的圆环内部,所有吸收的热量都将流经热电偶,因为探测器的响应并不依赖于入射激光束尺寸和照射位置。如果激光束入射到热连接点形成的圆环边缘,部分热连接点将变得更热,此时测量精度将略微下降。

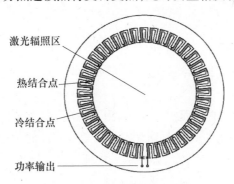

图 9.2　温差电堆传感器示意图

　　在激光功率测试过程中,选择合适的激光功率计至关重要,激光功率计参数包括响应波长、有效孔径、测量功率范围、最大入射功率、功率噪声水平、最大平均功率密度、响应时间、测量精度等,表 9.1 给出了几款适合于非链式脉冲 DF 激光功率测量的功率计参数。

表 9.1　激光功率计参数

参数	L(50)300A	FL500A	FL600A
响应波长	$0.19\sim20\mu m$	$0.19\sim20\mu m$	$0.19\sim20\mu m$
有效孔径	$\Phi65mm$	$\Phi65mm$	$\Phi65mm$
测量功率范围	$0.4W\sim300W$	$0.5W\sim500W$	$0.6W\sim600W$
最大入射功率	300W@2min	500W@1min	600W@1min
功率噪声水平	20mW	25mW	50mW
最大平均功率密度	$9.7kW/cm^2$	$7kW/cm^2$	$7kW/cm^2$
响应时间	3s	2.8s	3.2s
测量精度	$\pm3\%$	$\pm3\%$	$\pm3\%$

9.1.2　脉冲功率测试

脉冲功率是脉冲激光器输出性能重要的表征参数,国家标准对脉冲功率定义为单脉冲能量除以脉冲持续时间。标准同时对于定义涉及的脉冲持续时间(Pulse Duration)概念所代表的两种意义进行了说明:一种是10%脉冲持续时间,"激光脉冲上升和下降到它的10%峰值功率点之间的时间间隔";另一种是脉冲持续时间,"激光脉冲上升和下降到它的50%峰值功率点之间的时间间隔",该脉冲持续时间同时也称为"脉冲宽度(Pulse Width)"。两种脉冲持续时间的定义对同一个激光脉冲来讲,其脉冲功率值有较大的差别。本书中以工程中常用的脉冲宽度(全波半高宽)为脉冲持续时间进行脉冲功率测试。单脉冲能量及脉冲宽度测量方法将在后面章节阐述,脉冲功率的具体计算方法如下:

$$P_H = \frac{Q}{\tau_H} \tag{9-1}$$

式中:P_H为脉冲激光功率(W);Q为脉冲激光单脉冲能量(J);τ_H为激光脉冲宽度(s)。

在脉冲功率测试的过程中,为提高测量精度,激光输出的单脉冲能量要求测量$n(n\geq5)$个,其算术平均值即为脉冲激光单脉冲能量(Q);同样,激光的脉冲宽度也要求测量$n(n\geq5)$个,其算术平均值为激光脉冲宽度(τ_H)。

9.1.3　功率不稳定度

高功率非链式脉冲DF激光器激光输出时,受到气体劣化、温度变化、电源波动等因素的影响,会出现输出激光功率波动或下降现象,为量化其功率变化情况需检测输出功率不稳定度(Δ_p),激光输出功率不稳定度是在一定的时间范围内,激光输出功率变化的标准差与激光输出功率的平均值之比,其表达式为

$$\Delta_P = \frac{\Delta P_\sigma}{\overline{P}} = \frac{1}{\overline{P}}\sqrt{\frac{\sum\limits_{i}^{n}(P_i - P)^2}{n - 1}} \qquad (9-2)$$

式中：Δ_p 为输出功率的不稳定度；ΔP_σ 为激光输出功率变化的标准差，单位 W；$\overline{P}$ 为激光输出功率的平均值，单位 W。

9.2　激光能量测试

激光能量是激光器的一项重要检测指标，它是激光应用中重点关注的技术指标，相关的检测内容有单脉冲能量、重频放电能量、远场能量密度和能量不稳定度四部分。

9.2.1　单脉冲能量

单脉冲能量是指一个激光脉冲所包含的能量。单脉冲能量的检测首先要选择合适的能量计，根据激光器的能量范围选择能够承受此能量的能量计，其次还要看光斑的大小，就是能量计的光斑接收口是否能够全部将激光器输出的激光能量接收进来，再次要考虑激光能量计能承受的能量密度是多少，是否超出能量测试范围，最后就是激光能量计必须经国家计量部门的标定，是在有效使用时间内，具体的测量方法见图 9.3。

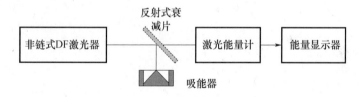

图 9.3　激光器能量检测示意图

单脉冲能量的检测相对简单，将能量计放置在激光器的输出光路中，确保输出激光的光斑尺寸小于能量计探头的接收口，此时将能量计的显示器打开。激光器输出一个激光脉冲，记录能量显示器的读数，一般不以一个脉冲的能量为准，要测试多个脉冲后取其算术平均值为单脉冲能量值；在测量多个脉冲能量时，两个脉冲之间要有一段恢复时间，一般超过 1min 测量一次可满足激光能量测量精度要求。

激光能量计是激光单脉冲能量测量的必要设备，按工作原理可分为光敏二极管能量计和热释电能量计。大能量激光测量通常采用热释电能量计，其工作原理如图 9.4 所示。热释电激光能量计采用一个热释电晶体，它可产生正比于热吸收能量的电荷信号。由于晶体的两面已经做硬化处理，且所有产生的电荷均被收集,因此,热释电能量计响应不受光束尺寸和入射位置的影响。这些电荷给平行于晶体的电容充电,电容两端的电压差与激光脉冲能量成正比。一定电容两端的电信号被电路读取,晶体上的电荷开始放电,为下一个脉冲能量测试做准备。热释电激光能量计的响应时间主要依赖于晶体加热的时间。

在激光能量测试时,选择合适的激光能量计至关重要,激光能量计参数包括响应波长、有效孔径、测量能量范围、能量噪声水平、测量精度、表面反射率等,表9.2 给出了几款适合于非链式脉冲 DF 激光功率测量的能量计参数。

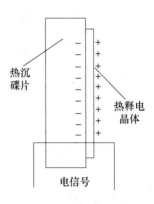

图9.4 激光能量计示意图

表 9.2 激光能量计参数

参数	FPE80BF	PE100	PE50
响应波长	$0.19 \sim 20\mu m$	$0.19 \sim 20\mu m$	$0.19 \sim 20\mu m$
有效孔径	$\Phi53mm$	$\Phi85mm$	$\Phi46mm$
测量能量范围	$40\mu J \sim 40J$	$40\mu J \sim 40J$	$2\mu J \sim 10J$
最大脉冲宽度	1ms	1ms	3ms
能量噪声水平	$200\mu J$	$300\mu J$	$100\mu J$
最大脉冲重复频率	250Hz	200Hz	40Hz
损伤阈值	$4J/cm^2@ <100ns$	$3J/cm^2@ <100ns$	$1J/cm^2@ <100ns$
测量精度	$\pm1.5\%$	$\pm3\%$	$\pm1\%$
表面反射率	20%	50%	10%

9.2.2　重频放电能量

重频放电能量是指激光器在重复频率放电状态下的每一个脉冲的能量,在高重频条件下,此能量值不易直接测量(主要受限于热释电能量计电荷充放电时间)。普遍的测量方法:①通过测量平均输出功率再除以放电频率求得;②在重复频率放电过后再测量单脉冲能量。方法 1 测量非链式脉冲 DF 激光器重频放电能量可由式(9 -3)得到

$$Q = \frac{P}{f} \qquad (9-3)$$

式中:Q 为脉冲激光单脉冲能量(J);P 为激光输出功率(W);f 为脉冲激光器工作频率(Hz)。

方法 2 测量重频放电能量比较简单,当激光器重频放电工作一段时间后,

马上测量其单脉冲能量,此时得到的单脉冲能量可认为与重频工作激光能量相同,但该能量随着激光器工作时间的变化而变化,因此,该方法测量的重频放电能量只能表示上一段时间重频放电的能量,不能笼统地代表激光器重频放电能量。

9.2.3　能量密度

非链式脉冲 DF 激光束光斑尺寸随传输距离的变大而增大。因而激光能量密度在不同的位置是不同的。应用中,最有意义的激光能量密度为近场能量密度和远场能量密度。近场能量密度的测试较容易,可根据激光器近场的单脉冲能量和激光近场光斑的大小直接计算出其能量密度,但是激光器在很多应用时都需要知道远场的光束情况,因此,远场能量密度的测量更为重要,非链式脉冲 DF 激光器输出激光的能量密度 $H(x,y)$ 是在 (x,y) 位置上,ΔA 面积上的光束能量除以面积 ΔA,其计算表达式为

$$H(x,y) = \frac{Q}{\Delta A} \qquad\qquad (9-4)$$

式中:$H(x,y)$ 为能量密度($\mathrm{J/cm^2}$ 或 $\mathrm{mJ/cm^2}$);Q 为脉冲激光单脉冲能量(J 或 mJ);ΔA 为激光在 (x,y) 位置上光斑的面积($\mathrm{cm^2}$)。

激光远场能量密度检测比较困难,这是因为:①非链式脉冲 DF 激光模式为多模,远场光斑能量分布也不是很均匀,要在远场以点代面只测量几个点来代替整个光斑的能量分布情况是不准确的;②光束在传输过程中,受大气的吸收、散射衰减严重,且不同的大气情况结果是不同的,因而测量精度难以提升;③DF 激光属于中红外光,是不可见的,只有通过烧蚀光斑或红外 CCD 相机才可看到,但当激光传输到较远的距离后能量密度会很小,实际光斑的形状和面积难以观测。综合以上特点,可以采用面阵的方法逐点检测再计算其远场能量密度,具体的方法是在远场通过红外相机观察光斑的情况,用能量计逐块测量其能量的大小,待测量的能量区分得越小越好,最好接近于能量计的有效口径,将采集的数据汇总通过下面公式计算远场能量密度情况

$$H_f = \frac{\sum_{i=1}^{n} e_i}{nA} \qquad\qquad (9-5)$$

式中:H_f 为远场能量密度($\mathrm{mJ/cm^2}$);n 为远场光斑共分 n 个待测区域;e 为每个区域测得的能量(mJ);A 为能量计有效测量面积($\mathrm{cm^2}$)。

在测量远场能量密度时,测试能量的区域在激光光斑之内,测量区域足够多时,测量结果可以反映真实的激光远场能量密度的分布情况,并可准确地计算出远场能量密度。

9.2.4　能量不稳定度

非链式脉冲 DF 激光器在激光输出时,受到工作气体劣化、温度变化及电源波动等影响,会出现输出激光能量波动或下降现象,为量化其变化情况需检测输出的脉冲能量不稳定度 Δ_E,激光输出能量不稳定度是在一定的时间范围内,激光输出单脉冲能量变化的标准差与激光输出单脉冲能量的算术平均值的比,即

$$\Delta_E = \frac{\Delta E_\sigma}{\bar{E}} = \frac{1}{\bar{E}} \sqrt{\frac{\sum_i^n (E_i - \bar{E})^2}{n-1}} \tag{9-6}$$

式中:Δ_E 为输出能量的不稳定度;ΔE_σ 为激光输出能量变化的标准差(J);$\bar{E}$ 为激光输出能量的平均值(J);n 为测定次数($n \geq 10$);i 为测定次数的顺序号;E_i 为激光器输出能量的第 i 次测定值(J)。

9.3　激光器效率

激光器效率是指激光器输出功率比上注入功率,这里分两种情况,一种是激光器的电光转换效率,指激光器的放电激励部分的注入能量能够产生多少光功率,是输出的激光功率比上储能放电部分的注入功率;另一种就是激光器的总效率,也叫插头效率,是指激光器的所有组成系统消耗的总电功率能够产出光功率的能力。

9.3.1　电光转换效率

非链式脉冲 DF 激光器电光转换效率分为内在电光转换效率和电光转换效率,内在电光转换效率定义为激光器输出激光功率与注入到放电区的电功率之比,电光转换效率定义为激光器输出激光功率与储能电容储能量之比。内在电光转换效率排除了电路耗能对电光效率的影响,客观地反映了 DF 激光动力学过程中电光转换效率,内在电光转换效率用 η_n 表示:

$$\eta_n = P / \int_{-\infty}^{+\infty} V(t) I(t) \mathrm{d}t \mathrm{d}t \times 100\% \tag{9-7}$$

式中:η_n 为内在电光转换效率;P 为激光输出功率(W);$I(t)$ 为注入到放电区的电流(A);$V(t)$ 为电极间的放电电压(V)。

式(9-7)中的放电电压和放电电流均为时间的函数。电压测量一般采用高压探头(电阻分压器),电流测量一般采用罗氏线圈。由于非链式脉冲 DF 激光器放电时间在百纳秒量级,因而电压、电流探头必须要有足够的带宽(>500MHz),同时,高压放电过程中具有较强的电磁干扰,待测电压、电流信号

(尤其是电流信号)易于淹没在强烈的干扰噪声信号中,因此,测试过程中必须采取良好的屏蔽措施。

相比于内在电光转换效率测试计算复杂,电光转换效率具有测试方便,计算简单的优势,是工程中常用效率表示方法,其表达式为

$$\eta_L = \frac{E_0}{E_i} \times 100\% \qquad (9-8)$$

式中:η_L 为激光器电光转换效率;E_0 为激光器输出的激光能量(J);E_i 为激光器的储能电容器所储存的能量(J)。

式中 E_0 是可以采用检测激光器的单脉冲能量,而激光器的储能电容器所储存的能量是通过式(9-9)计算而得

$$E_i = \frac{1}{2} C V^2 \qquad (9-9)$$

式中:E_i 为激光器的储能电容器所储存的能量(J);C 为激光器的储能电容器容量(F);V 为储能放电箱工作电压(V)。

式(9-9)中的电压为电容充电电压,它与高压电源输出的直流高压一致,为固定值,储能电容也为确定值,因此,电容储能量易于计算。

9.3.2　插头效率

插头效率又叫激光装置效率(η_τ),是激光束内的所有功率(或能量)与包括全部附属系统在内的所有输入功率(或能量)的比,也叫激光器的总效率

$$\eta_\tau = \frac{P}{P_t} = \frac{P}{V \cdot I} \qquad (9-10)$$

式中:η_τ 为激光器插头效率;P 为激光器的输出功率(W);P_t 为储能放电箱工作电压(W);V 为激光器工作电压,单位 V;I 为激光器工作总电流(A)。

测量激光器的插头效率需要先测量激光器的输出功率,输出功率的测量方法见9.1节,而激光器的所有输入功率不仅有储能放电箱的注入总功率,还包括有触发器消耗的功率、高压电源消耗的功率、气体循环风机消耗的功率、冷却系统消耗的功率以及电控系统消耗的功率等。如果所有系统都是通过一个总线提供的电能就比较容易测量,直接测量进线的电压和总电流即可,否则需将各个系统消耗的功率合计在一起计算,才能获得激光器的插头效率。

9.4　激光光谱检测

激光波长的检测有多种手段,普遍采用的有光栅光谱仪、棱镜光谱仪、斐索干涉仪、Fabry - perot 干涉仪和标准具、迈克尔逊干涉仪、光纤光谱仪等[3-5],但非链式脉冲 DF 激光波长的检测不同于普通激光器,它多波长同时输出,光斑直

径大,脉冲能量密度低,因此,在对其波长检测时需采用缩束系统提升耦合进入光谱仪的能量,测试的方法主要采用经济型 DF 激光光谱仪测试和光纤光谱仪测试两种方法。

9.4.1 经济型 DF 激光光谱仪检测波长

经济型 DF 激光多谱线激光光谱复合测量装置如图 9.5 所示,包括:激光缩束系统,用于压缩待测激光以提高激光能量密度;经济型激光谱线分析仪,用于对压缩后的激光束进行分光和波长确定;高精度移动平台,对激光能量探测器起支撑作用,可以实现上下左右四个方向上的精密移动;能量计探头:对从谱线分析仪显示屏狭缝出射的分光束进行探测;能量计表头,用于显示各支谱线的相对能量。

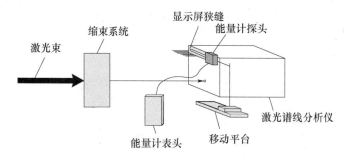

图 9.5 DF 激光光谱检测装置

激光缩束系统由光学透镜搭建而成,使用成本较低。谱线分析仪主要由分光光栅、反射镜、显示屏构成,利用光栅分光原理将激光器输出激光按波长长短扩展为多条谱线,随后经三次反射进入显示屏的中间狭缝。激光能量探测器能够响应低能量的光束,其最低能量响应阈值为微焦量级,能够检测出激光器输出光束中所有低能量谱线,探测面经粘贴处理,其中心保留一条宽度与激光谱线分析仪显示屏上波长刻度尺最小刻度的 1/2 等刻度的竖直狭缝,能够避免探测面过大带来的测量误差。探测器安装在高精度移动平台上,通过连续调节移动平台上的旋钮,可使探测器沿着显示屏狭缝从左向右或者从右向左移动,最终实现对待测激光全波段谱线位置的探测,加上能量计可以显示移动过程中每条谱线的相对能量。

该测量装置是在现有的 DF 激光谱线分析仪测量原理的基础上,充分利用实验室现有的光学元件和测试平台,结合各自的优缺点设计出的一种多谱线激光光谱复合测量装置,可以实现低能量多谱线输出激光的全波段光谱位置和相对能量的测量,解决了激光光谱仪在测量低能量激光光谱和各支谱线相对能量上存在的技术问题。

9.4.2　光纤光谱仪

光纤光谱仪是新一代高分辨率的光谱仪,它采用了线阵 CCD,光学分辨率可达 20pm,其光谱范围和分辨率取决于所配置的光栅和狭缝。另外,光纤光谱仪采用的 CCD 配备有电子快门,可通过软件设置最短为毫秒量级的积分时间,所谓积分时间是探测器"察看"入射光子的总时间,这可避免激光分析中常见的光饱和现象,大大提升光谱测试精度。光纤光谱仪配备有功能强大的软件系统,可在计算机上直接查看、分析、处理待测激光光谱。图 9.6 给出了一款光纤光谱仪内部结构,它包括:①SMA 连接器;②固定入射狭缝;③滤光片;④准直镜;⑤光栅;⑥聚焦镜;⑦探测器聚光透镜;⑧CCD 探测器。

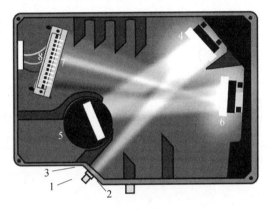

图 9.6　光纤光谱仪内部结构

(1) SMA 光纤连接器:由光纤导入的信号光经由 SMA 连接器进入光纤光谱仪,它可精确地对准光纤端面、固定狭缝、滤光片和消包层模式孔。

(2) 固定的入射狭缝:信号光首先通过作为入射孔径的固定狭缝。狭缝的宽度从 5~200μm 不等。狭缝固定在 SMA 连接器中,和光纤端面对准。

(3) 滤光片:吸光滤光片被安装在 SMA 连接器中,位于狭缝与消光包层模式孔之间,它可以消除二级和三级衍射的影响,使衍射更为平衡。

(4) 准直镜:准直镜与 0.22 数值孔径的光纤相匹配,准直镜将入射光准直后,投射到光栅上。

(5) 光栅:光栅安装在光学平台上,通过旋转光栅,调节到要求的起始波长,最后将光栅固定,以消除机械漂移。

(6) 聚焦镜:聚焦镜将一级衍射光谱聚焦到探测器面板上,为了保证最高的反射率和最低的杂散光,准直镜和聚焦镜需要综合设计和检验。

(7) 探测器聚焦镜:圆柱体透镜被固定在探测器窗口片上,将通过狭缝高度方向的信号光聚焦到窄小的探测器象元上,大大提高采集信号光的效率。

（8）探测器：探测器采用了线性阵列式 CCD。每个像元对不同波长的信号光产生响应，产生的电信号经过软件处理后得到完整的光谱。

采用光纤光谱仪测试非链式脉冲 DF 激光光谱的示意图如图 9.7 所示：非链式脉冲 DF 激光射入到积分球内，积分球将激光匀化，匀化后的激光经导光光纤将信号光传输到光纤光谱仪内，光纤光谱仪测试激光波长信号，最后该波长信息由计算机读取。光纤光谱仪法测试激光光谱具有操作简便、测试精度高的优点，是未来激光光谱测试的主要技术手段。

图 9.7　DF 激光光谱测试示意图

9.5　激光脉冲宽度

在脉冲激光器的实际应用过程中，激光的脉冲宽度是一项很重要的指标，对于某些激光加工及激光辐照效应领域的应用，激光脉冲宽度越窄，效果越好。因此，在脉冲激光器的参数检测中，脉宽的检测是必不可少的，现有常用的检测方法是采用光电探测器直接检测。

9.5.1　激光脉冲宽度

激光脉冲宽度（全峰半高宽）是激光脉冲上升和下降到它的峰值功率 50% 点之间的间隔时间。在对非链式脉冲 DF 激光器的激光脉冲宽度检测时，由于光斑较大，需采用光栏遮挡，避免多余的激光造成光电探测器的毁伤。脉冲高压放电将产生强烈的电磁干扰信号，它对激光脉冲宽度测量具有较大的干扰。为了避免干扰，提升激光信号的信噪比，可采用两种方法：①采用留有光学窗口的屏蔽舱（隔离度大于 80dB），激光脉冲宽度测试在屏蔽舱内进行；②采用远距离测试的方法，由于电磁干扰信号与距离的平方成反比衰减，通过增大光电探测器与电磁干扰信号源距离，可大大提升激光脉冲信号的信噪比。激光脉冲宽度测量示意图如图 9.8 所示：

图 9.8　DF 激光脉冲宽度测试示意图

　　非链式脉冲 DF 激光器的光脉宽在百纳秒量级,因而对光电探测器测试带宽提出了较高的要求,光电探测器工作原理如图 9.9 所示:激光入射到红外光敏晶体(HgCdTe、InSb、InAsSb、InAs 等)上将产生光电载流子,该光电载流子经过两级放大器放大后由 SMA 输出连接器输出,它可直接被示波器读取。同时光电探测器中引入了滤波器、电压调制及偏压电路,提升了探测灵敏度,抑制了暗电流噪声。

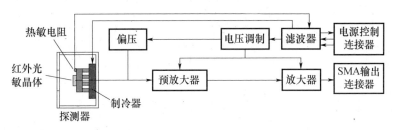

图 9.9　光电探测器工作原理示意图

　　光电探测器主要参数包括响应波长、探测灵敏度、响应带宽积、时间常数、角频率、栅流宽度比、薄膜电阻、工作温度、视场角、F 数等[6]。表 9.3 给出了几款适合于非链式脉冲 DF 激光脉冲宽度测量的光电探测器参数。

表 9.3　光电探测器参数

参数	PC	PCI
响应波长/μm	3 ~ 5	3 ~ 5
探测灵敏度/(cmHz$^{1/2}$/W)	$\geqslant 1 \times 10^8$	$\geqslant 5 \times 10^8$
响应带宽积/(mm/W)	$\geqslant 0.4$	$\geqslant 3$
时间常数/ns	<2	<2
角频率/kHz	1 ~ 10	1 ~ 10
栅流宽度比/(mA/mm)	2 ~ 20	3 ~ 15
薄膜电阻/(Ω/sqr)	50 ~ 150	50 ~ 150
工作温度/K	300	300
视场角/(°)	>90	>36
F 数	0.71	1.62

9.5.2　激光重复频率

　　激光重复频率定义为脉冲激光器单位时间内(s)发出的激光脉冲个数,它是表征激光器多脉冲输出性能的重要参数[7]。小功率的脉冲激光器可以直接采用光电探测器检测其激光重复频率,而非链式脉冲 DF 激光器输出功率较高,直接检测容易导致光电探测器的毁伤,因此检测高功率激光重复频率之前必须对功率进行衰减。实验中通常采用两种方法进行功率衰减:①衰减片对激光功率进行衰减,一般采用垂直插入多片反射式光楔的方案;②漫反射板对激光功率衰减,将漫反射板插入到激光光路中,通过测量漫反射光信号获得激光重复频率。为了防止电磁干扰,激光重复频率测试也必须在屏蔽舱内进行。采用漫反射板衰减测试激光重复频率的示意图如图 9.10 所示:

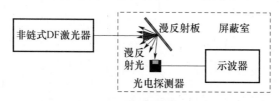

图 9.10　激光重复频率测试

9.6　激光光束发散角

激光束发散角又名束散角(θ_u),是光束宽度[内含功率(或能量)定义的]在远场增大形成的渐近面锥所构成的全角度;束散角是激光器光束质量的一个重要指标,关系到激光器的作用距离的远近和远场能量密度的大小;非链式 DF 激光器采用的是平 – 凹稳定腔型,其输出的光束为高阶横模模式,其光束输出形式与基膜类似也是以双曲线形式扩展,其激光束的近场和远场发散角是不同的,因此,对于高功率脉冲 DF 激光器的光束发散角一般用远场发散角表示。依据定义,光束发散角的计算公式为

$$\theta = \frac{\Delta D}{\Delta L} \qquad (9-11)$$

式中:θ 为激光束发散角;ΔL 为两次光斑间隔距离;ΔD 为间隔距离为 ΔL 时激光光斑尺寸差。

一般认为,光斑尺寸取样点在 7 倍瑞利长度以内时测试结果为近场光斑,光斑尺寸取样点在 7 倍瑞利长度以外时测试结果为远场光斑。由式(9 – 11)可知,无论是近场发散角还是远场发散角,都可归结为光斑尺寸和距离的测量。

9.6.1　光斑尺寸

光束发散角的测量无论是近场发散角或是远场发散角都离不开测量其光斑尺寸,它是表征激光强度分布的参量。在空间域中,光斑尺寸的常用定义有三种,即 $1/e^2$ 定义,86.5% 的环围功率(能量)和二阶矩定义。

$1/e^2$ 定义:对形状规则的光斑,在柱坐标系中光强分布曲线 $I(r)$ 上,最大值 I_{max} 的 $1/e^2$ 处两点间距离定义为光斑尺寸 D:

$$I(D) = I_{\max}/e^2 \tag{9 - 12}$$

86.5% 的环围功率(能量)定义:光强分布曲线 $I(r)$ 上占总功率(能量)η 处两点间距离定义为光斑尺寸 D:

$$\int_{\left|\frac{D}{2}\right|}^{\frac{D}{2}} I(r)r\mathrm{d}r = \eta \int_0^{+\infty} I(r)r\mathrm{d}r \tag{9 - 13}$$

二阶矩定义:直角坐标系中,在距离束腰 z 处 x、y 方向的光斑尺寸 D_x,D_y 按二阶矩方法定义为

$$D_x^2 = \frac{4}{P} \int_{-\infty}^{+\infty} \int_{-\infty}^{+\infty} x^2 E(x,y,z) E^*(x,y,z) \mathrm{d}x\mathrm{d}y \tag{9 - 14}$$

$$D_y^2 = \frac{4}{P} \int_{-\infty}^{+\infty} \int_{-\infty}^{+\infty} y^2 E(x,y,z) E^*(x,y,z) \mathrm{d}x\mathrm{d}y \tag{9 - 15}$$

式中

$$P = \int_{-\infty}^{+\infty} \int_{-\infty}^{+\infty} I(x,y,z) \mathrm{d}x\mathrm{d}y \tag{9 - 16}$$

对于基模高斯光束,上述三种定义方式得到的光斑尺寸完全一致,但对其他光束,用不同的定义可能会产生不同结果。对于非链式脉冲 DF 激光器,通常采用 86.5% 的环围功率(能量)测量光斑尺寸较为准确和方便。

采用 86.5% 的环围功率(能量)的定义测量光斑尺寸的方法有三种,套筒法、刀口法、CCD 法。

套筒法测量光斑尺寸的实验装置如图 9.11 所示。测量过程中,先将可连续调节大小的套筒中心与待测光束中心重合,然后逐渐改变套筒尺寸使得透过套筒的激光能量由大到小变化,采用功率计(能量计)测量透过的激光功率(能量)。当通过套筒的功率(能量)为激光总功率(能量)的 86.5% 时,套筒尺寸就是待测激光光斑尺寸。

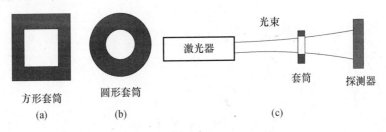

图 9.11　套筒法测量激光光斑尺寸

刀口法测量光斑尺寸的实验装置如图 9.12 所示,在移动平台上沿垂直于光束的方向移动刀口,探测器测量的透射功率(能量)为刀口位置的函数,由透射光功率为总功率(能量)的 84% 和 16% 的刀口位置可确定光斑尺寸。非圆形光斑可通过 x、y 两个方向的测量获得激光光斑尺寸。

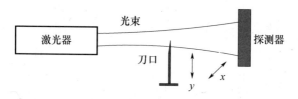

图 9.12 刀口法测量光斑尺寸

CCD 法测量激光光斑尺寸的实验装置如图 9.13 所示,将激光功率(能量)经过合适的衰减后,采用 CCD 相机测量和记录光强分布,通过计算机对测试光强处理后可获得激光光斑尺寸。

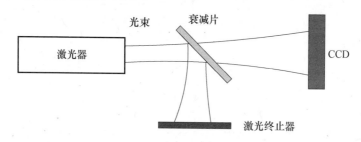

图 9.13 CCD 法测量激光光斑尺寸

CCD 法测量激光光斑尺寸方法最为便捷,测量精度也最高,但是中红外大口径 CCD 价格昂贵,CCD 损伤风险高。套筒法和刀口法是比较适合实验室准确测量激光光斑尺寸的方法。另外,烧蚀光斑法也是一种常用的激光光斑尺寸的快速、近似测量方法,具体操作方法为:在激光输出的光路中垂直放入热敏材料(热敏纸、泡沫板等),通过发射单脉冲激光在热敏材料上烧出光斑形状并测量其大小,获得光斑尺寸参数。烧蚀光斑法在 DF 激光(不可见激光)调试阶段尤为重要,它可方便地看出激光光斑大小及光强分布,烧蚀光斑形状为激光调试指明方向。

9.6.2 近场发散角

激光器近场光束发散角的测量多是采用在激光器输出激光束中不同的距离 d_1、d_2 处测量不同距离的光斑尺寸的方法,由于高功率脉冲 DF 激光器的光斑近似为方形,测量光斑尺寸时需分 x 和 y 两个方向分别测量和计算的,通过式$(9-11)$分别计算出输出激光光束发散角(图 9.14)。

$$\theta_x = \frac{\Delta P_x}{\Delta L} = \frac{M_{x_2} - M_{x_1}}{\Delta L} \qquad (9-17)$$

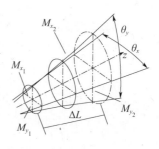

图 9.14 激光器近场发散角测量示意图

$$\theta_y = \frac{\Delta P_y}{\Delta L} = \frac{M_{y2} - M_{y1}}{\Delta L} \qquad (9-18)$$

式中：θ 为激光束发散角（mrad）；ΔD 为光斑尺寸差（mm）；ΔL 为两次光斑间隔距离（m）；M_2 为第二个光斑尺寸（mm）；M_1 为第一个光斑尺寸（mm）。

非链式脉冲 DF 激光器采用的是平 – 凹稳定腔型，输出激光束呈双曲渐开线，激光近场发散角的测量受反射镜曲率半径的影响会比远场发散角偏小，只有到了一定远距离后测得的束散角才会接近远场发散角，近场发散角虽然偏小，但也有其测量的必要性，近距离导光或激光近距离辐照效应等方面的应用可参考激光近场发散角来设计光路。

9.6.3　远场发散角

非链式脉冲 DF 激光器的应用主要是远场，因此，其发散角的表征应当是以远场发散角为准，这里介绍两种方法对其远场发射角进行分析测量。

1. 聚焦法测量远场发散角

图 9.15 给出了透镜聚焦法测试激光远场发散角的原理图，为了避免空气击穿，一般须采用大焦距透镜（$f > 5\mathrm{m}$），进而在透镜焦平面上测试光斑尺寸，根据聚焦法获得激光的等效远场发散角。

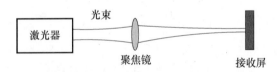

图 9.15　聚焦法测量远场发散角示意图

远场发散角可由式（9 – 18）计算：

$$\theta = \frac{d}{f} \qquad (9-19)$$

式中：θ 为光束发散角（mrad）；d 为聚焦后光斑尺寸，包括 d_x 和 d_y（mm）；f 为聚焦透镜焦距（m）。

由于非链式脉冲 DF 激光器的输出光斑为近似方形，其发散角的表征往往用 $\theta_x \times \theta_y$（mrad）。

2. 多点光斑数据拟合法计算远场发散角

1）理论分析

激光束在自由空间传输时，其光束宽度可由下列公式给出：

$$W_x^2(z) = W_{0x}^2 + \left(\frac{M_x^2 \lambda}{\pi W_{0x}} z \right)^2 \qquad (9-20)$$

$$W_y^2(z) = W_{0y}^2 + \left(\frac{M_y^2 \lambda}{\pi W_{0y}} z \right)^2 \qquad (9-21)$$

式中:W_{0x}、W_{0y} 分别为 x 方向和 y 方向激光束腰宽度;$W_x(z)$、$W_y(z)$ 分别为 x 方向和 y 方向距离束腰 z 处光束宽度;$M^2 x$,$M^2 y$ 分别为 x 方向和 y 方向的 M^2 因子。将式(9-22)、式(9-23)整理可得

$$W_x(z) = W_{0x}\sqrt{1 + \frac{M_x^4\lambda^2}{\pi^2 W_{0x}^4}z^2} \qquad (9-22)$$

$$W_y(z) = W_{0y}\sqrt{1 + \frac{M_y^4\lambda^2}{\pi^2 W_{0y}^4}z^2} \qquad (9-23)$$

通过实验测量不同 z 处光束宽度,由式(9-24)计算可得 M_x^2 和 M_y^2。
M^2 因子的定义为[8]

$$M^2 = \frac{\pi}{\lambda}W_0\theta \qquad (9-24)$$

由此可知,x 方向和 y 方向的远场发散角 θ_x,θ_y 可表示为

$$\theta_x = \frac{M_x^2\lambda}{\pi W_0 x} \qquad (9-25)$$

$$\theta_y = \frac{M_y^2\lambda}{\pi W_0 y} \qquad (9-26)$$

2) 实验测量

实验测量示意图如图 9.16 所示,在距输出镜 7 倍瑞利长度远处开始,每隔 2m 测量一个光斑尺寸,共取 10 个光斑的数据即可,采用 Origin 软件对实验数据进行拟合,可得出激光束腰 W_{0x}、W_{0y} 的拟合值,根据式(9-22)和式(9-23)计算可以得出输出激光的光束质量 M_x^2 和 M_y^2 值;进而根据式(9-25)和式(9-26)计算可得出激光束在 x 和 y 方向的远场发散角值 θ_x,θ_y。

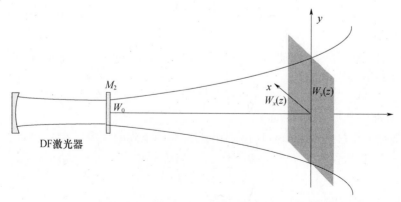

图 9.16　数据拟合计算远场发散角光斑测量示意图

9.6.4 激光束指向稳定性

非链式脉冲 DF 激光器发射出的激光束并不是稳定地指向一个点,放电激励过程中受环境因素(温度、振动、噪声等)的影响,激光器输出的激光束方向会有微小的偏差,这是激光器自身的原因造成的。同时,激光在大气中传输,受大气抖动、气溶胶散射等因素的影响也会使激光束的指向发生偏移。本书只检测激光器本身光束指向的稳定性($\Delta\theta_{2\sigma}$),它可由光束轴角偏移量的标准方差的 2 倍表示。

$$\Delta\theta_{2\sigma} = 2\sqrt{\frac{\sum_{i=1}^{n}(\theta_i - \bar{\theta})^2}{n-1}} \qquad (9-27)$$

式中:$\Delta\theta_{2\sigma}$ 为激光束指向稳定性(°);θ_i 为每个脉冲激光与光轴的夹角(°);$\bar{\theta}$ 为所有脉冲偏移角度的算术平均值(°);n 为共检测 n 个数据;

在激光束指向稳定性的实际检测时可采用以下两种方法完成,第一个方法比较简单,就是将光束引到比较远的距离,但要求能够测量光斑的尺寸为准。多次发射激光,并在接受屏上记录光斑位置,在光斑接受屏上画一个恰好能够包围所有光斑的圆,此圆的中心可认为是激光束的光轴。以后每发射一次就可测量到其与光轴的偏移量 $d_1, d_2, \cdots, d_i$(图 9.17),通过式(9-28)可得到偏移角度 $\theta_1, \theta_2, \cdots, \theta_i$,从而可以计算出偏移角度的算术平均值,为了确保结果的准确,要求测量 $n(n \geq 10)$ 次,通过式(9-27)可以得到该激光器的光束指向稳定性。

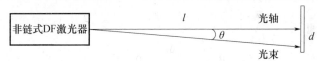

图 9.17 远距离测量光束指向稳定性示意图

$$\theta_i = \arctan\frac{d_i}{l} \qquad (9-28)$$

式中:θ_i 为第 i 个光束偏移角度(°);d_i 为第 i 个光束偏移量(m);l 为光束的传输距离(m)。

第二个方法是采用仪器直接测量,如用光束质量分析仪或四象限探测器检测的方法,非链式脉冲 DF 激光器具有峰值功率高、光斑大等特点[9-13],采用光束质量分析仪很难直接测量光束指向稳定性。四象限探测器检测光束指向稳定性示意图如图 9.18 所示。

采用四象限探测器检测光束指向稳定性与光斑烧蚀法测得的光束指向稳定性结果有所不同,上面介绍的第一种光斑烧蚀法在选取光斑的中心点时选的是形心,而第二种方法四象限计算出光斑的中心是质心,而非链式脉冲 DF 激光

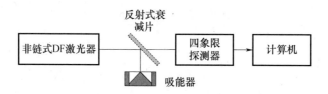

图9.18　四象限探测器检测光束指向稳定性示意图

器输出激光为多模,能量密度不是高斯或均匀分布的,因此,以上两种方法计算出的结果会略有差异,在实际应用时应视情况确定采用哪种方法测量激光束指向稳定性。

9.7　小信号增益测量

激光器增益分布主要是通过激光增益系数的测试确定,其中较为准确的测试方法为直接放大测试法,该方法需要一台与待测激光器相匹配的种子光源经过待测激光器的激活介质,从而得到种子光增大的程度;然而由于非链式脉冲DF化学激光器的放电横截面较大,与之相匹配的种子光源往往难以选择,因此在实际中采用该方法测试其增益系数十分困难。极大损耗法或变耦合率法均无需种子光源即可间接测试激光器增益系数,但极大损耗法在腔内非输出损耗未知的情况下无法精确测试激光增益系数。变耦合率法通过改变输出镜透过率,在保持其他条件不变的情况下,分别测试激光输出功率,进而经过计算即可获得激光增益系数、总的非输出损耗系数及饱和光强[14]。增益系数测试方法确定以后,增益分布测试的关键技术转化为二维空间扫描问题,这要求以某种方式使光束均匀扫描增益截面。通常的二维扫描系统主要由旋转柱面镜或垂直放置的一对扫描平面镜组成[15,16],通过合理设定扫描镜的步长即可获得较精确的增益系数分布,然而二维扫描系统设计、装调均较为复杂且造价高。

针对非链式脉冲DF激光激活介质横截面积较大的特点,本书重点介绍光阑移动扫描采样法[17]测量激光增益。首先在整个激光增益区的横截面内选取若干个采样点进行激光输出功率的测量,其次运用变耦合率法计算得到各采样点的增益系数,进而利用二维插值算法获得激光增益二维空间分布。小信号增益系数测量的意义在于激光增益分布与放电均匀性间的对应关系,激光增益大小及分布的测试结果可为激光器谐振腔和电极结构的设计提供重要依据。

9.7.1　理论分析

以气体为工作介质的非链式脉冲DF激光器,其辐射谱线来源于多个能级间的振转跃迁,谱线线型函数具有以碰撞加宽为主的均匀加宽和以多普勒加宽为主的非均匀加宽的特征,属于典型的综合加宽线型。运用变耦合率法测试激光增益系数已经得到了广泛的研究[18,19],在此基础上,进一步考虑了谱线加宽对增益系数的影响,综合加宽激活介质增益系数可表示为[20]

$$g_v = g_0 W_r / \sqrt{1 + I_\nu / I_s} \qquad (9-29)$$

式中:g_0 为中心频率处增益系数;I_s 为饱和光强;W_r 可用误差函数表示为

$$W_r = \frac{1}{\pi} \int_{-\infty}^{+\infty} \frac{\mu e^{-t^2}}{t^2 + \mu^2} dt \qquad (9-30)$$

式中:μ 的表达式为

$$\mu = \frac{\Delta \nu_H}{\Delta \nu_D} \sqrt{1 + I_\nu / I_s} \times \sqrt{\ln 2} \qquad (9-31)$$

式中:$\Delta \nu_D$ 为多普勒线宽;$\Delta \nu_H$ 为碰撞线宽。放电引发非链式脉冲 DF 激光器的工作原理为:在高压脉冲放电条件下,工作物质发生一系列复杂的化学反应生成激发态的 DF 分子,从而形成粒子数反转,此时腔内增益大于损耗,受激辐射激光逐步增强。随后由于放电的停止、腔内激光振荡及消激发作用的加强,DF 反转粒子数密度不断降低,从而增益系数也随之降低。当增益等于损耗时,激光辐射输出最强,此后激发态 DF 分子继续被消耗,谐振光强减弱直至消失。本书介绍增益与损耗相等时的 DF 激光增益系数,此时激光输出功率对应脉冲峰值功率。将式(9-31)运用高斯 - 埃尔米特求积公式展开,得到综合加宽激光输出功率表达式:

$$P = \frac{1}{2} A T I_s \left(\frac{3.54 l g_0}{\pi \sqrt{\ln 2} (\alpha + T)} \cdot \frac{\Delta \nu_D}{\Delta \nu_H} - 1 \right) \qquad (9-32)$$

式中:A 为增益介质横截面积;l 为增益介质长度;α 为非输出损耗系数;T 为输出镜透过率。采用更换输出镜透过率的方法,保持其他条件不变,测量 3 组不同输出镜透过率时激光输出功率参数,分别带入式(9-32)可得

$$I_s = \frac{2}{A} \times \frac{T_1 T_2 P_3 (P_1 - P_2) + T_2 T_3 P_1 (P_2 - P_3) + T_3 T_1 P_2 (P_3 - P_1)}{T_1 T_2 P_3 (T_2 - T_1) + T_2 T_3 P_1 (T_3 - T_2) + T_3 T_1 P_2 (T_1 - T_3)}$$

$$(9-33)$$

$$\alpha = \frac{T_1 T_2 T_3 (P_1 (T_2 - T_3) + P_2 (T_3 - T_1) + P_3 (T_1 - T_2))}{T_1 T_2 P_3 (T_2 - T_1) + T_2 T_3 P_1 (T_3 - T_2) + T_3 T_1 P_2 (T_1 - T_3)} \qquad (9-34)$$

$$g_0 = \frac{(P + I_s T)(\alpha + T)}{I_s T} \cdot \frac{\pi \sqrt{\ln 2}}{3.54 l} \cdot \frac{\Delta \nu_H}{\Delta \nu_D} \qquad (9-35)$$

将实验测得的输出功率及透过率等参数带入式(9-33)~式(9-35)即可求得饱和光强、非输出损耗系数和激光增益系数。

9.7.2　实验测试方法

实验测试方法如图 9.19 所示:非链式脉冲 DF 激光被口径为 5mm 的腔外

光阑遮挡后变为直径为 5mm 的光束,该光束经分光镜分为两路,一路由能量计监测能量,另一路经碲镉汞探测器接受后由示波器显示激光脉冲宽度,由二者可计算得到通过光阑的激光功率。实验中,光阑、能量计、分光镜、探测器放置在二维平移台上,通过移动平台实现对激光功率的采样测试。激光功率测试采样点分布如图 9.20 所示,选定的 25 个采样点(5 ×5 阵列)基本覆盖了整个激光束的横截面,标号 1 ~25 表示测试点位置。保持其他条件不变,选择输出镜透过率分别为 $T_1 = 90\%$、$T_2 = 80\%$、$T_3 = 70\%$、$T_4 = 60\%$,测试四组采用功率,带入式(9 − 35)即可求得各采用点的小信号增益值。

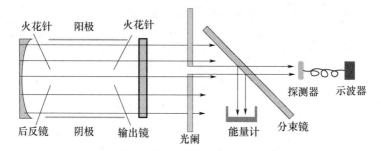

图 9.19　小信号增益系数实验测试示意图

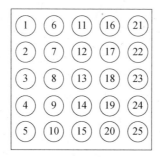

图 9.20　激光功率测试采样点分布图

参考文献

[1] 麦绿波,陈亦庆,刘庆明,等. 激光术语 GB/T 15313—2008[S]:北京:中国标准出版社,2008.

[2] 中国电子科技集团公司第十一研究所. 激光辐射功率和功率不稳定度测试方法 GB/T 13863—2011[S]:北京:中国标准出版社,2011.

[3] Deutsch T F. Molecular laser action in Hydrogen and deuterium halides [J]. ApplPhysLett,1967,10(8): 234 − 236.

[4] Panchenko A N,Orlovsky V M,Tarasenko V F. Spectral characteristics of nonchain HF and DF electric - discharge lasers in efficient excitation modes [J]. Quantum Electronics,2004,34(4):320 − 324.

[5] 姬杨. 激光光谱学[M]. 北京:科学出版社,2012.

[6] 周海宪,程云芳,周华君,等. 红外探测器[M]. 北京:机械工业出版社,2014.

[7] 南瑶,贾选军,向世明,等. 重频激光参数综合测试仪[J]. 红外与激光工程,2004,33(2):145-149.

[8] 吕百达. 激光光学[M]. 北京:高等教育出版社,2003.

[9] 潘其坤,谢冀江,阮鹏,等. 非链式脉冲 DF 激光器放电特性[J]. 中国激光,2013,40(5):0502009-1.

[10] 阮鹏,谢冀江,张来明,等. 非链式脉冲氟化氘激光器的动力学模拟和实验研究[J]. 中国激光,
2013,40(7):0702002-1.

[11] 潘其坤,谢冀江,邵春雷,等高功率放电引发非链式脉冲 DF 激光器[J]. 中国激光,2015,42(7):
0702001-1

[12] 谭该娟,谢冀江,潘其坤,等. 非链式脉冲 DF 激光器非稳腔设计与实验研究[J]. 中国激光,2014,
41(1):0102004-1

[13] Aksenov Y N,Borisov V P,Burtsev V V,et al. A 400-W repetitively pulsed DF laser [J]. Quantum Elec-
tronics. 2001,31 (4):290-292.

[14] 多丽萍,金玉奇,杨柏龄. 气流化学激光测试诊断技术[M]. 北京:科学出版社,2008.

[15] Otto W F,Lewis J T,Bartolotta C S,et al. An automated gain measurement system for high-energy chemi-
cal lasers [J]. SPIE,1978,138:134-138.

[16] 多丽萍,闵祥德,孙以珠,等. 转镜扫描测量超音速氧碘化学激光器二维增益分布[J]. 强激光与离
子束,1999,11(4):385-388.

[17] Tate R F,Hunt B S,Helms C A,et al. Spatial gain measurements in a chemical oxygen iodine laser [J].
IEEE Journal of Quantum Electronics,1995,31(9):1632-1636.

[18] 唐力铁. 一种测量平均小信号增益及饱和光强方法[J]. 红外与激光工程,2006,35(S3):339-341.

[19] 王杰,颜飞雪,王植杰,等. 变耦合率法测量化学激光器小信号增益[J]. 强激光与粒子数,2010,
22(5):0987-04

[20] 周炳坤,高以智,陈倜嵘,等. 激光原理[M]. 北京:国防工业出版社,2004.

内 容 简 介

随着自引发放电等新技术的出现,基于放电引发的非链式脉冲 DF 化学激光器近年来得到快速的发展,已成为一种具有高功率输出潜质的中红外脉冲激光器件。在包括光谱学、激光雷达、环境监测、医学检查及军事科学等众多领域均具有十分广阔的应用前景。

本书重点介绍了放电引发非链式脉冲 DF 激光器的基本理论、关键单元技术、主机结构设计及激光参量的测试方法,并详细地介绍了作者团队近年来取得的多项相关研究成果,内容在总体上反映了目前该激光器的技术现状和发展趋势。本书可为从事激光技术及其应用领域的研究人员、大专院校相关专业教师、大学生和研究生提供参考。

In recent years, electric discharge non – chain pulsed fluoride deuterium (DF) chemical laser has grown rapidly with the development of self – initiated volume discharge technology. The non – chain DF laser is a typical mid – infrared pulsed laser which has high power output potential. It has significant applications in many fields such as spectroscopy, laser radar transmitters, laser ranging, atmospheric monitoring, medical and military, etc.

This book focuses on the base theory, key technology, optimum design of main mechanical structure and the test methods of laser parameters of electric discharge non – chain pulsed DF laser. Besides, a number of research results obtained by author team are presented in detail. The contents of this book reflect technical status and development trends of non – chain pulsed DF laser, which can provide references for the researchers on laser and its application technology, professional teachers of colleges, undergraduates and graduate students.

226